PsyConversion

EBOOK INSIDE

Die Zugangsinformationen zum eBook Inside finden Sie am Ende des Buchs.

Philipp Spreer

PsyConversion

101 Behavior Patterns für eine
bessere User Experience und höhere
Conversion-Rate im E-Commerce

 Springer Gabler

Philipp Spreer
elaboratum GmbH
München, Deutschland

ISBN 978-3-658-21725-9   ISBN 978-3-658-21726-6   (eBook)
https://doi.org/10.1007/978-3-658-21726-6

Die Deutsche Nationalbibliothek verzeichnet diese Publikation in der Deutschen Nationalbibliografie; detaillierte bibliografische Daten sind im Internet über http://dnb.d-nb.de abrufbar.

Springer Gabler
© Springer Fachmedien Wiesbaden GmbH, ein Teil von Springer Nature 2018

Lektorat: Rolf-Günther Hobbeling

Gedruckt auf säurefreiem und chlorfrei gebleichtem Papier

Springer Gabler ist ein Imprint der eingetragenen Gesellschaft Springer Fachmedien Wiesbaden GmbH und ist ein Teil von Springer Nature
Die Anschrift der Gesellschaft ist: Abraham-Lincoln-Str. 46, 65189 Wiesbaden, Germany

Vorwort

Effektive, unterhaltsame, einfache und aktivierende Digital-Anwendungen – welcher E-Commerce Professional hat das nicht auf seinem beruflichen Wunschzettel stehen? Mit den traditionellen Methoden der User Experience- und Conversion-Optimierung stößt man auf dem Weg zu diesem Ziel allerdings schnell an seine Grenzen. Zeit für eine grundlegende Erweiterung der Toolbox!

Die Verschmelzung von Psychologie und Neurowissenschaften mit Konzeption, Webdesign und Conversion-Optimierung ist der Weg, sich seinen Kunden anzunähern und zu verstehen, wie sie wirklich sind: wie sie denken, wie sie entscheiden, wie sie handeln. „PsyConversion" ist die Brücke zwischen diesen bislang weitgehend getrennten Disziplinen. Das Buch zeigt, welche Mechanismen unseren Entscheidungen zugrunde liegen, beschreibt die wichtigsten kognitiven „Abkürzungen" und liefert hunderte konkrete Ideen für die Umsetzung aktiv entscheidungsprägender Gestaltungselemente im E-Commerce.

Dieses Buch ist aus einer privaten Sammlung heraus entstanden. Über lange Zeit habe ich Verhaltensanomalien, psychologische Mechanismen, Forschungsergebnisse und wiederkehrende Entscheidungsmuster in einer Datenbank gesammelt, wenn sie mir im Rahmen von Beratungsprojekten oder Forschungs- und Lehrtätigkeiten begegnet sind. Das Ziel dahinter war zunächst ganz einfach: Das oft irrational erscheinende Verhalten von Nutzern im Internet endlich zu verstehen und mit diesem Wissen die optimale Website (bzw. den optimalen Online-Shop) zu konzipieren – optimal einerseits hinsichtlich Nutzerführung und User Experience, andererseits aber auch hinsichtlich Conversion-Rate und Umsatz. Diese Sammlung stieß immer wieder auf reges Interesse bei Kolleginnen und Kollegen, bewährte sich in Projekten und wuchs (auch auf Basis hunderter durchgeführter A/B-Tests und Usability-Studien) mit der Zeit stetig an.

Nun soll dieses Wissen in die E-Commerce Community zurückgeführt werden. Ich hoffe, Sie haben (genau wie ich bei der Recherche) eine mit „Aha"-Momenten und „Wow"-Effekten gespickte Lektüre und können die gesammelten Anregungen direkt in die Optimierung Ihrer Digital-Projekte einbringen. Ein positiver Nebeneffekt wird sich ganz sicher einstellen: Sie werden sich nach dem Lesen dieses Buchs immer wieder selbst dabei ertappen, logische Fehler zu begehen oder irrationale Entscheidungen zu treffen. Diese Momente machen Sie zu bewussteren und damit besseren Entscheidern.

Eine Bitte: Jede Sammlung ist nur so gut, wie das Feedback, das sie bekommt! Aufgrund der extremen Breite und Dynamik des Forschungsfelds, kann dieses Buch keine Vollständigkeit für sich beanspruchen. Falls Sie Anregungen zu weiteren Behavior Patterns, eine empirisch bewährte Konzeptionsidee oder auch Korrekturhinweise haben, kontaktieren Sie mich jederzeit gerne über www.psyconversion.de. Dort finden Sie auch empirische Studien, Beispiele für mit psychologischen Prinzipien angereicherte Seiten und weiterführendes Material, das Sie gerne kostenlos nutzen und teilen können. Herzlichen Dank!

Viel Spaß und eine erkenntnisreiche Lektüre.

Philipp Spreer

Danksagung

Viele Freunde, Bekannte und Kollegen haben bei der Entwicklung von „PsyConversion" mitgewirkt. Ohne sie hätte das Buch nicht in dieser Qualität, Breite und Geschwindigkeit entstehen können. Spezieller Dank gilt dem „PsyConversion"-Review-Board, das aus profilierten E-Commerce-Professionals, Kommunikationswissenschaftlern, Psychologen und Neurowissenschaftlern besteht. Die Experten haben die Inhalte aus ihrer jeweiligen Fachperspektive geprüft und wertvolle Verbesserungsvorschläge eingebracht. Stellvertretend für das gesamte Review-Board seien Joachim Stalph, Carola Sauer und Niels Brodersen genannt. Auch bei den vielen Rezensenten des Buchs möchte mich ganz herzlich bedanken!

Weiterer Dank geht an **elab**oratum, wo ich die nötigen Freiräume für die Arbeit an „PsyConversion" und vielseitige Unterstützung gefunden habe. Danke auch an das „PsyConversion"-Studienteam für die vielen spannenden Brainstormings und Experimente sowie speziell an Manuela Unterbuchner für die Umsetzung von www.psyconversion.de.

Rezensionen

Stephan Lein, Director bei Google
Die beeindruckende Sammlung bekannter und wissenschaftlich fundierter Verhaltensmuster in „PsyConversion" stellt einen hervorragenden Ausgangspunkt für die Entwicklung vielversprechender Testszenarien und Optimierungen dar. Damit sind **signifikante Performance-Steigerungen** möglich.

Dr. Thilo Pfrang, Founder & Managing Partner von Behavioral Science Consulting St. Gallen
Ein **brillantes Buch,** das die bahnbrechenden Erkenntnisse der Verhaltensökonomie erstmalig strukturiert und für die E-Commerce-Community anwendbar macht. Es wird Ihnen helfen, Ihre Kunden, aber auch sich selbst und Ihre eigene Entscheidungsfindung besser zu verstehen.

Dennis Esterl, Senior Customer Lifecycle Manager bei Amazon
Eine großartige Übersicht und die beste Einordnung von Verhaltensmustern im Marketing – dieses Buch kommt **garantiert auf meinen Schreibtisch!** Ein Must-have für die Werkzeugkiste jedes Marketers und gleichzeitig ein großartiger Einstieg in die Welt der Verhaltenspsychologie.

Joachim Graf, Zukunftsforscher und Herausgeber von iBusiness, ONEtoONE und Versandhausberater
Der Mensch ist ein Idiot, ein irrationaler Idiot. Wer das schon wusste und die Methoden der Psychologie einsetzen will, der findet in „PsyConversion" eine Fülle von Tipps, Tricks und Methoden. Für mich ein **unverzichtbares Nachschlagewerk,** wenn man im immer härteren Wettstreit der Aufmerksamkeitsökonomie siegreich sein will.

Dr. Rolf Schulte-Strathaus, Gründer der Usability-Beratung eparo, Hamburg
Nach 10 Jahren UX-Research bin ich überzeugt, dass die unbewusste Wahrnehmung die absolute Hauptrolle für perfekte digitale Services spielt. „PsyConversion" ist dafür eine

geniale und unglaublich umfangreiche Sammlung. Trotz meiner Erfahrung: Ich habe sehr viel dazugelernt. Ein unverzichtbares Nachschlagewerk!

Dr. Matthias Wilken, Leiter Channelmanagement bei Allianz und Managing Director der Digital-Agentur Kaiser X Labs
Wäre unser Online-Marketing eine Software, dann stellt Spreers „PsyConversion" das perfekte Update dar. Es eröffnet zahlreiche konkrete Ideen für entscheidungsprägende Gestaltungselemente im E-Commerce. **Bei der Allianz nutzen wir diese Erkenntnisse ständig** zur Verbesserung der User Experience und Conversion Optimierung.

Christoph Pschorn, Gründer & Geschäftsführer der Digitalagentur creating-web GmbH
„PsyConversion" macht psychologische Erkenntnisse im E-Commerce endlich greifbar und für jeden sofort anwendbar – auch ohne Vorwissen und hohe Budgets. Pflichtlektüre und **das** neue Standardwerk für alle E-Commerce Professionals!

Dr. Kai Hudetz, Geschäftsführer des Instituts für Handelsforschung Köln
Spreer gelingt das Kunststück, psychologische Effekte wissenschaftlich **fundiert und zugleich praxisrelevant** darzustellen. Aufgrund zahlloser Beispiele, der hervorragend strukturierten Darstellung und umfassender Verweise auf weiterführende Literatur ist „PsyConversion" auch ein kompaktes Nachschlagewerk.

Knut Polkehn, UX-Experte bei artop – Institut an der Humboldt Universität zu Berlin und UXQB-Vorstand
Im Streit von Marketing und UX zur Frage „Customer oder User Experience" wird nicht verstanden, dass es um die Optimierung des Nutzens für Customer UND User geht. Die fundierte und umfassende Beschreibung von Behavior Patterns für **echten Nutzen statt Manipulation** macht Spreers Buch so lesens- und empfehlenswert.

Kerstin Pape, Bereichsleiterin Online-Marketing bei OTTO
Ich habe das Buch mit **sehr viel Aufmerksamkeit und Spannung** gelesen und bin beeindruckt: Einfache und sehr nachvollziehbare Patterns können einen sehr großen Hebel in der CRO haben. Ich freue mich darauf, mit dem Buch zu arbeiten!

Prof. Dr. Hanno Beck, Professor an der HS Pforzheim und Autor des Grundlagenwerks „Behavioral Economics"
Eine umfangreiche Bibliothek psychologischer Verhaltensmuster und eine erstaunliche Sammlung von Umsetzungsideen im E-Commerce. **Verständlich, übersichtlich, unterhaltsam** und von hohem Nutzwert!

Prof. Dr. Philipp A. Rauschnabel, Digital-Experte, Speaker und Professor an der Hochschule Darmstadt

Eine sehr gute Grundlage für Anfänger, die psychologische Aspekte von CRO erlernen wollen. Gleichzeitig ein Top-Nachschlagewerk für erfahrene Online-Marketers auf der Suche nach **wirklich wirksamen Optimierungsideen.** Kurzum: Eines der wenigen Bücher, denen es gelingt, die Brücke zwischen Theorie und Anwendung zu schlagen.

Jens Sievert, Innovation Manager bei der ERGO Digital Ventures AG
Die wissenschaftlich fundierte Sammlung unbewusster Verhaltensmuster lässt uns unsere Kunden bei ERGO viel besser verstehen. Und: „PsyConversion" liefert **viele nützliche Praxis-Tipps** zur Anpassung und Optimierung von digitalen Produkten.

Inhaltsverzeichnis

Über den Autor

Dr. Philipp Spreer ist Berater bei **elab**oratum und unterstützt erfolgreiche Unternehmen – vom Mittelständler bis zum DAX-Konzern – auf ihrem Weg zu digitaler Exzellenz. Seine Schwerpunkte sind das Verständnis des Kundenverhaltens, das Streben nach der perfekten User Experience und die Steuerung komplexer Digital-Projekte.

Spreer erforscht seit rund zehn Jahren das Verhalten von Kunden im digitalen Kontext. Nach dem Marketing-Studium in Kiel, Lyon und Göttingen promovierte er zum Einsatz interaktiver Service-Technologien. Seine Forschungsergebnisse und Publikationen wurden von führenden Wissenschaftlern auf der ganzen Welt zitiert und weiterentwickelt. Parallel war er lange Zeit Lehrbeauftragter an renommierten Fachhochschulen und Universitäten.

Mit „PsyConversion" schlägt er auf Basis aktueller psychologischer und neurowissenschaftlicher Befunde die Brücke zwischen Usability, Conversion-Optimierung und Online-Marketing und liefert ein Standardwerk für die praktische Arbeit im Digitalumfeld, das auf keinem Schreibtisch innovativer E-Commerce-Experten fehlen sollte.

Über **elab**oratum

elaboratum bietet Herstellern, Händlern und Finanzdienstleistern ganzheitliche Digitalisierungs-, E–Commerce- und Cross-Channel-Beratung aus einer Hand – von Strategie über Technology-Guidance und Konzeption bis hin zu Umsetzungsbegleitung, Vermarktung, Forschung und Testing. Bei **elab**oratum arbeiten Spezialisten mit nachgewiesenen Erfolgen aus dem Top-Management der größten deutschen E-Commerce-Player, Versicherungen und Finanzdienstleister.

Die Berater führen Expertise in Technologie, Konzeption, User Experience und Online-Marketing zusammen. **elab**oratum kennt die Best Practices unterschiedlichster Branchen und unterstützt dabei, Projekte ganzheitlich zum Erfolg zu führen. Zu den Kunden der expandierenden, unabhängigen Beratung mit Hauptsitz in München und Niederlassungen in Köln, Hamburg und Bern zählen Cross-Channel-Unternehmen und Pure Player vom Mittelständler bis zum DAX30-Konzern.

Weitere Informationen: www.elaboratum.de

Einleitung

Zusammenfassung

Wir alle sind fest davon überzeugt, die Freiheit des Willens zu besitzen und Herr über unsere Entscheidungen zu sein. Das trifft in den meisten Fällen allerdings nicht zu. Evolutionär bedingt basiert unser Verhalten zum überwiegenden Teil auf unterbewussten Handlungsmustern – den Behavior Patterns. Diese Erkenntnis ist disruptiv: Sie verändert den Blick auf unser Dasein, auf unsere Gesellschaft und natürlich auch auf unsere Kauf- und Konsumentscheidungen. Genau hierum geht es bei „PsyConversion": Das Buch erläutert, wie wir Entscheidungen treffen und welche unbewussten Mechanismen diesen Prozessen zugrunde liegen. Dieses Wissen ist der Schlüssel zu einem echten, profunden Kundenverständnis und bringt zwei Hebel mit sich: E-Commerce Professionals sind damit in der Lage, zugänglichere Websites zu konzipieren, die von Kunden flüssig und anstrengungsfrei bedient werden können. Darüber hinaus werden bisher ungeahnte Conversion-Potenziale gehoben und wesentliche E-Commerce-Kennzahlen deutlich verbessert. Diese Effekte sind eindeutig messbar und werden global gesehen als Multi-Milliarden-Dollar-Business betrachtet. Dabei ist offensichtlich, dass der Einsatz von Behavior Patterns im Rahmen von eng umrissenen ethisch-moralischen Leitplanken erfolgen muss. „PsyConversion" ist nicht nur ein Grundlagenbuch, sondern insbesondere eine Inspirationsquelle und ein Nachschlagewerk für die tägliche Optimierung aller Digital-Projekte.

Seien wir ehrlich: Manchmal wundern wir uns selbst über unsere **Entscheidungen.** Warum habe ich dieses Shirt gleich zweimal bestellt? Was habe ich mir bloß gedacht, als ich ausgerechnet jene Farbe ausgewählt habe? Dieses Handy haben zwar viele meiner Freunde, aber wieso kam für mich eigentlich kein anderes infrage? Solche Fragen treffen uns meist wie ein Déjà-vu: Sie erscheinen plötzlich auf der geistigen Bildfläche, bleiben aber diffus und werden nur selten zu echten Denkprozessen. Man könnte sagen,

© Springer Fachmedien Wiesbaden GmbH, ein Teil von Springer Nature 2018
P. Spreer, *PsyConversion,* https://doi.org/10.1007/978-3-658-21726-6_1

es handelt sich eher um schwach kognitiv verbalisierte Gefühle. Und solche sind uns meist nicht den Aufwand einer echten Auseinandersetzung wert – wir verdrängen diese Gefühle und gehen zur Tagesordnung über. Tatsächlich steckt aber weit mehr dahinter. Diese kleinen Momente deuten an, dass wir bei unserer Entscheidung vielleicht beeinflusst wurden. **Beeinflusst?** Ja, ganz sicher.

Von der Vorstellung des „Homo Oeconomicus" – also dem Menschen als streng rational handelndes Wesen – müssen wir uns leider (?) verabschieden. Wir sind keineswegs Maschinen, die nach einem strikt festgelegten Ablaufplan agieren und dabei rational versuchen, den Nutzen ihres Handelns zu maximieren. Ganz im Gegenteil: Die große Mehrheit aller Entscheidungen fällen wir impulsiv, spontan und unbewusst. In der Wissenschaft hat sich mit der **„Behavioral Economics"** (Verhaltensökonomie) eine Denkschule entwickelt und binnen kurzer Zeit als Verfechter dieses Gedankens etabliert. Im Gegensatz zur rationalistischen Weltanschauung der klassischen Nationalökonomie im Geiste von Adam Smith bezieht sich die Verhaltensökonomie eher auf psychologische Befunde. Entsprechend basiert auch dieses Buch fast ausschließlich auf der psychologischen und neurowissenschaftlichen Forschung.

Die auf den ersten Blick banale Frage „Wie treffen wir eigentlich Entscheidungen?" stellt sich bei genauerer Betrachtung als die Gretchenfrage unseres gesamten Daseins heraus. Wir leben in einer multi-optionalen Welt, in der wir ständig vor Entscheidungen gestellt werden und in den meisten Fällen auch tatsächlich frei entscheiden könnten. Unsere Entscheidungen prägen unser Handeln, unser Miteinander, unsere Zukunft. Nun ist es aber so, dass die Freiheit des Willens bzw. die **freie Entscheidungsfähigkeit** in den meisten Fällen eine Illusion ist und bestenfalls unter künstlich kontrollierten Laborbedingungen und starker Bewusstmachung von emotionalen und kognitiven Prozessen existiert. Sobald wir in die Welt hinausgehen, treffen wir unsere Entscheidungen nicht mehr isoliert, sondern immer unter dem Einfluss der äußeren Bedingungen. Und diese äußeren Bedingungen werden maßgeblich von Menschen gemacht. Daraus folgt: Wer genau weiß, mit welchen Prinzipien Entscheidungen getroffen werden, hat damit ein **mächtiges Instrument** in der Hand. Er ist nicht nur selbst in der Lage, bessere Entscheidungen zu treffen, sondern kann auch andere Menschen in ihrer Entscheidungsfindung beeinflussen. Dass mit dieser Fähigkeit auch eine große **ethisch-moralische Verantwortung** einhergeht, ist offensichtlich und wird am Ende in Abschn. 5.7 des Buches ausführlich diskutiert.

So ist es das Ziel dieses Buchs, etwas Licht in die Entscheidungsprozesse der Menschen zu bringen, zu erläutern, welche unbewussten Verhaltensmuster unseren Entscheidungen zugrunde liegen, und aufzuzeigen, wie dieses Wissen in der E-Commerce-Praxis angewendet werden kann, um Nutzer von einem Angebot zu überzeugen. Denn eines ist sicher: Es spielt keine Rolle, wie gut Ihr Produkt ist, wenn niemand es nutzen möchte. Die Bereitschaft und Motivation, sich mit Ihrem Produkt zu beschäftigen, braucht einen **wirksamen psychologischen Auslöser.** Wer das verinnerlicht hat, wird Websites grundsätzlich anders aufbauen. Denn: Nur etwa 5 % aller Kauf- und Konsumentscheidungen sind rational dominiert. Bei den übrigen 95 % geben unsere Gefühle und unbewusste

Entscheidungsmuster den Ton an. Heute mangelt es den wenigsten Anbietern an rationalen Faktenargumenten wie Vergleichstabellen, Kosten-Nutzen-Gegenüberstellungen, Statistiken und Merkmalslisten. Emotionale Bedürfnisse werden dagegen kaum adressiert. Es ist Zeit damit aufzuhören, nur an 5 % des Kundengehirns zu appellieren!

Falls jemand Sie immer noch fragt, warum sich diese Beschäftigung mit den Entscheidungsprozessen Ihrer Nutzer lohnen sollte, präsentieren Sie ihm doch folgende Zahl: Das amerikanische Baymard-Institute kommt unter Berücksichtigung von 37 Einzelstudien zu dem Ergebnis, dass 69,2 % aller Nutzer den Kauf nach einer ersten positiven Entscheidung doch noch abbrechen. Daraus errechnet das Institut ein (theoretisches!) Optimierungspotenzial von 260 Mrd. US$ (Baymard 2017).

Die Kunst, Nutzer zu überzeugen (und um nichts anderes geht es bei der Conversion-Optimierung), ist also im wahrsten Sinne des Wortes eine außerordentlich wertvolle Fähigkeit. Und: Sie ist erlernbar. Im E-Commerce **überzeugend zu sein, ist nichts Mystisches.** Es ist das Ergebnis der stringenten Anwendung von gutem Handwerkszeug. An dieser Stelle liefert das Buch hilfreiche Frameworks, eine umfangreiche Sammlung etablierter Verhaltensmuster und Hunderte unmittelbar umsetzbare Konzeptideen. Besonders schön daran: Die meisten Anpassungen kosten absolut kein Geld und lassen sich hervorragend messtechnisch evaluieren.

Bei „PsyConversion" stehen immer betriebliche Ziele von E-Commerce-Unternehmen und individuelle Ziele von Nutzern gleichermaßen im Vordergrund. Sie werden hier **keine Manipulationstechniken** lernen, die die Besucher Ihrer Website, Ihres Online-Shops oder Ihrer App zu devoten Click-Lemmingen machen. Stattdessen zielen die beschriebenen Mechanismen darauf ab, Nutzer mit weniger kognitivem Aufwand an ihr Ziel zu bringen und schneller entscheidungsfähig zu machen. Als unmittelbare Folge ergibt sich ein messbarer positiver Einfluss auf einschlägige E-Commerce-Erfolgsgrößen, wie den Umsatz oder die Conversion-Rate.

> Persuasion must be honest and ethically sound to continue its effect beyond just a brief encounter (Anders Toxboe, Usability-Evangelist 2016).

„PsyConversion" ist also nicht weniger als die Kunst, Nutzer durch den Einsatz verhaltenswissenschaftlicher Mechanismen nachhaltig von seiner Sache (bzw. seinem Produkt) zu überzeugen, ohne moralisch fragwürdige Techniken zu verwenden.

Anliegen und Aufbau des Buchs

Das Buch hat den Anspruch, sich klar von subjektiven Meinungen abzugrenzen und nur geprüftes faktenbasiertes Wissen zu präsentieren. Alle Mechanismen, die Sie darin finden, wurden einem strengen wissenschaftlichen Begutachtungsprozess unterzogen und nach eingehender Untersuchung in akademischen Fachzeitschriften publiziert. Das gibt Ihnen die Möglichkeit, alle Beiträge auch im Original zu lesen. Da die Recherche in diesen Studien aber fachlich komplex und vor allem äußerst zeitaufwendig ist, bleibt den meisten Praktikern dieser Weg im Daily Business faktisch versperrt. Deswegen hat

„PsyConversion" diese Arbeit für Sie übernommen und insgesamt **101 wissenschaft-lich validierte Verhaltensmuster** (Behavior Patterns) für den Digital-Bereich recher-chiert und leicht verständlich für den täglichen Einsatz aufbereitet. Dazu gehören auch Hunderte von Ansatzpunkten für die **konkrete Umsetzung** der Behavior Patterns im E-Commerce. Denn jedes Verhaltensmuster benötigt einen konkreten Trigger, um akti-viert zu werden – und diese Trigger müssen konzeptionell entwickelt und in die Oberflä-che der Website bzw. des Online-Shops integriert werden.

Dieses Buch ist damit für Sie

1. ein praxisorientierter Wegweiser durch die menschlichen Entscheidungsprozesse,
2. ein zentrales Nachschlagewerk für psychologische Verhaltensmuster (Behavior Patterns) sowie
3. eine umfangreiche Inspirationsquelle für die User Experience- und Conversion-Optimierung Ihrer Website.

Darüber hinaus werden Sie mit Sicherheit viele „Aha"-Momente erleben und sich das eine oder andere Mal ein Schmunzeln nicht verkneifen können, etwa wenn Sie erfahren,

- worin sich selbst Mutter Teresa und Joseph Stalin einig sind ($\rightarrow$ Abschn. 4.1.3.3),
- warum der „Sexiest Man Alive" am besten verkauft ($\rightarrow$ Abschn. 4.2.5.2),
- welches Detail das Ansehen von Michael Jackson beschädigt hat ($\rightarrow$ Abschn. 4.2.1.14),
- was wir von der TV-Serie „How I Met Your Mother" für die Bilderauswahl lernen können ($\rightarrow$ Abschn. 4.2.1.6) und
- wieso es sich in Prüfungssituationen lohnen kann, ein Gläschen Wein zu trinken ($\rightarrow$ Abschn. 4.1.4.1).

Bevor diese Rätsel gelöst werden, werden in Kap. 2 zunächst die elementaren Grundla-gen der Entscheidungsfindung vorgestellt. Darauf aufbauend ergründet Kap. 3 die bereits angesprochenen Behavior Patterns, die mächtigen Abkürzungen auf dem Weg zu einer Entscheidung. Mit diesem Vorwissen werden Sie sich in der Behavior Pattern Library (Kap. 4) schnell zurechtfinden, die obigen Fragen beantworten und vielversprechende Ansatzpunkte der Optimierung Ihrer Digitalprojekte ableiten können. Wie genau die Implementierung vonstattengehen kann, erläutert dann abschließend Kap. 5. Es sei emp-fohlen, die ersten drei Kapitel einmalig am Stück zu lesen. Anschließend haben Sie das nötige Vorwissen, um gezielt und immer bei Bedarf mit der Behavior Pattern Library zu arbeiten.

Literatur

Baymard (2017) E-Commerce checkout usability. Studie veröffentlicht unter https://baymard.com/research/checkout-usability. Zugegriffen: 13. März 2018 (ISBN 978-87-994365-7-6)
Toxboe A (2016) Beyond usability: designing with persuasive patterns. http://ui-patterns.com/blog/beyond-usability-designing-with-persuasive-patterns. Zugegriffen: 10. Nov. 2017

Grundlagen der Entscheidungsfindung

2

Zusammenfassung

Nachdem die Wirtschaftswissenschaften Jahrzehnte lang davon ausgegangen waren, dass Menschen rationale Nutzenmaximierer seien, setzt sich zuletzt mehr und mehr die Erkenntnis durch, dass wir in vielen Situationen überhaupt nicht in der Lage sind, einen rationalen Entscheidungsprozess anzuwenden. Damit geht die Abkehr vom „Homo Oeconomicus" einher und mehr und mehr psychologische und neurowissenschaftliche Erkenntnisse werden in das Menschenbild der Ökonomie eingeflochten. Heute gilt es als unstrittig, dass wir neben dem rationalen auch ein emotionales Entscheidungssystem besitzen. Letzteres versucht der Forschungsstrang der Behavioral Economics zu verstehen und für wirtschaftliche Fragestellungen nutzbar zu machen. Ihr wichtigster wissenschaftlicher Bezugspunkt ist die „Prospect Theory", die maßgeblich war für die Verleihung des Wirtschaftsnobelpreises an den Psychologen Daniel Kahneman. Die Behavioral Economics beschäftigen sich vor allem mit unterbewussten Entscheidungsmustern (Heuristiken) und damit einhergehenden Denkfehlern und Verzerrungen (Biases). Zusammen lassen sich diese beiden Gruppen psychologischer Phänomene als Behavior Patterns beschreiben, wörtlich übersetzt also als Schablonen oder Trampelpfade unseres Verhaltens. Die Forschung hat mittlerweile eine Vielzahl von Behavior Patterns identifiziert und validiert. Damit sind die Grundlagen für den Einsatz im E-Commerce gelegt.

Wir sind das Ergebnis unserer Entscheidungen. Sie prägen unseren Lebensweg vom ersten Tag an. Im entscheidenden Moment links oder rechts abzubiegen, kann unter Umständen drastische Konsequenzen und Folgeeffekte auslösen. Daher stellen sich Menschen bei Entscheidungen eine Reihe von Fragen: Kann ich einen Gewinn erwarten oder muss ich mit Verlusten rechnen? Mit welcher Wahrscheinlichkeit treten die jeweiligen Ereignisse ein? Wie stehen Risiko und Gewinnwahrscheinlichkeit im Verhältnis? Es liegt jedoch nahe, dass wir uns diese und andere Fragen bei dem Großteil unserer Entscheidungen weder vollständig noch explizit stellen. Wenn Menschen aber inhärent daran interessiert sind, optimale Entscheidungen zu treffen, stellt sich die Frage, wie **Entscheidungsprozesse** eigentlich vonstattengehen.

> Cognition by itself cannot produce action; to influence behavior, the cognitive system must operate via the affective system (Colin Camerer et al. 2005, S. 13, Vordenker der Behavioral Economics).

2.1　Die Mär vom rationalen Wesen

Die Ökonomie war immer schon ein Spiegelbild des Zeitgeists. Geprägt vom Leitmotiv der Industrialisierung gingen Ökonomen lange Zeit davon aus, dass ein Entscheidungsprozess etwa wie folgt abläuft: Wir definieren ein Ziel, recherchieren die verfügbaren Handlungsalternativen zur Erreichung dieses Ziels, sammeln Informationen über die Alternativen, bewerten diese anschließend im Hinblick auf den erwarteten Grad der Zielerfüllung und wählen schließlich die Handlungsoption mit dem erwarteten **höchsten Grad der Zielerfüllung** (siehe Abb. 2.1).

Dieser Nutzungsmaximierungsansatz stellt den Kern des „**Homo Oeconomicus**"-Gedankens dar: Menschen verhielten sich streng rational, recherchierten, bewerteten und handelten nach einem vorgegebenen Skript. Eine Abweichung von dieser Vorgehensweise oder die Umsetzung anderer als der gewählten Option komme nicht vor. Drei Merkmale kennzeichnen demnach den „Homo Oeconomicus":

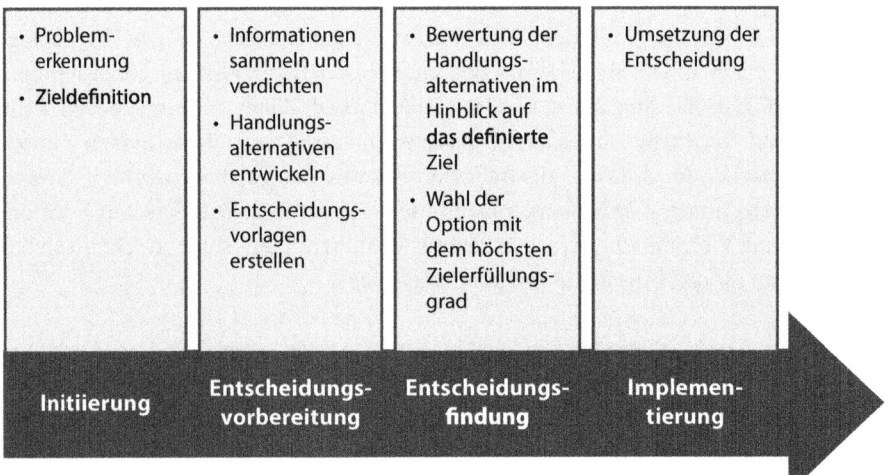

Abb. 2.1 Rationaler Entscheidungsprozess des „Homo Oeconomicus". (Quelle: eigene Darstellung)

1. **Uneingeschränkte Rationalität:** Der ökonomische Mensch will und kann sich in allen Situationen streng rational verhalten. Er wägt seine Entscheidungen immer sorgfältig ab und begeht dabei keine Fehler.
2. **Uneingeschränkte Willenskraft:** Der ökonomische Mensch kennt weder Emotionen noch verliert er jemals die Kontrolle über sein Denken und Handeln. Einmal gefällte Entschlüsse werden ohne Zögern umgesetzt.
3. **Uneingeschränkter Egoismus:** Der ökonomische Mensch maximiert nur seinen eigenen Nutzen und denkt nicht in größeren sozialen Kategorien. Die Konsequenzen seines Verhaltens für seine Mitmenschen beeinflussen seine Entscheidungen nicht.

Diese Sichtweise auf den Menschen wird seit geraumer Zeit immer stärker kritisiert. Sie basiere auf einem grundfalschen Menschenbild – einerseits moralisch, andererseits auch hinsichtlich der kognitiven Leistungsfähigkeit. So warfen aufgeschlossene Ökonomen wie Herbert Simon schon früh (1959) ein, dass Menschen die Fähigkeit des Nutzenmaximierens überhaupt nicht besäßen. Das ist plausibel, müsste man dafür doch stets alle verfügbaren Alternativen kennen, Zugriff auf sämtliche Informationen haben und alle Konsequenzen korrekt prognostizieren können.

Beispiel

Am **Beispiel des Autokaufs** lässt sich die Komplexität dieses Prozesses gut nachvollziehen. Das Ziel (z. B. komfortable Mobilität) wird von Dutzenden von Modellen erfüllt, die wiederum jeweils in mehreren Linien und mit diversen Ausstattungsmerkmalen verfügbar sind. Der „Homo Oeconomicus" müsste nun ein Verzeichnis aller Modelle erstellen, dazu die einzelnen Merkmale (z. B. Ledersitze, Alufelgen, beheizte Scheiben, Entertainmentsystem etc.) auflisten und einzeln hinsichtlich des Ziels mit einem quantitativen Nutzenwert bemessen. Mit einem Scoring-Verfahren würden anschließend die verfügbaren Optionen als Merkmalsbündel bewertet, am Aufwand gemessen und gegeneinander abgewogen. Die Wahl müsste letztlich unweigerlich auf das Modell mit dem höchsten Nutzen-Score fallen.

Die Unmöglichkeit dieser Form der Entscheidung nennt Simon **„begrenzte Rationalität"** (Simon 1959). Doch auch die anderen Merkmale des „Homo Oeconomicus" (Willenskraft und Egoismus) sind aus Sicht seiner Kritiker keineswegs uneingeschränkt gegeben. Ganz praktisch lässt sich die begrenzte Willenskraft beispielsweise an der hohen Zahl gescheiterter Diäten oder Suchtentwöhnungen nachvollziehen. Egoismus gilt heute ab einer gewissen Ausprägung sogar als evolutionärer Nachteil, weil sich sozial handelnde Gemeinschaften als robuster und überlebensfähiger herausgestellt haben.

Hintergrundinformation
Einen anschaulichen Beleg für die These, dass wir eine angeborene Tendenz zur Fairness haben bzw. nicht uneingeschränkt egoistisch sind, liefert das bekannte **Ultimatum-Spiel** (Camerer und Thaler 1995). Es funktioniert denkbar einfach: Spieler 1 erhält eine bestimmte Summe Geld und macht Spieler 2 anschließend ein Angebot, wie diese Summe zwischen ihnen aufgeteilt werden soll. Spieler 2 hat dann die Möglichkeit, das Angebot anzunehmen (in diesem Fall erhalten beide Spieler genau den vorgeschlagenen Anteil) oder das Angebot abzulehnen (in diesem Fall erhalten beide Spieler nichts). Als „Homo Oeconomicus" müsste Spieler 2 nun theoretisch jedes Angebot von Spieler 1 annehmen, denn selbst 1 Cent ist besser als kein Cent. In der Realität zeigt sich jedoch, dass Spieler 2 das Angebot häufig ablehnt, wenn er es für unfair hält. Er verzichtet also selbst auf Geld bzw. bezahlt dafür, um Spieler 1 zu bestrafen und zur Fairness anzuhalten.

Interessant ist auch die neurowissenschaftliche Analyse des Spiels: Bei unfairen Angeboten finden Aktivierungen der anterioren Insula statt, die für negative Emotionen wie Schmerz, Stress, Hunger oder Durst zuständig ist (Sanfey et al. 2003). Bei fairen Angeboten beobachtet man dagegen Aktivierungen im Bereich des ventralen Striatums, das mit Belohnungsprozessen assoziiert wird. Emotionen spielen also gerade im sozialen Kontext eine Rolle bei der Entscheidungsfindung.

Mit Simons Einwänden und ähnlichen Vorbehalten weiterer führender Wissenschaftler gegen die Idee eines „Homo Oeconomicus" belebte sich die Erforschung des menschlichen Entscheidungsverhaltens, gerade in der **Schnittmenge zwischen Wirtschaft und Psychologie.** Mehr und mehr nicht-analytische Strategien der Entscheidungsfindung wurden in der Folge beschrieben. Getragen wurde diese Entwicklung vor allem davon, dass mit dem klassischen Erklärungsansatz keine zufriedenstellenden Prognosen des Verhaltens möglich waren. Und Theorien muss man daran messen, wie verlässlich und präzise sie Vorhersagen treffen können (Wong 1973). Um im Beispiel des Autokaufs zu bleiben: Statt „Ich nehme den Wagen mit dem höchsten prognostizierten Nutzen-Score" heißt es in den Autohäusern dieser Welt viel häufiger „Ich nehme den Roten". Damit stellt sich die Frage: Warum können Menschen Raketen bauen und zum Mond fliegen, sind aber nicht in der Lage, einfache logische Entscheidungen zu treffen?

Ist der **Mensch ein kognitiver Versager?** Überschätzt und nur zur dominanten Spezies auf diesem Planeten geworden, weil alle anderen Lebewesen kognitiv noch weniger leistungsfähig sind? Diese Ansicht greift eindeutig zu kurz und zwar aus den folgenden zwei Gründen:

1. Der „Homo Oeconomicus" ist ein bewusst theoretisches Konstrukt. Es handelt sich um keine Verfehlung der tatsächlichen Gegebenheiten, die sich uneinsichtige Eminenzen im Elfenbeinturm ausgedacht haben, sondern um einen modellhaften Gedanken bzw. eine stark zugespitzte Formulierung einer elementaren Grundannahme. Dieser Gedanke wurde in dem Wissen um seine eingeschränkte Verallgemeinerbarkeit entwickelt und hat sich bereits vielfach bewährt. Die theoretische Leistungsfähigkeit erhält das Modell aus eben dieser Vereinfachung der Realität. Vereinfachung ist ein zentrales Merkmal aller theoretischen Konzepte, man könnte auch sagen: die zentrale Stärke einer Theorie. Erst durch die Reduzierung der Komplexität lassen sich grundlegende Aussagen über Zusammenhänge treffen. Der Gedanke des streng rationalen Menschen ermöglicht also überhaupt erst die Arbeit mit ökonomischen Entscheidungsmodellen.

Den Trade-Off zwischen Einfachheit und Exaktheit bezeichnet man übrigens als Bonini-Paradoxon. Sehr anschaulich beschreibt es der französische Lyriker Paul Valéry: „Alles Einfache ist falsch, alles Komplizierte unbrauchbar" (1937). Das sollte stets im Hinterkopf behalten werden, wenn man theoretische Modelle aufgrund fehlerhafter oder fehlender Annahmen kritisiert.

2. Irrationalität ist eine Frage der Perspektive. Verhalten, das der modellhaften rationalen Theorie widerspricht, muss nicht per se irrational sein. Zum einen kann es sich durchaus für Menschen lohnen, sich nicht egoistisch nutzenmaximierend zu verhalten. Zum anderen macht die Nutzung vermeintlich irrationaler Verhaltensmuster unseren Entscheidungsprozess sehr schnell und effizient – und Effizienz ist gleichzusetzen mit Rationalität. Warum wir dankbar sein können, ein Entscheidungssystem zu besitzen, das auch einmal irrational handelt, erläutert Abschn. 2.2 ausführlich.

Dass unser tatsächliches Entscheidungsverhalten nicht immer besonders rational ausfällt, liegt sicherlich auch an der bloßen Anzahl von Entscheidungen, die wir Tag für Tag treffen. Der Münchener Professor für medizinische Psychologie Ernst Pöppel bezifferte deren Zahl einmal auf rund 20.000 – pro Tag (Pöppel 2008). Müssten wir den oben beschriebenen komplizierten Prozess für all diese Entscheidungen anwenden, wäre unser Gehirn permanent überlastet und kein Leben, wie wir es heute kennen, überhaupt möglich.

Zusammengefasst: Um streng faktenbasiert und rational die richtige Option zu wählen, muss unser Gehirn unvorstellbare Mengen von Energie aufbringen. So mächtig es sein mag, so geschickt ist es auch darin, den Energieverbrauch zu reduzieren. Das kann man am eigenen Leib spüren: Die meisten Menschen empfinden große Anstrengungen bei der Entscheidungsfindung und entwickeln – meist unbewusst – Vermeidungsstrategien. Wenn wir unsere Entscheidungen nicht streng logisch fällen können, müssen wir uns folgerichtig von dem Gedanken eines „Homo Oeconomicus" abwenden. Ob es uns gefällt (z. B. weil dies den Menschen klar von kalt berechnenden Maschinen abgrenzt) oder nicht (z. B. weil damit deutlich wird, dass wir oft „unvernünftig" entscheiden und handeln). Die Frage ist nun, welcher Mechanismus übernimmt stattdessen die Entscheidungsfindung?

Im Volksmund gesprochen treffen wir die meisten Entscheidungen „intuitiv". Damit meinen wir, dass sie schnell und impulsiv, ohne bewusst darüber nachzudenken und mit großer Leichtigkeit aus dem Bauch heraus gefällt werden. Überraschend daran ist: Diese straßentaugliche Beschreibung des intuitiven Entscheidungsprozesses wird von der Wissenschaft ziemlich exakt bestätigt.

2.2   Zwei Entscheidungssysteme

In der Sesamstraße hat der ernsthafte Bert einen leicht verrückten Ernie an seiner Seite, im „Rosie Project" verliebt sich der strukturierte Wissenschaftler Don in die impulsive Barfrau Rosie, in Steven Spielbergs Zeichentrickserie unterstützt die emotional-intellektuelle

Labormaus Pinky ihren hochintelligenten Partner Brain bei der Eroberung der Weltherr-
schaft und über den Klassiker von Dr. Jekyll und Mr. Hyde muss man nicht viele Worte
verlieren: Das Leben ist voll von ungleichbaren Paaren, die einander brauchen und auf
ihre Weise miteinander harmonieren. Ganz ähnlich sieht es in unserem Gehirn aus.

Psychologen und Neurowissenschaftler sind sich heute weitgehend einig darin, dass
unser Gehirn mit zwei Systemen arbeitet. Ein **rationales System,** das von uns bewusst
gesteuert wird, langsam ist, aber komplexe Probleme lösen kann. Und ein **intuitives System,** das impulsiv ohne willentliche Steuerung funktioniert, aber sehr schnell und effizient arbeitet.

Ganz neu ist diese Differenzierung in zwei Systeme nicht, sie findet sich z. B.
bereits in Freuds Theorie zur Unterscheidung von *unbewussten, vorbewussten* und
bewussten Prozessen wieder (Freud 1923). Tatsächlich sind die theoretischen Bezüge
aktueller kognitionspsychologischer Untersuchungen aber völlig andere. Einer der führenden Forscher und gewissermaßen neuer Vater dieses etablierten Gedankens ist Daniel
Kahneman, der im Rahmen seines Beitrags zur **Dual-Prozess-Theorie** die beiden Entscheidungssysteme abgrenzte und schlicht mit *System 1* (Intuition) und *System 2* (Ratio)
beschrieb (Kahneman 2011). Diese Sichtweise gilt mittlerweile als wissenschaftliches
Gemeingut, nicht erst seit Kahneman 2002 als erster Psychologe mit dem Nobelpreis für
Wirtschaft ausgezeichnet wurde. Sehr ähnlich gelagert ist auch die Differenzierung von
impliziten und *expliziten* Motiven, die McClelland et al. (1989) als Grundlage unserer
Entscheidungen betrachten, oder auch die Identifikation von *kontrollierten* und *automati-
schen* Prozessen von Camerer et al. (2005) sowie von *affektiven* und *kognitiven* Abläufen
(Loewenstein und O'Donoghue 2004). Tab. 2.1 veranschaulicht den Zusammenhang und
das allgemein hohe Maß der Übereinstimmung von Dual-Prozess-Theorien (für eine tiefergehende Diskussion sei Metz-Göckel 2010 empfohlen).

Die Bezeichnung von Smith (2008) scheint auf den ersten Blick aus dem sehr homogenen Rahmen der anderen Bezeichnungen zu fallen. Allerdings drückt sich in seiner
Bezeichnung emotionaler Prozesse als „ökologische Rationalität" hervorragend aus,
dass emotionale Prozesse im Kern keineswegs als irrational betrachtet werden dürfen.
Die Verwendung von Heuristiken ist nämlich zunächst ein sehr effizienter und damit
rationaler Ansatz. Der Zusatz „ökologisch" macht dabei deutlich, dass die Heuristiken

Tab. 2.1 Bezeichnung von Entscheidungsprozessen ausgewählter Dual-Prozess-Theorien

Autoren	Emotionaler Prozess	Rationaler Prozess
James (1890)	Assoziatives Denken	Wahres Denken
McClelland et al. (1989)	Implizit	Explizit
Loewenstein und O'Donoghue (2004)	Affektiv	Kognitiv
Camerer et al. (2005)	Automatisch	Kontrolliert
Smith (2008)	Ökologische Rationalität	Konstruktivistische Ratio-nalität
Kahneman (2011)	System 1	System 2

überwiegend einen biologisch-kulturell-evolutionären Ursprung haben, sich also aus dem ökologischen Umfeld heraus ableiten.

Dass die Zwei-System-Theorie auch von Neurowissenschaftlern vertreten wird (Lieberman 2007), deutet einmal mehr darauf hin, dass die vielen automatisierten Entscheidungsprozesse nicht den Gesetzen der Logik folgen, sondern vielmehr evolutorischen Notwendigkeiten entsprechen. Das bedeutet jedoch keineswegs, dass evolutorische Denkprozesse unlogisch seien. Viele der entsprechenden Heuristiken werden aufgrund radikal geänderter Umweltbedingungen heute einfach nicht mehr benötigt. So oder so: Die **Erkenntnisse der Neurowissenschaften** sind ein klares Plädoyer dafür, Emotionen bei der Entscheidungsfindung eingehender zu untersuchen, als dies bisher in der ökonomischen Lehre der Fall ist (gut zusammengefasst übrigens von Camerer et al. 2004 in dem Text „Neuroeconomics: Why Economics Needs Brains").

System 1

„Experten haben immer Recht." Hierbei handelt es sich um eine Heuristik, also eine intuitive, einfache und oberflächliche Regel. Immer, wenn wir auf eine kognitive Auseinandersetzung mit vorliegenden Informationen verzichten und stattdessen auf eine Heuristik zurückgreifen, ist System 1 am Drücker. Kahneman beschreibt es als **intuitives Entscheidungssystem,** das in hohem Maße auf automatisierten Verhaltensmustern basiert. Wenn wir intuitiv entscheiden – unser System 1 also die Führung übernimmt –, fallen uns Lösungen schnell, spontan und ohne Anstrengung ein. Das funktioniert in den meisten Fällen sehr gut und fehlerfrei, wie man z. B. beim Autofahren feststellen kann – eine Situation, in der wir minütlich dutzende Entscheidungen treffen und doch über keine davon bewusst nachdenken. Ein anderes griffiges Beispiel für System-1-Entscheidungen ist ein simples Ballspiel: Wenn ein Sportler einen Ball fängt, hat er vorher nicht die Gleichungen zur Berechnung der Flugbahn des Balls gelöst und seinen Standpunkt entsprechend angepasst – er weiß intuitiv, wie er sich zu verhalten hat. Der Grund für die hohe Geschwindigkeit intuitiver Entscheidungen liegt in der guten Zugänglichkeit („availability") bzw. Leichtigkeit, mit der wir auf die zugrunde liegenden Heuristiken zugreifen können. Sie ahnen es bereits: Genau um diese automatisierten Verhaltensmuster geht es bei „PsyConversion".

System 2

Bitte berechnen Sie jetzt das Ergebnis von 24×17. Während Sie gegen den Impuls kämpfen, einen Taschenrechner herauszuholen, bemerken Sie eine wichtige Eigenschaft von System 2: Es führt zu Anstrengung und physischer Belastung. Denkprozesse in System 2 laufen also spürbar anders ab als solche in System 1. Sie befassen sich intensiv mit den vorliegenden Informationen und verarbeiten sie **rational-kognitiv.** Auf der Basis des Ergebnisses werden dann nach einem mehr oder minder klar definierten Skript unsere Einstellungen und Handlungsabsichten gebildet. Kahneman nennt zwei Kernaufgaben von System 2:

1. „compute" (z. B. die obige Rechenaufgabe lösen)
2. „supervise" (System 1 und das Verhalten überwachen bzw. die Entscheidungsfindung bremsen)

Unser effizienzoptimiertes Gehirn reagiert auf den ungewünschten Energieverbrauch, indem das schnelle und schlanke **System 1 den Großteil aller Entscheidungen übernimmt** und System 2 nur in schwierigen Fällen aktiviert wird. Einschätzungen von Experten zufolge, werden 75 bis 98 % aller Entscheidungen von System 1 getroffen. Angesichts der Tatsache, dass wir uns knapp 99 % aller Gene mit Schimpansen teilen und die genetischen Unterschiede zu allem Überfluss im Gehirn am geringsten sind (Junker 2006), fällt es nicht schwer, zu glauben, dass wir nur in Ausnahmefällen streng rational entscheiden.

In seiner Dankesrede bei der Verleihung des Nobelpreises beschreibt Kahneman die beiden Entscheidungssysteme wie folgt:

> The operations of System 1 are typically fast, automatic, effortless, associative, implicit (not available to introspection), and often emotionally charged; they are also governed by habit and are therefore difficult to control or modify. The operations of System 2 are slower, serial, effortful, more likely to be consciously monitored and deliberately controlled; they are also relatively flexible and potentially rule governed (Kahneman 2003).

Auch neurologisch betrachtet entstehen **Entscheidungen in zwei verschiedenen Hirnarealen.** Im Neokortex (also dem evolutionsbiologisch gesehen „jüngsten" Teil der Großhirnrinde) findet das bewusste und rationale Denken (System 2) statt. In Experimenten ließ sich deutlich belegen, dass solche kontrollierten Denkprozesse zu einer Aktivierung der medialen und lateralen Stirnhirnbereiche führen (Lieberman 2007). Intuitive Entscheidungen (System 1) werden dagegen in der Amygdala im limbischen System angestoßen, also dem Teil des Gehirns, der für Empfindungen zuständig ist. Intuitive Entscheidungen unterscheiden sich also neurologisch kaum von Emotionen – ein überraschender Befund in einer Welt, die Emotionalität lange Zeit als einen Störfaktor bei Entscheidungsprozessen betrachtet hat. Die beiden Gehirnareale arbeiten aber selbstverständlich nicht völlig getrennt voneinander. Der Neokortex empfängt die Signale der Amygdala und wird dadurch in seiner Arbeitsweise beeinflusst. Wäre das nicht der Fall, wären wir auf Gedeih und Verderb unseren impulsiven Entscheidungen ausgesetzt. So existiert jedoch eine beidseitige Überprüfungsroutine.

Neuroökonomische Entscheidungsmodelle werden mithilfe von fünf Komponenten aufgebaut, die in Abb. 2.2 dargestellt werden (in Anlehnung an die Beschreibung von Fehr und Rangel 2011).

Haben Sie schon einmal von „Elliott" gehört? Er war die Hauptfigur in einer spektakulären medizinischen Studie, die Antonio Damasio Ende der 1980er Jahre durchführte (Damasio 2014). Der Professor für Neurowissenschaften, Neurologie und Psychologie an der University of Southern California wollte den neurologischen Zusammenhang zwischen den beiden Entscheidungssystemen ergründen. Dafür führte er Untersuchungen mit Patienten durch, bei denen im Zuge einer Tumorerkrankung Hirnschäden aufgetreten

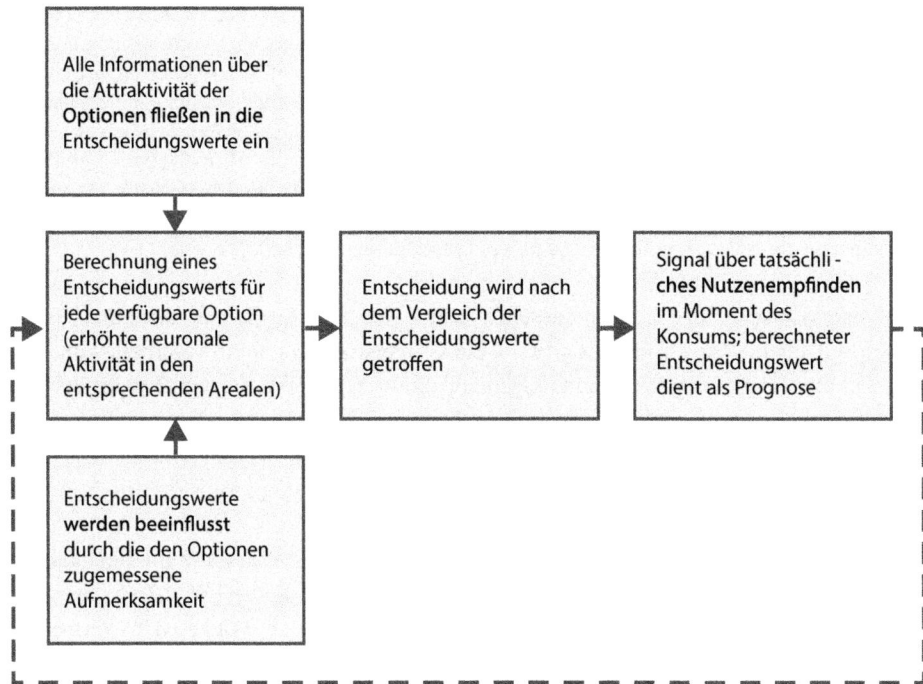

Abb. 2.2 Entscheidungsprozess in neuroökonomischen Modellen. (i. A. a. Fehr und Rangel 2011)

waren. Einer davon war Elliott, der nach einer Gehirnoperation die Fähigkeit verlor zu fühlen. Erstaunlicherweise ging damit auch seine Unfähigkeit einher, fortan Entscheidungen zu fällen. Der Fall zeigt, wie schon angedeutet, dass der alte Dualismus „Geist vs. Körper" bzw. „Verstand vs. Gefühl" viel zu kurz greift. Damasios Forschung hat damit erstmals belegt, dass eine enge Verbindung zwischen unseren neuro-anatomischen Gewebestrukturen und der menschlichen Gefühlswelt existiert.

Hintergrundinformation
Neurowissenschaftlicher Deep Dive: Damasios Hypothese der somatischen Marker (1996)

Damasio und seine Kollegen waren die ersten, die die Behauptung aufstellten, dass Menschen neben kognitiven auch sogenannte „somatische" Prozesse zur Entscheidungsfindung benötigten. Damit meinen sie im Kern die Wahrnehmung aller im Körper ablaufenden Prozesse. Somatische Marker werden dabei im limbischen System generiert und repräsentiert und haben die Aufgabe, Handlungsoptionen sowohl bewusst als auch unbewusst zu bewerten – vor allem dann, wenn für eine rationale Analyse keine Zeit ist. Neuronale Basis für die somatischen Marker sei die Vernetzung des präfrontalen Kortex zu den limbischen Strukturen (z. B. Amygdala, Hippocampus, Gyrus Cinguli).

Messbar gemacht wurden diese Prozesse mit einem eigens entwickelten Test zur Hautwiderstandsmessung, dem „Iowa Gambling"-Test. Dabei wurde untersucht, ob Patienten mit ventromedialer Läsion wie Elliot sich bei einem Kartenspiel anders verhalten als gesunde Probanden und ob dieses Verhalten per Hautwiderstandsmessung vorhergesagt werden kann. Das Ergebnis war beeindruckend: Die gesunden Teilnehmer konnten schnell erkennen, welche beiden der vier Kartenstapel einen positiven Erwartungswert hatten und welche nicht. Noch bevor diese Erkenntnis von den Probanden bewusst erfasst und beschrieben werden konnte, ließ sich bereits über den Hautwiderstand korrekt vorhersagen, ob eine Karte aus einem Stapel wahrscheinlich zu einem Gewinn oder einem Verlust führen würde. Bei den Teilnehmern mit Hirnschädigung war dies nicht der Fall. Sie beendeten im Gegensatz zu den gesunden Probanden das Spiel mit einem Verlust. Damasio schlussfolgerte, dass die somatischen Marker einen affektiven Aspekt der Entscheidungsfindung darstellen, Emotionen also unsere Entscheidungen prägen.

Die beiden Entscheidungssysteme arbeiten in der Regel sehr effizient zusammen: Empfangen wir einen Input von außen, wird dieser meist in System 1 verarbeitet und ein Entscheidungsvorschlag entwickelt. Erscheint dieser Vorschlag System 2 plausibel und werden keine Komplikationen, z. B. aufgrund von Erfahrungswissen, festgestellt, wird er unverändert übernommen und umgesetzt. Kommt es hingegen zu Komplikationen, fährt System 2 hoch und „überschreibt" den Entscheidungsvorschlag von System 1, wie in Abb. 2.3 skizziert.

Die **Zusammenarbeit** lässt sich auch am eigenen Leib erfahren, zum Beispiel mit dem „Stroop-Experiment" (i. A. a. Stroop 1935). Gehen Sie dafür Tab. 2.2 spaltenweise durch und nennen Sie so schnell wie möglich die <u>Farben</u> der Wörter (d. h. vermeiden Sie es, die geschriebenen Wörter vorzulesen). Sie werden sehen: Bei jedem Wort muss System 2 den ersten Impuls von System 1 korrigieren, was mit spürbarem Konzentrationsaufwand und Anstrengung verbunden ist.

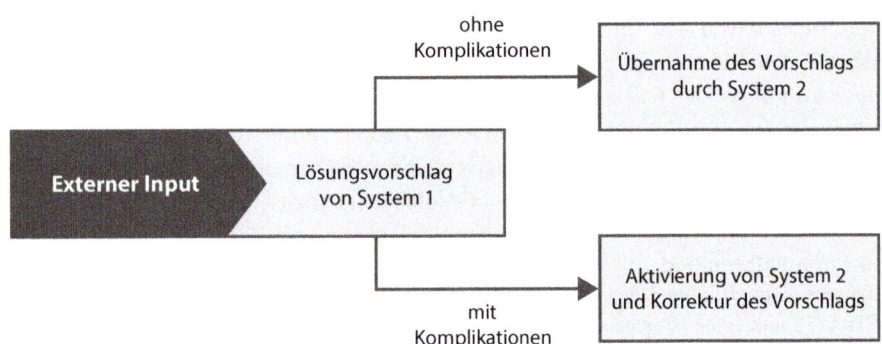

Abb. 2.3 Zusammenarbeit von System 1 und System 2. (Quelle: i. A. a. Kahneman 2011)

Tab. 2.2 Der „Stroop-Effekt". (Eigene Darstellung i. A. a. Stroop 1935)

Gelb	Grün	Grün	Blau	Schwarz
Gelb	Weiß	Blau	Schwarz	Weiß
Rot	Schwarz	Gelb	Gelb	Rot
Schwarz	Weiß	Schwarz	Grün	Rot

Im Rahmen dieser Zusammenarbeit können sich System 1 und System 2 gegenseitig unterstützen bzw. zu demselben Ergebnis führen. Im obigen Beispiel des Ballspielers wird das deutlich: Sowohl das intuitive Verhalten (System 1) als auch die komplexen Rechenoperationen (System 2) können verwendet werden, um das Fangen des Balls vorzubereiten. Die beiden Systeme können sich aber ebenso behindern: Die Kapazität mentaler Anstrengungen ist begrenzt, sodass sich kontrollierte Denkprozesse in System 2 meist gegenseitig stören. Kommt es zu einer **Störung,** wird Aufmerksamkeit abgezogen und die Aufgabe kann nicht mehr zufriedenstellend gelöst werden. Beeindruckendes Beispiel für die begrenzten Aufmerksamkeitsressourcen von System 2 ist die berühmte Monkey Business Illusion, bei der der Aufmerksamkeitsfokus so stark auf eine Aufgabe gerichtet wird (im Experiment: Ballwechsel bestimmter Spieler zählen), dass den Probanden sogar ein Gorilla entgeht, der sich quer durch das Bild bewegt. Intuitive Prozesse in System 1 laufen dagegen anstrengungsfrei ab. Sie sind auch dann nicht störungsanfällig, wenn mehrere Aufgaben parallel bearbeitet werden müssen (Metz-Göckel 2010). Für die Beziehungen zwischen den beiden Entscheidungssystemen finden sich auch neurowissenschaftliche Belege, die das Gehirn keineswegs als homogenen Prozessor begreifen, sondern die Parallelität und mögliche Konkurrenz der Prozesse betonen (Loewenstein et al. 2008).

Die Monkey Business Illusion macht im Übrigen deutlich, dass **Multitasking** als vermeintlich besonders wertvolle und erstrebenswerte Eigenschaft ein erwiesenermaßen unsinniges Konstrukt ist: Mehrere Denkaufgaben gleichzeitig auszuführen, führt fast immer dazu, dass jede einzelne Aufgabe mit geringer Qualität ausgeübt wird bzw. unser Gehirn eigenständig und ohne Rücksicht auf die Sinnhaftigkeit zwischen diesen Aufgaben priorisiert.

2.3   Besser, aber nicht perfekt

Wie heißt die Hauptstadt von Frankreich?
Welche Himmelsrichtung liegt entgegengesetzt zu Norden?
Wie viele Tiere jeder Art nahm Moses mit in die Arche?

Wenn Sie diese Fragen ohne zu überlegen mit „Paris", „Süden" und „zwei" beantworten konnten, haben Sie am eigenen Leib erfahren, wie schnell unser Gehirn sein kann – aber auch wie fehleranfällig! Richtig: Nicht Moses, sondern Noah baute die biblische Arche. Die sogenannte „Moses-Illusion" verdeutlicht, dass System 1 oft das führende System ist und System 2 nur bei denjenigen Entscheidungen hinzugezogen wird, bei denen sich System 1 unwohl fühlt. Bei der Moses-Illusion fühlt es sich jedoch wohl: Tiere, Arche, Moses – all das stammt aus dem biblischen Kontext und erscheint in einem plausiblen Zusammenhang. System 2 wird deshalb nicht aktiviert und wir treffen eine falsche Entscheidung. Anders wäre es gewesen, wenn statt von Moses von Helene Fischer die Rede gewesen wäre. Diese Figur passt offensichtlich nicht in den gegebenen Kontext, sodass System 2 aktiviert worden wäre und den Fehler umgehend bemerkt hätte.

Zwei Entscheidungssysteme zu haben, die sich in vielen Fällen gegenseitig kontrollieren können, ermöglicht uns erst ein normales Leben, wie wir es kennen. Ohne System 1 wäre unser rationales Entscheidungssystem 2 chronisch überlastet. Ohne System 2 hingegen würden wir sprunghaft, unüberlegt und oft irrational handeln, was uns die wesentlichen Fähigkeiten nähme, die den Menschen evolutionär von anderen Lebensformen abheben.

Dennoch ist die **Dualität der beiden Systeme keineswegs perfekt**, wie wir gesehen haben. Wir sind weder rationale Wesen noch können wir uns voll auf unsere Intuition verlassen. Wir wechseln stattdessen unkontrolliert zwischen beiden Entscheidungskreisen hin und her, unfähig uns unserer Denkprozesse bewusst zu werden oder sie zu steuern. Eine Vielzahl von kognitiven Denkfehlern (Cognitive Biases) und über Jahrtausende eingeschliffenen automatisierten Verhaltensmustern (Heuristiken) sind der Beleg dafür.

Für **Täuschungen, Verzerrungen und Fehler** wird gemeinhin System 1 verantwortlich gemacht, da es Entscheidungen auch dann fällt, wenn die relevanten Einflüsse und Kontextfaktoren nicht hinreichend bekannt sind. Das wird zum Beispiel dadurch belegt, dass Personen meist nicht merken oder sogar leugnen, solchen Denkfehlern zu unterliegen bzw. auf automatisierte Verhaltensmuster zurückzugreifen (Pronin 2009). Kahneman (2003) präsentiert für diese These eine Reihe von Untersuchungen zur statistischen Intuition und zeigt sich überrascht, dass selbst erfahrene Statistiker oft zu spektakulären intuitiven Fehleinschätzungen kommen: „We were impressed by the persistence of discrepancies between statistical intution and statistical knowledge" (Kahneman 2003, S. 697). Offenbar sind selbst Experten nicht in der Lage, in ihrem Fachgebiet intuitiv gute Entscheidungen zu treffen. Fast noch erstaunlicher: Sie sind sich dessen keineswegs bewusst und halten ihre intuitiven Einschätzungen meist für überaus treffend. Für uns heißt das: Glaube keinem Experten blind.

Zu den bekanntesten Experimenten, die sich mit der Untersuchung von intuitiven (Denk-)Fehlern beschäftigen, zählt das sogenannte **„Linda-Problem"** von Sloman (1996). Den Versuchspersonen wurde der Steckbrief einer fiktiven Frau namens Linda vorgelegt:

> Linda ist 31 Jahre alt, Single, geradeheraus und sehr intelligent. Sie hat einen Universitätsabschluss in Philosophie. Als Studentin war sie tief betroffen von alltäglicher Diskriminierung und sozialer Ungerechtigkeit und nahm an Anti-Atom-Demonstrationen teil.

Anschließend sollten sie einschätzen, mit welcher Wahrscheinlichkeit jede der beiden folgenden Aussagen zutreffen:

> a) „Linda ist eine Bankschalterangestellte."
>   b) „Linda ist eine Bankschalterangestellte und aktive Feministin."

Auch wenn die Frage von unserem heutigen Standpunkt aussieht, wie ein unangemessen tiefer Griff in die Klischeekiste: Welche der beiden Aussagen würden Sie als wahrscheinlicher einstufen? Angesichts der Details aus dem Steckbrief auch Aussage b)? So entscheiden sich die meisten Versuchspersonen. Sie verletzen damit jedoch eine einfache Konjunktionsregel: Eine Verknüpfung von Statements kann nie wahrscheinlicher sein als jedes einzelne Statement für sich genommen. Aussage a) <u>muss</u> damit wahrscheinlicher sein als Aussage b). Stellt man sich die beiden Gruppen als Venn-Diagramm vor, wäre die Menge feministischer Bankschalterangestellter vollständig in der Menge der Bankschalterangestellten enthalten. Intuitiv entdecken wir jedoch eine plausible Verbindung zwischen dem sozialen Engagement von Linda während ihrer Studienzeit und der Zugehörigkeit zur feministischen Bewegung. Das Vertrauen auf unsere Intuition und die Plausibilität lässt uns hier eine Entscheidung treffen, die rational betrachtet offensichtlich falsch ist. System 2 hätte diesen Fehler zwar vermieden, war aber bei den betroffenen Versuchspersonen überhaupt nicht an der Entscheidung beteiligt, weil die Informationen ähnlich wie bei der Moses-Illusion in einem plausiblen Kontext zueinanderstanden.

Ganz ähnlich ergeht es Menschen auch bei **Kaufentscheidungen** – besonders dann, wenn Unsicherheit im Spiel ist. Ein treffendes Beispiel ist der Abschluss einer (Risiko-)Lebensversicherung. Im Experiment von Johnson et al. (1993) wurde die Zahlungsbereitschaft von zwei Ausprägungen dieser Versicherung ermittelt:

1. Zahlung von 100.000 US$ im Todesfall
2. Zahlung von 100.000 US$ bei Tod durch Terrorismus

Erstaunlicherweise sind Menschen intuitiv bereit, für Variante 2 mehr Geld zu bezahlen, obwohl diese verglichen mit Variante 1 nur in einem Bruchteil der Fälle den Betrag ausschüttet. Dies steht in Verbindung mit dem Aktivierungspotenzial, das Gefühle wie Angst bei uns auslösen. Man könnte es auch so ausdrücken: Menschen haben größere Angst, bei einem Terroranschlag zu sterben, als überhaupt zu sterben. Dieses (zugegeben drastische) Beispiel verdeutlicht noch einmal die Fehleranfälligkeit der Intuition an sich und gleichzeitig den Einfluss öffentlicher Berichterstattung auf unsere Wahrnehmung von Wahrscheinlichkeit. Interessanterweise gibt es hierbei einen starken kulturellen Einschlag: Während bei Amerikanern die Angst vor Terrorismus irrational hoch ist, wurde derselbe Effekt in Kanada am Beispiel der Vogelgrippe nachgewiesen (Sunstein 2005).

Wie bereits erwähnt: Keineswegs sollte man daraus aber schlussfolgern, unser (zumindest zahlenmäßig) dominierendes Entscheidungssystem 1 sei per se irrational. Das Gegenteil ist der Fall: Die Nutzung von Heuristiken als mit hoher Wahrscheinlichkeit passende Lösungswege macht unser Gehirn außerordentlich schnell und effizient. Oder anders ausgedrückt, **Heuristiken machen den Entscheidungsprozess ökonomisch.** Und dies wiederum ist die Definition der „alten" Ökonomie für rationales Verhalten. Die triviale Rechnung „Heuristiken = irrational" geht also nicht auf.

2.4   Entscheidungstheorie 2.0: Behavioral Economics

Wäre die klassische nationalökonomische Theorie eine Software, sie bräuchte dringend ein Upgrade. Ihre Annahmen erscheinen nicht mehr zeitgemäß und stehen im Konflikt mit aktuellen Forschungsbefunden, insbesondere aus der Psychologie und den Neurowissenschaften. Demzufolge wird sie in ihrer reinen Lehre heute kaum mehr vertreten.

Dies bedeutet allerdings nicht, dass sämtliche modellhaften Gedanken der Ökonomie verworfen werden sollten. Sie werden vielmehr erweitert und aktualisiert, um sie näher an
die heutige Realität zu führen und damit bessere Prognosen machen zu können.

Beck (2014, S. V) formuliert das Grundanliegen der Behavioral Economics folgerichtig mit dem Ziel, tatsächliche „psychologische Grundlagen des menschlichen Handelns
in die ökonomische Theorie einzuflechten". Behavioral Economics sind damit keine
eigenständige Theorie, sondern vielmehr ein **anwendungsbezogenes „Upgrade" etablierter Ansätze.** Als solches zeigt es, wo psychologische Erklärungsansätze des menschlichen Verhaltens in einem betriebswirtschaftlichen Kontext genutzt werden können.
Mit Blick auf die frühen Ursprünge der ökonomischen Theorie sprechen manche Auto-
ren auch von einer **Wiedervereinigung der Psychologie mit der Ökonomie** (Camerer
1999). Klar ist damit jedoch auch, dass so die Anwendung modelltheoretischer Überle-
gungen komplexer wird. Das ist so lange hinnehmbar, wie der zusätzliche Nutzen der
gesteigerten Genauigkeit einer Theorie den Verlust in Form der reduzierten Einfachheit
(man könnte auch sagen: Nutzerfreundlichkeit) überkompensieren kann.

Im Gegensatz zu den Kernannahmen der klassischen Ökonomie 1. unbegrenzte Rationalität, 2. unbegrenzte Willenskraft, 3. unbegrenzter Egoismus beschreiben die Behavioral Economics die folgenden **Grundlagen der Entscheidungsfindung:**

1. Unvollkommene Märkte: Die Verfügbarkeit von Informationen ist eingeschränkt, die
   Transparenz möglicher Optionen ebenso. Dadurch verhalten sich Menschen nicht
   immer gemäß einer rational-vernünftigen bzw. markteffizienten Erwartung. Wenn wir
   also davon ausgehen, dass sich Individuen nicht unbegrenzt rational verhalten (können), können auf übergeordneter Ebene auch keine vollkommenen Märkte entstehen.
2. Framing: Die Art und Weise, wie ein Problem oder eine Entscheidung vorgestellt
   wird, beeinflusst die Entscheidung selbst. Starke Belege dafür sind die eindrucks-
   vollen Milgram-Versuche (Milgram 1974) oder das Gefängnis-Experiment von
   Zimbardo (Haney et al. 1973). Hier zeigten sich enorme Einflüsse der Situation und
   der Instruktion, die eine rationale Bewertung der Aufgabe unmöglich machten. Im
   Gefängnis-Experiment gingen die Versuchsteilnehmer in der Rolle des Gefängniswär-
   ters aufgrund des entsprechenden Framings gar so weit, die vermeintlichen Insassen
   mit lebensgefährlichen Stromstößen zu bestrafen.
3. Einsatz von Heuristiken: Menschen treffen Entscheidungen häufig auf Grundlage
   einer einfachen, schnellen und stabilen Daumenregel, nicht nur aufgrund einer Analyse aller Möglichkeiten. Heuristiken sind damit Abkürzungen auf dem Weg zur Entscheidung. Beck (2014) veranschaulicht eine Heuristik mit dem Gordischen Knoten:
   Ein komplexes Problem (verknotetes Seil) wird mit einem einfachen Ansatz (mit
   einem Schwert durchschlagen) gelöst. Dieser Lösungsweg ist einfach und effizient,
   kann aber zu unerwünschten Nebeneffekten führen (Seil ist zerstört).

Die klassische Ökonomie ging zwar bereits auch davon aus, dass Menschen Fehl-
entscheidungen treffen können, betrachtete diese aber nie als systematisch. Häufig
genannten Argumente für das begrenzte Auftreten von Fehlern sind die folgenden drei
Aspekte: Arbitrage, Survival of the Fittest und Lernen.

- **Arbitrage** bezeichnet die Chancen, die sich jemandem eröffnen, wenn jemand anderes sich ökonomisch irrational verhält. Am Aktienmarkt lässt sich das gut veranschaulichen: Wenn Anleger einen irrational hohen Preis für eine Aktie bezahlen, wird das rational agierende Besitzer dieser Aktie zum Verkauf ermutigen. Das gestiegene Angebot infolge der opportunistischen Ausnutzung dieser Arbitrage führt dann zu einem Sinken der Kurse und die irrationalen Preistendenzen werden beseitigt.
- **Survival of the Fittest** bedeutet, dass sich nur rational handelnde Marktteilnehmer langfristig etablieren werden. Irrational handelnde Menschen und Institutionen machen dagegen demnach Fehler, die sie aus dem Markt entfernen. Ein Unternehmer, der nicht rational kalkuliert, würde also von rational handelnden Wettbewerbern verdrängt.
- **Lernen** ist das dritte Argument für den nicht-systematischen Charakter irrationaler Entscheidungen in der ökonomischen Theorie. Demnach kann jeder, der Fehler begeht, aus diesen Fehlern lernen und sie künftig vermeiden. So könne irrationales Verhalten nicht langfristig auftreten.

Keines dieser Argumente der klassischen Ökonomie ist frei von Kritik (Können irrational erscheinende Aktienpreise in einem anhaltenden Aufwärtstrend nicht auch rational sein? Zeigt der Blick in die Natur nicht, dass auch physikalisch eindeutig suboptimale Lebensformen langfristig erfolgreich sein können? Existiert infolge mangelnden Feedbacks nicht häufig überhaupt keine Möglichkeit, aus seinem Verhalten zu lernen?). Diese Argumente veranschaulichen dennoch die Grundannahme der ökonomischen Theorie, dass irrationales Verhalten nicht systematisch und damit lediglich eine temporäre Marktanomalie sei. Lange Rede, kurzer Sinn: Hierin liegt ein wesentlicher Unterschied zum Ansatz der Behavioral Economics: Diese betrachten irrationales Verhalten als naturgegebene Begleiterscheinung von Heuristiken und als systematisch und verlangen daher von den jeweiligen ökonomischen Theorien, diese Anomalien in die Modellierung des Verhaltens aufzunehmen.

Die oben aufgelisteten Grundannahmen der Behavioral Economics greifen immer (aber nicht ausschließlich), wenn wir **Entscheidungen unter Unsicherheit** fällen. Das ist dann der Fall, wenn wir die Wahrscheinlichkeit des Eintretens eines Ereignisses nicht sicher kennen – also bei nahezu allen Kauf- und Konsumentscheidungen (nicht aber z. B. bei einem Münzwurf, bei dem die Wahrscheinlichkeit für „Kopf" und „Zahl" exakt 0,5 beträgt).

2.5   Die Prospect Theory als wichtigster Bezugspunkt der Behavioral Economics

Das wirft eine Frage auf: Wenn die klassische ökonomische Theorie nicht mehr zeitgemäß ist, die Behavioral Economics aber für sich genommen keine eigene Theorie darstellen und damit auch nicht als alternatives Erklärungsmodell herangezogen werden können: Welche Theorie legen wir unserem Verständnis der Entscheidungsfindung dann zugrunde?

Die **Prospect Theory** (deutsch: Neue Erwartungstheorie) wird hierfür von vielen Experten favorisiert. Sie wurde von Kahneman und Tversky 1979 vorgestellt und ist die Grundlage für die Verleihung des Wirtschaftsnobelpreises an Daniel Kahneman im Jahr 2002. Sie erklärt, wie Menschen unter Unsicherheit Entscheidungen treffen. In ihrer frühesten Form untersuchten die Wissenschaftler dies am Beispiel von Lotterien mit verschiedenen Höchstgewinnen und Gewinnwahrscheinlichkeiten, weswegen sie ursprünglich auch als „Lottery Theory" bezeichnet wurde.

Sie eignet sich deshalb so gut für die **Anwendung im E-Commerce,** weil jede Informations- und Kaufentscheidung für Kunden per se mit Unsicherheit belastet ist. Eine vollständige Abschätzung und Bewertung aller Risiken ist unmöglich. Zudem finden die Entscheidungen meist allein (d. h. von sozialen Einflüssen abgeschirmt) statt, wodurch die Unsicherheit und die Tragweite der eigenen Entscheidungen noch einmal betont werden. Im Online-Umfeld finden sich also genau die in der Theorie beschriebenen Rahmenbedingungen wieder – ohne, dass die Väter der Theorie auch nur im Entferntesten an das Internet gedacht haben.

Kerngedanke der Prospect Theory ist, dass Menschen sich in Entscheidungssituationen nicht immer gleich verhalten (wie es der streng rationale Nutzenmaximierungsansatz in der klassischen nationalökonomischen Theorie annimmt), sondern dass die Einschätzung des Eintretens eines Ereignisses und die Bewertung dessen in hohem Maße individuell sind. So neigen Menschen zum Beispiel dazu, Verluste (bei denselben Eintrittswahrscheinlichkeiten) höher zu gewichten als Gewinne. Man ärgert sich also über den Verlust von 1000 € mehr, als man sich über den Gewinn derselben Summe freut. Als Faustformel gilt: Die Vermeidung eines Verlusts motiviert etwa doppelt so stark wie das Erreichen eines Gewinns. Das führt zum Beispiel zu dem (streng ökonomisch betrachtet) unsinnigen Verhalten vieler Anleger an der Börse: Gewinne werden zu früh realisiert, während an verlustreichen Aktien wegen der Verlustaversion zu lange festgehalten und auf steigende Kurse gewartet wird.

Hintergrundinformation
Die Prospect Theory beschreibt zwei **Phasen der Entscheidungsfindung:**

1. Die Editierungsphase: Die verfügbaren Alternativen werden vorläufig bewertet und sortiert. Um dies schnell und ressourceneffizient durchführen zu können, werden die Alternativen meist vereinfacht. Dafür stehen sechs Mechanismen zur Verfügung, die die Prospect Theory bereits grundlegend von der klassischen Erwartungsnutzentheorie unterscheiden: *Coding* (Ergebnisse werden nicht absolut, sondern im Verhältnis zu einem Referenzpunkt wahrgenommen), *Combination* (Alternativen mit demselben Ergebnis werden zusammengefasst und ihre Wahrscheinlichkeiten addiert), *Segregation* (sichere Bestandteile einer Alternative werden herausgerechnet, der mit der hohen Wahrscheinlichkeit multiplizierte Erwartungswert eines Ereignisses ist dann 1), *Cancellation* (gleiche Bestandteile von Alternativen werden nicht berücksichtigt, die Entscheidung also nur auf Basis der Unterscheidungsmerkmale gefällt), *Simplification* („krumme" Wahrscheinlichkeiten werden mental gerundet, sehr unwahrscheinliche Ereignisse komplett ausgeschlossen) und letztlich *Elimination* (Alternativen, die in allen Bestandteilen gegenüber anderen Optionen unterliegen, werden bei der Entscheidungsfindung nicht weiter berücksichtigt).
2. Die Evaluierungsphase: In der Evaluierungsphase findet die Entscheidung zwischen den nunmehr editierten Alternativen statt. Dies lässt sich mit einer einfachen Funktion modellieren, die aus zwei Elementen besteht: a) dem subjektiven Wert einer Alternative und b) der individuell gewichteten Wahrscheinlichkeit des Eintretens dieser Alternative.

Mit der Bewertung von Alternativen auf Basis eines Werts und dessen Eintrittswahrscheinlichkeit scheint sich die Prospect Theory auf den ersten Blick nicht substanziell von der Erwartungsnutzentheorie zu unterscheiden, die ebenfalls mit Erwartungswerten und Wahrscheinlichkeiten argumentiert. Der zentrale Unterschied besteht in der subjektiven (d. h. nicht zwangsläufig rationalen) Einschätzung der Elemente dieser Funktion. Mit anderen Worten: Der objektive Erwartungsnutzen ist für die Entscheidung überhaupt nicht relevant. Sehr anschaulich verdeutlicht dies das Münzwurfspiel, bei dem man bei „Kopf" einen Euro verliert, bei „Zahl" einen Euro gewinnt. Die Erwartungsnutzentheorie würde nun sagen, beide Ereignisse (Kopf und Zahl) haben mit je 0,5 exakt dieselbe Eintrittswahrscheinlichkeit, zudem fallen der mögliche Gewinn und der mögliche Verlust genau gleich hoch aus – der Erwartungswert des Spiels wäre damit 0. Die Prospect Theory kommt zu einem anderen Ergebnis: Wie oben schon beschrieben, messen Menschen Verlusten ein höheres Gewicht bei als Gewinnen. Wenn ein Entscheider also den Verlust eines Euros höher einschätzt als den Gewinn eines Euros und beide mit derselben Wahrscheinlichkeit eintreffen, ist sein Erwartungswert negativ – er würde die Wette damit (anders als der „Homo Oeconomicus") nicht eingehen.

Hintergrundinformation
Der Spatz in der Hand oder die Taube auf dem Dach?

Ein kurzer Vorgriff auf die Sammlung von Behavior Patterns, die in Kap. 4 vorgestellt wird: Bei der ungleichen Behandlung möglicher Gewinne und Verluste handelt es sich um den **„Endowment Effect"**, der beschreibt, dass Menschen Dinge aus ihrem Besitz wegen der hohen Verlustangst stärker wertschätzen als Dinge, die sie eventuell als Gewinnchance erhalten könnten. Probieren wir es aus: Sie haben die Wahl zwischen zwei Optionen:

a. Verlust von 30.000 € mit einer Wahrscheinlichkeit von 0,001 %
b. Sicherer Verlust von 30 €

Der Erwartungswert ist in beiden Fällen identisch (30 €). Warum entscheidet sich die Mehrheit von Ihnen dennoch spontan für Option b? Weil allein die Vorstellung des möglichen Verlusts von 30.000 € so viel „Schmerz" erzeugt, dass die Wahrscheinlichkeit kaum mehr berücksichtigt wird. Mit diesem banalen Beispiel lässt sich übrigens auch das Geschäftsmodell von Versicherungen erklären: Ihr Auto im Wert von 30.000 € haben Sie sicherlich auch mit einer Monatsprämie von 30 € (oder sogar deutlich mehr) abgesichert und dabei die Eintrittswahrscheinlichkeit eines Versicherungsfalls vermutlich überschätzt.

Für die Entscheidung über die Teilnahme an solchen Spielen muss man ergänzend noch einmal den Referenzwert aus der Editierungsphase der Prospect Theory betonen. Er verdeutlicht, dass man die Teilnahmebereitschaft nicht statisch modellieren darf: Jemandem, der ein Vermögen von 100.000 € besitzt, schmerzt der mögliche Verlust von einem Euro weniger als jemandem, der nur ein Vermögen von 10 € besitzt. Diese beiden Personen würden daher wahrscheinlich nicht zu derselben Teilnahmeentscheidung kommen – völlig unabhängig vom Erwartungswert.

2.6 Die wichtigsten Erkenntnisse zusammengefasst

- Menschen besitzen **zwei Entscheidungssysteme,** eines für rationales und kontrolliertes Denken und eines für impulsives und intuitives Denken. Der Großteil aller Entscheidungen wird intuitiv getroffen.
- Intuitive Entscheidungen basieren auf einfachen Regeln, den **Heuristiken.** Diese sind recht universell und evolutionsbiologisch verankert. Sie lassen sich bei fast allen Menschen nachweisen.
- Heuristiken sind zwar effizient, aber nicht unbedingt der Qualität von Entscheidungen zuträglich. Ihr Einsatz bringt oft **kognitive Verzerrungen** bzw. Denkfehler mit sich.
- **Behavioral Economics** ist die Denkschule, die die Heuristiken und Verzerrungen in der Verhaltensmodellierung berücksichtigt. Ihr wichtigster Bezugspunkt ist die Prospect Theory.
- Viele Heuristiken sind mittlerweile im Detail bekannt. Damit öffnet sich die Möglichkeit, unbewusste Entscheidungsprozesse durch die Aktivierung bestimmter Muster zu **beeinflussen.**

Die wichtigsten Begriffe dieses Grundlagenkapitels und deren Zusammenhänge werden in Abb. 2.4 dargestellt: Wir bewegen uns bei „PsyConversion" also thematisch auf der linken Seite der Abbildung, dem intuitiven Entscheidungssystem 1, in dem die Behavior Patterns ihre Wirkung entfalten.

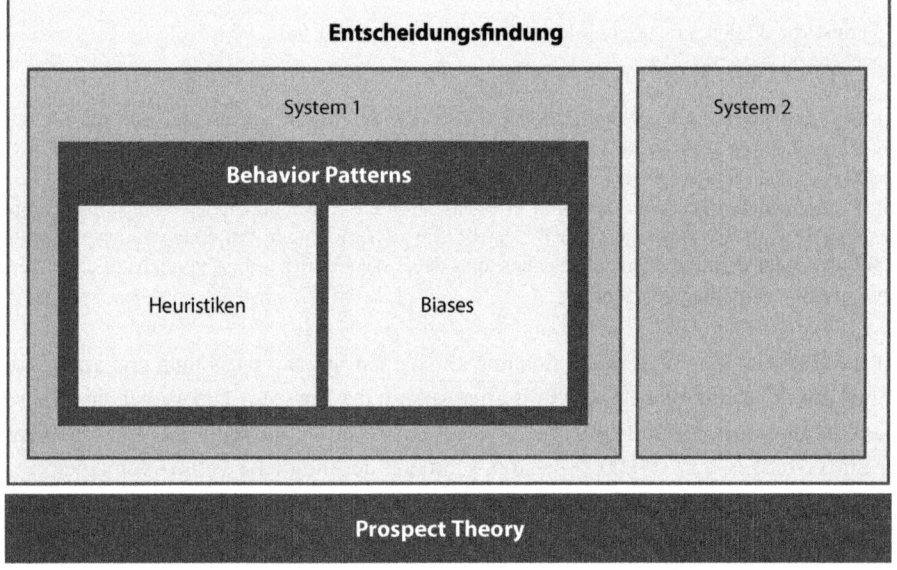

Abb. 2.4 Zusammenhang der wichtigsten Begriffe

Literatur

Beck H (2014) Behavioral Economics: Eine Einführung. Springer-Gabler, Wiesbaden

Camerer C (1999) Behavioral economics: reunifying psychology and economics. Proc Nat Acad Sci 96(19):10575–10577

Camerer C, Thaler RH (1995) Anomalies: ultimatums, dictators and manners. J Econ Perspect 9(2):209–219

Camerer C, Loewenstein G, Prelec D (2004) Neuroeconomics: why economics needs brains. Scand J Econ 106(3):555–579

Camerer C, Loewenstein G, Prelec D (2005) Neuroeconomics: how neuroscience can inform economics. J Econ Lit 43(1):9–64

Damasio AR (2014) Descartes' Irrtum: Fühlen, Denken und das menschliche Gehirn. Ullstein eBooks, Berlin

Damasio AR, Everitt BJ, Bishop D (1996) The somatic marker hypothesis and the possible functions of the prefrontal cortex. Philos Trans R Soc B Biol Sci 351(1346):1413–1420

Fehr E, Rangel A (2011) Neuroeconomic foundations of economic choice – recent advances. J Econ Perspect 25(4):3–30

Freud S (1923) Das Ich und das Es. In: Freud S (Hrsg) Studienausgabe, Bd. III: Psychologie des Unbewußten. Fischer, Frankfurt a. M.

Haney C, Banks C, Zimbardo PG (1973) Interpersonal dynamics in a simulated prison. Int J Criminol Penol 1:69–97

James W (1890) The principles of psychology. Holt, New York

Johnson EJ, Hershey J, Meszaros J, Kunreuther H (1993) Framing, probability distortions, and insurance decisions. J risk uncertainty 7(1):35–51

Junker T (2006) Die Evolution des Menschen. Beck, München

Kahneman D (2003) A perspective on judgement and choice. Mapping bounded rationality. Am Psychol 58:697–720

Kahneman D (2011) Schnelles Denken, Langsames Denken. Siedler, München

Kahneman D, Tversky A (1979) Prospect theory: an analysis of decision under risk. Econometrica 47(2):263–291

Lieberman MD (2007) Social cognitive neuroscience: a review of core processes. Annu Rev Psychol 58:259–289

Loewenstein G, O'Donoghue T (2004) Animal spirits: affective and deliberative processes in economic behavior. https://ssrn.com/abstract=539843 or http://dx.doi.org/10.2139/ssrn.539843

Loewenstein G, Rick S, Cohen JD (2008) Neuroeconomics. Annu Rev Psychol 59:647–672

McClelland DC, Koestner R, Weinberger J (1989) How do self-attributed and implicit motives differ? Psychol Rev 96:690–702

Metz-Göckel H (2010) Dual-Process-Theorien. Gestalt Theory 32(4):323–341

Milgram S (1974) Obedience to authority. Harper & Row, New York

Pöppel E (2008) Zum Entscheiden geboren. Hirnforschung für Manager. Hanser, München

Pronin E (2009) The introspection illusion. Adv Exp Soc Psychol 41:1–67

Sanfey AG, Rilling JK, Aronson JA, Nystrom LE, Cohen JD (2003) The neural basis of economic decision-making in the ultimatum game. Science 300(5626):1755–1758

Simon HA (1959) Theories of decision-making in economics and behavioral science. Am Econ Rev 49(3):253–283

Sloman SA (1996) The empirical case for two systems of reasoning. Psychol Bull 119:3–22

Smith V (2008) Rationality in economics. Cambridge University Press, New York

Stroop JR (1935) Studies of interference in serial verbal reactions. J Exp Psychol 18(6):643–662

Sunstein CR (2005) Precautions against what? The availability heuristic and cross-cultural risk
    perception. Ala L Rev 57:75
Valéry P (1937) Notre Destin et les lettres (Bd. II [1960]). Gallimard, Paris
Wong S (1973) The "F-twist" and the methodology of Paul Samuelson. Am Econ Rev
    63(3):312–325

Behavior Patterns: Fundamente unserer Entscheidungen

3

Zusammenfassung

Behavior Patterns sind standardisierte Verhaltensmuster, die der Mehrheit unserer Entscheidungen zugrunde liegen. Sie können in den Bereich der „persuasive communication" eingeordnet werden, zählen also zu den kommunikativen Überzeugungsinstrumenten. Ihr Einsatz im E-Commerce bringt einerseits Verbesserungen der User Experience mit sich, steigert aber auch und insbesondere die Conversion-Rate (sowie andere relevante Erfolgsindikatoren). Voraussetzungen auf Unternehmensseite sind ein markt- und wettbewerbsfähiges Produkt sowie eine funktionierende technische Infrastruktur. Ist dies gegeben, können Behavior Patterns für die Neukonzeption oder die Optimierung von Digital-Projekten eingesetzt werden. Ihre Wirkung darf zugleich nicht überschätzt werden, den „Kauf-Knopf" im Gehirn als E-Commerce-Mythos stellen sie sicherlich nicht dar. Die grundsätzliche Wirksamkeit ist zwar weitgehend universell, die Wirkungsstärke ist es aber nicht. Daraus folgt: Je besser ein Unternehmen seine Nutzer kennt und klassifizieren kann, desto passgenauer kann die Auswahl der Behavior Patterns sein. In diesem Zusammenhang bietet die Echtzeit-Dynamisierung bzw. Personalisierung der Website entlang der identifizierten Nutzergruppen weiteres Conversion-Potenzial. Zur Identifikation passender Patterns liefert das Buch mehrere Frameworks. Zudem empfiehlt sich in vielen Fällen der Einsatz sich gegenseitig verstärkender Patterns im Verbund.

Nachdem in Kap. 2 die grundlegenden Zusammenhänge von Entscheidungsprozessen diskutiert wurden, gehen wir nun eine Ebene tiefer und beschäftigen uns mit den einzelnen Verhaltensmustern, die immer wieder bei System-1-Entscheidungen beobachtet werden können. Diese Behavior Patterns sind nicht weniger als die Grundlage unserer Entscheidungsfähigkeit.

3.1   Was sind Behavior Patterns?

Um es direkt zu Beginn zu sagen: Behavior Patterns sind weder gut noch schlecht. Und ganz sicher sollten sie nicht als Beleg für die Dummheit des Menschen oder seine kognitive Unzulänglichkeit herangezogen werden. Klar wird dies, wenn man sich vor Augen führt, was diese Verhaltensmuster eigentlich sind: In erster Linie handelt es sich bei Behavior Patterns wie bereits in Kap. 2 angesprochen zum großen Teil um Heuristiken, bildlich gesprochen also Abkürzungen oder Trampelpfade auf dem Weg zu einer Lösung. Durch den Einsatz dieser Faustregeln wird unser Entscheidungssystem schnell und effizient, was zunächst einmal grundpositiv ist. Auch evolutionär betrachtet wird die Sinnhaftigkeit von Heuristiken deutlich: In Urzeiten waren die frühen Menschen darauf angewiesen, bei einem Rascheln im Busch sofort entscheiden zu können, ob es sich um eine Gefahr handelt oder nicht. Die notwendige Geschwindigkeit dafür liefern **standardisierte Verhaltensmuster.** Dass sich nicht hinter jedem Rascheln gleich ein Säbelzahntiger verbarg (also das Risiko einer Fehlentscheidung existierte), wurde dabei gern hingenommen. Ohne Heuristiken wären unsere Vorfahren vermutlich einmal zu wenig vor dem Geräusch geflohen und wir alle wären heute gar nicht hier. Das deutet bereits an, dass der Effizienzgewinn mit einem Genauigkeitsverlust einhergeht. So liefern Heuristiken nicht immer das korrekte Ergebnis und können damit Grundlage kognitiver **Verzerrungen** (engl. „biases") sein – die zweite Quelle von Behavior Patterns (siehe auch Abb. 2.4). Zusammengefasst heißt dies: Ja, Menschen sind intelligent und gute Entscheider. Und nein, immer richtig liegen sie dennoch nicht.

Behavior Patterns sind damit die grundlegenden **Ablaufpläne für automatisierte Entscheidungen,** die wir alle (mehr oder weniger ausgeprägt) in uns tragen. Das Interesse an diesen Mustern ist in den letzten vier Jahrzehnten stetig gestiegen, nachdem sich die Einsicht verbreitete, welches Potenzial deren Kenntnis birgt: Wer den Schaltplan in den Händen hält, kann leicht feststellen, welche Hebel in Bewegung gesetzt werden müssen, um ein bestimmtes Verhalten auszulösen.

> Persuasive communication is any message that is intended to shape, reinforce or change the responses of another (Gerard Miller 1980, S. 11, Psychologe und Autor zahlreicher Fachbücher zur Überzeugung).

Etwas weniger externalistisch ist das Verständnis der Autorin Nathalie Nahai. Sie beschreibt Behavior Patterns als Mittel, „die Distanz zwischen abweichenden Standpunkten zu reduzieren und gemeinsam an einem für beide Seiten positiven Ergebnis zu arbeiten" (2017, S. 60; Übersetzung durch den Autor) – ganz gleich, ob es darum geht, Kinder zu überzeugen, ihren Brokkoli zu essen, verfeindete Staaten von Kriegserklärungen abzuhalten oder Website-Besucher zu Kunden zu machen. Der obigen Begriffserklärung von Gerard Miller wird dahin gehend gefolgt, dass die gezielte Aktivierung von Behavior Patterns als überzeugende Kommunikation (**„persuasive communication"**) einzuordnen ist. Die Ergänzung von Nathalie Nahai ist aber notwendig, um klarzustellen, dass die Überzeugungsleistung nicht zuungunsten oder gegen das Interesse der Kunden erfolgen kann und darf.

Behavior Patterns wirken fast immer im Verbund. Sie betten sich ein in den Umgebungskontext und verschmelzen mit allen anderen dargebotenen Einflüssen. Daran wird deutlich, wie wichtig die saubere Konzeption eines funktionierenden Triggers zur Aktivierung des entsprechenden Musters ist (siehe vertiefend Abschn. 5.2). Streng genommen wird meist nicht nur ein Trigger eingesetzt, sondern mehrere. Diese können dieselben oder unterschiedliche Behavior Patterns adressieren. Eine Kombination mehrerer Patterns wird meistens an besonders bedeutsamen Stellen eingesetzt oder wenn die Möglichkeit einer sinnvollen Personalisierung der Seite nicht gegeben ist. Ein interessantes Beispiel für beides bietet die Fundraising-Kampagne von Wikipedia. Das gemeinnützige Online-Lexikon finanziert sich maßgeblich über Spenden, die mit Pop-Ups auf der Website eingeworben werden. Vom Erfolg dieser Meldungen hängt daher nicht weniger als die Existenz des Portals ab. Dementsprechend gespickt ist der Text mit Überzeugungsmechanismen, die alle in Kap. 4 erläutert werden (siehe Abb. 3.1).

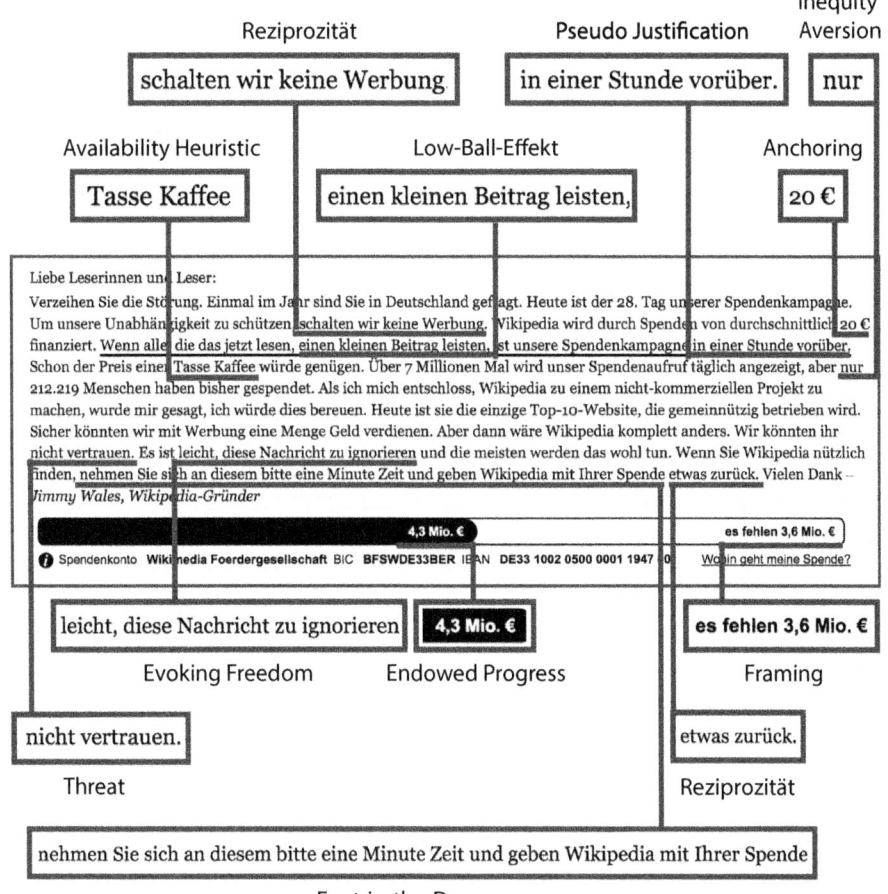

Abb. 3.1 Beispiel: Fundraising bei Wikipedia

3.2   Warum sollten Behavior Patterns eingesetzt werden?

Der Einsatz von Behavior Patterns (bzw. präziser ausgedrückt: der Einsatz von Triggern im Interface zur Aktivierung von Behavior Patterns) bietet sich in erster Linie aus zwei zentralen Motiven an: E-Commerce-Anbieter wollen damit – naheliegender weise – ihre **Conversion-Rate und ihren Umsatz** steigern bzw. übergeordnet ausgedrückt: die Wachstumskurve ihres Unternehmens aktiv gestalten. Daneben bieten Behavior Patterns auch die Möglichkeit einer substanziellen Verbesserung der **Usability und User Experience.** Die User Experience (UX) lässt sich am einfachsten als das Nutzungserlebnis eines Besuchers beschreiben und umfasst alle „Emotionen, Vorstellungen, Vorlieben, Wahrnehmungen, physiologischen und psychologischen Reaktionen, Verhaltensweisen und Leistungen, die sich vor, während und nach der Nutzung ergeben" (DIN ISO 9241-210). Usability ist ein Ausschnitt der User Experience und beschreibt die Nutzungs- oder Gebrauchstauglichkeit digitaler Produkte bzw. die effektive, effiziente und zufriedenstellende Erreichung aller Ziele eines Nutzers (DIN ISO 9241-11). Frei nach Steve Krug (2014, „Don't make me think!") sind Kunden bestrebt, ihr Ziel auf einer Website mit dem geringstmöglichen kognitiven Aufwand zu erreichen. Das Wissen um automatisierte Entscheidungsprozesse kann dazu erheblich beitragen und den Online-Einkauf darüber hinaus zu einem lustvollen Erlebnis werden lassen. Die Optimierung der **User Experience ist kein altruistischer Selbstzweck,** sondern betriebswirtschaftliche Erfordernis.

Zwischen der Business-Perspektive (d. h. Umsatzsteigerung) und der Kundenperspektive (d. h. verbesserte User Experience) besteht folgerichtig auch nur auf den ersten Blick ein Zielkonflikt. Vergegenwärtigt man sich die ungleich höheren Kosten der Neukundenakquise gegenüber der Bestandskundenpflege, wird deutlich, dass das unternehmerische Ziel eine nachhaltige Beziehung zu loyalen Kunden sein muss. Das ist nur gegeben, wenn Kunden mit ihren Entscheidungen langfristig zufrieden sind, d. h. wenn die intuitive Entscheidung nicht gegen den rationalen Willen getroffen wurde.

3.3   Welche Voraussetzungen müssen gegeben sein?

Damit Verhaltensmuster durch entsprechende Trigger in der Oberfläche einer Website aktiviert werden können, muss eine Reihe von Faktoren gegeben sein. Dabei lassen sich Faktoren in der Sphäre des Kunden und Faktoren in der Sphäre des Unternehmens unterscheiden.

Hinsichtlich der **Prädispositionen, die Kunden mitbringen müssen,** werden immer wieder folgende Merkmale genannt (z. B. Fogg 2009, siehe vertiefend auch Abschn. 4.2):

1. Motivation: Es muss einen konkreten Grund geben, ein Verhalten auszuüben.
2. Handlungsfähigkeit: Nutzer müssen die praktische Fähigkeit haben, das Verhalten auszuüben.
3. Ressourcenausstattung: Zeit und Geld müssen ausreichend vorhanden sein.

4. Begrenzter Aufwand: Der physische und kognitive Aufwand muss gemessen am Nutzen gering sein.
5. Soziale Akzeptanz: Das Verhalten darf vom Umfeld der Nutzer nicht abgelehnt werden.

Hinsichtlich der **Voraussetzungen auf Unternehmensseite** ist zuallererst die Freiheit von handwerklichen Fehlern im Shop zu nennen. Drastische Verstöße gegen UX-Konventionen und im E-Commerce erlernte Verhaltensweisen behindern den Flow des Nutzers und sorgen dafür, dass System 2 permanent reaktiviert wird und die Kontrolle über die Entscheidung nicht länger bei System 1 liegt. Neben vielen weiteren Rahmenbedingungen ist guter Content mit aussagekräftigen Produktbeschreibungen bzw. das Vorhandensein aller entscheidungsrelevanten Informationen essenziell. Darüber hinaus dürfen Auswahl- und Abschlussprozesse nicht zu komplex gestaltet bzw. dargestellt werden. Last but not least: Ein Produkt, das absolut nicht marktfähig ist, lässt sich auch mit der besten Kombination performanter Behavior Patterns nur schwer verkaufen.

3.4   Wie stark ist die Wirkung von Behavior Patterns?

Wahrscheinlich war Ihnen schon in dem Moment, in dem Sie die Überschrift gelesen haben, klar, dass sich diese Frage kaum präzise beantworten lässt. Das ist vollkommen richtig, es gibt jedoch Anhaltspunkte, die helfen können, zu einer Einschätzung zu kommen.

Vorab: Die Wirkung von Behavior Patterns wird in vielen (mehr oder minder seriösen) Praxispublikationen **stark glorifiziert** und als Schlüssel zur aktiven Steuerung von Kunden verkauft. Das ist vielfach überzogen und verfehlt den Grundcharakter dieses Instruments: Website-Besucher werden durch einen Appell an ihre tief liegenden Verhaltensmuster nicht schlagartig zu devoten Click-Lemmingen und kaufen blind den nächstbesten Online-Shop leer. So etwas wie den **„Kauf-Knopf" im Gehirn,** der gerne von Hobby-Neurowissenschaftlern beschworen wird, gibt es schlichtweg nicht. John-Dylan Haynes, Hirnforscher und Direktor am Berliner Bernstein Center for Computational Neuroscience der Charité, stellt klar: „Menschen wie auf Knopfdruck zu manipulieren, funktioniert nicht. […] Es gibt keine Möglichkeit, das Gehirn direkt zu einem Kauf zu stimulieren" (Socaciu 2017, o. S.). Der Grund: Die wenigsten Online-Bestellprozesse laufen vollständig System-1-basiert. Dafür sorgen bereits Prozessschritte wie die Adresseingabe und etwa die Auswahl des Versandwegs, die fast ausschließlich bewusst-rational bearbeitet werden. Auch die Zahlmethode ist ein zuverlässiger Aktivator von System 2: Bezahlen ist stets mit Verlust und Risiko verbunden, was in der Regel dazu führt, dass System 2 von System 1 zur Hilfe gerufen wird und seine Kontrollfunktion wahrnimmt. Dennoch: Die großen Weichen können durchaus von System 1 gestellt werden. So kann hier die grundsätzliche Kaufentscheidung fallen, während System 2 für die Ausarbeitung der Details des Beschaffungsprozesses zuständig ist.

Darüber hinaus entfalten Behavior Patterns ihre Wirkung oft am ehesten auf den letzten Metern der Kaufentscheidung. Wenn alle handwerklichen Voraussetzungen erfüllt sind (siehe Abschn. 3.3) und keine objektiv-rationalen Argumente gegen einen Kauf sprechen (z. B. überzogene Preise, lange Lieferzeiten, Nicht-Verfügbarkeit), können sie den für den Kaufentscheid notwendigen emotionalen Zustand anregen. Man kann sie als einen kleinen **„Schubs" in die richtige Richtung** interpretieren. Nicht umsonst nennen die großartigen Psychologen Richard Thaler und Cass Sunstein ihr lesenswertes Buch zum Thema schlicht „Nudge" (2009) – direkt übersetzt „Stoß" oder „Stups" (siehe auch die Liste mit Literaturempfehlungen im Anhang). Wie stark die Wirkung ist, hängt auch davon ab, wie Produkte gekauft werden. Bei hedonistisch gekauften Produkten besitzt System 2 weniger Entscheidungskompetenz bzw. Mitspracherecht. Das heißt im Umkehrschluss, dass dann System 1 bei der Wahl führend ist – und eben dieses wird von den Behavior Patterns gesteuert.

Die Wirkung wird damit **gleichzeitig über- und unterschätzt,** was auch Ausdruck des nach wie vor immensen Forschungsbedarfs ist: Behavior Patterns können (glücklicherweise) nicht Kunden gegen ihren Willen zum Kauf zwingen. Sie können nur Bedürfnisse ansprechen, die bereits in uns veranlagt sind. Richtig eingesetzt, sind sie so in der Lage, ein wirksames „Zünglein an der Waage" zu sein, das über Kauf und Nicht-Kauf entscheidet. Der Vollständigkeit halber: Die Beschäftigung mit Behavior Patterns kann nicht nur dazu führen, Conversion-Booster in die Website einzubauen. Durch das vertiefte Verständnis des Entscheidungsprozesses offenbaren sich ebenso oft Conversion-Killer in der aktuellen Seite. Deren Beseitigung ist der zweite Conversion-Hebel der Arbeit mit Behavior Patterns.

3.5   Bei wem wirken Behavior Patterns?

Kurz gesagt: **Bei allen Menschen und in jeder Situation.** Behavior Patterns bzw. die darin enthaltenen Heuristiken und Verzerrungen sind die Grundlage der Arbeitsweise unseres Gehirns und die Basis der allermeisten Entscheidungen. Allerdings wurde in Abschn. 3.4 bereits dargelegt, dass die Stärke der Wirkung stets **von vielen Kontextfaktoren abhängig** ist. Nicht nur die relative Stärke der beiden Entscheidungssysteme in Abhängigkeit vom Produkt, sondern auch die **Customer Journey** (also die sprichwörtliche „Reise" des Kunden von dem ersten Impuls über die Informationsphase und den Kauf bis in die Nachkaufphase hinein) spielt eine große Rolle. Manche Schritte dieser Reise sind stärker System-1-basiert und damit für die Wirksamkeit von Behavior Patterns prädestiniert. Wer gerade einen dieser Schritte geht (z. B. die Produktevaluation; siehe Abschn. 3.6), ist folgerichtig empfänglicher für die Wirkung als jemand, der sich in einer System-2-dominierten Phase befindet (z. B. Eingabe der Zahlungsinformationen).

Neben der Customer Journey sind auch individuelle Prädispositionen bzw. **Persönlichkeitsmerkmale** entscheidend für die Frage, ob Patterns ihre Wirkung entfalten oder nicht. Schnäppchenjäger lassen sich zum Beispiel stärker von Mustern aus dem Bereich Behavioral Pricing (siehe Abschn. 3.6) aktivieren als sicherheitsorientierte Rundum-Sorglos-Kunden. Hilfreich bei der Klassifizierung sind Kundensegmentierungen, z. B. auf Basis von historischen Verhaltensdaten, Personas oder psychologisch-neurologischen

Profilen. Ein populäres Beispiel für letzteres sind die sieben Limbic © Types der Gruppe
Nymphenburg (Harmoniser, Offene, Hedonisten, Abenteurer, Performer, Disziplinierte,
Traditionalisten; Gruppe Nymphenburg 2018).

3.6 Wie findet man geeignete Behavior Patterns?

Ein wichtiger Hinweis gleich zu Beginn: Die hier vorgestellte Auswahl von Behavior
Patterns erhebt keinen Anspruch auf Vollständigkeit. Das hat zwei Gründe: Ange-
sichts der exponentiell gestiegenen Begeisterung für automatische Entscheidungspro-
zesse in Forschung und Praxis kommen fast wöchentlich neue spannende Befunde und
Erkenntnisse an die Oberfläche, die immer wieder zur Entdeckung bisher unbekannter
Verhaltensmuster führen. Somit kann die hier vorgestellte Sammlung immer nur eine
Momentaufnahme des aktuellen Forschungsstands sein. Der zweite Grund liegt im
Anwendungsfokus des Buchs: Nicht alle Patterns lassen sich sinnvoll im Digitalumfeld verwenden, etwa weil das persönliche Face-to-Face-Gespräch mit einem Verkäufer
zentraler Bestandteil ist. Um den Umfang der Pattern-Bibliothek handhabbar zu halten,
wurden solche Patterns ohne unmittelbares Anwendungspotenzial nicht aufgeführt.

Zentrale Herausforderung für die Arbeit mit Behavior Patterns ist die **Identifikation
geeigneter Muster** für die Realisierung des jeweiligen Ziels (z. B. Aufbau von Vertrauen, Steigerung der wahrgenommenen Preiswürdigkeit, Bevorzugung von höherwertigen Produkten etc.). Aus diesem Grund bietet das Buch zwei alternative **Frameworks
zur Strukturierung der Patterns.** Führend ist das erste Framework, das die Patterns
in entfernter Anlehnung an das „Decision-Making Process Model" von Karimi (2013)
entlang eines idealisierten Entscheidungsprozesses strukturiert. Dabei wird grob zwischen den drei Phasen Awareness, Decision-Making und Retention unterschieden (siehe
Abb. 3.2). Wichtig erscheint der Hinweis, dass dieses Phasenmodell primär der Strukturierung der Behavior Patterns dient und nicht den tatsächlichen Entscheidungsprozess
von Nutzern präzise abbildet. Dies anzunehmen, würde der grundlegenden situativen

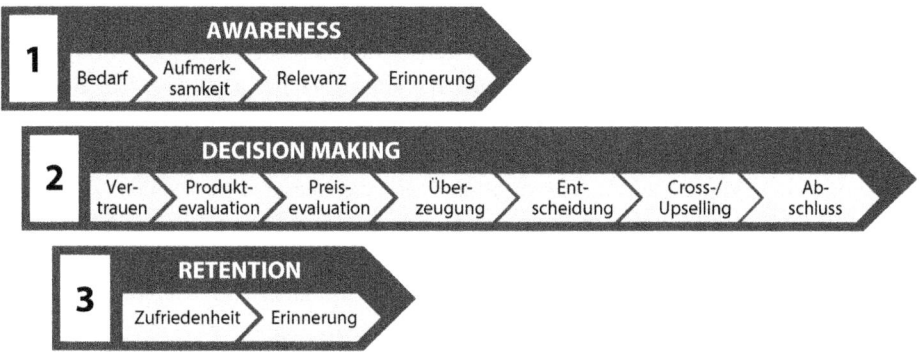

Abb. 3.2 Idealisierter Entscheidungsprozess im E-Commerce

Arbeitsweise von System 1 widersprechen und wäre nicht mit dem in Kap. 2 beschriebenen Wesen von Verhaltensmustern vereinbar.

Die Phase **Awareness** bezeichnet in der Kaufanbahnung die Aufgabe, einen Online-Shop bzw. E-Commerce-Anbieter in das Relevant Set des Kunden zu bringen. Sie beinhaltet die Weckung bzw. Entdeckung des grundsätzlichen Bedarfs, die Erzeugung von Aufmerksamkeit für den Shop, die Feststellung der Relevanz des Anbieters und letztlich die Erinnerung an den Anbieter, da meist mehrere (Marketing-)Touchpoints mit einem Kunden vor dem Beginn des eigentlichen Kaufprozesses anfallen. Die zweite Phase wird als **Decision-Making** bezeichnet und stellt den Kern des Entscheidungsprozesses dar. Aus diesem Grund wird sie feingliedriger unterteilt, sie beinhaltet insgesamt sieben Dimensionen: den Aufbau von Vertrauen beim Kunden, die Evaluation des Produkts als geeignet, die Evaluation des Preises als angemessen, die direkte Überzeugung des Kunden (als Push-Prozess), die indirekte Beeinflussung seiner Entscheidung (als Pull-Prozess), die Nutzung von Cross- bzw. Up-Selling-Potenzialen und letztlich die Vermeidung von Abbrüchen im Prozess, d. h. das konkrete Erreichen des Abschlusses.

Mit dem Kauf ist der E-Commerce-Entscheidungsprozess jedoch noch nicht abgeschlossen. Er endet erst mit der Phase **Retention** (Nachkaufphase). Diese beinhaltet einerseits die Zufriedenheit mit dem Kauf und andererseits die Loyalität zum Anbieter als Grundlage von Folgekäufen. Aufgrund der besseren Möglichkeiten zur Kundenansprache kommt der Phase auch vor dem Hintergrund eines kennzahlengesteuerten Shop-Managements eine besondere Rolle zu.

Die meisten der 101 Behavior Patterns lassen sich in mehreren Phasen bzw. Dimensionen einsetzen. Das Framework unterscheidet daher zwischen Primär-Patterns und Sekundär-Patterns in jedem dieser Bereiche. Ein Primär-Pattern zeigt auf, in welchem Bereich (z. B. Aufmerksamkeit) das Pattern seinen historischen Ursprung und meist auch den höchsten Wirkungsgrad besitzt. Sekundär-Patterns beschreiben Verhaltensmuster, die über den primären Anwendungskontext hinaus in anderen Bereichen einsetzbar sind bzw. deren Wirkung dort in Studien ebenfalls belegt werden konnte.

Zusätzlich zu diesem Framework wird ein alternativer Cluster-basierter Zugang zu den Patterns vorgeschlagen: Er unterscheidet schlicht zwischen **anbieter-, produkt- und preisorientierten Verhaltensmustern.** Dieses Framework eignet sich vor allem als ergänzendes Hilfsmittel zum E-Commerce-Prozess-Framework, indem das bestgeeignete Pattern in der Schnittmenge zwischen beiden Frameworks gesucht wird. Ein Beispiel: Das Vertrauen gegenüber dem Anbieter soll mithilfe von Behavior Patterns gesteigert werden. Der E-Commerce-Prozess lässt sich hier mit der Phase „Decision-Making" und der Dimension „Vertrauen" zur Vorselektion geeigneter Ansätze verwenden. Das Cluster-basierte Framework kann anschließend hinzugezogen werden, um aus dieser Liste diejenigen Patterns auszuwählen, die sich auf den Anbieter beziehen. Um seinem ergänzenden Charakter Rechnung zu tragen und den Lesefluss nicht zu beeinträchtigen, wird dieses Framework in Anhang 1 vorgestellt. Dementsprechend widmet sich der folgende Abschnitt fokussiert dem führenden Framework und stellt die Behavior Patterns entlang des E-Commerce-Entscheidungsprozesses vor (ab Abschn. 4.1).

▶   Ihnen wird es beim Arbeiten mit diesem Buch oft so gehen, dass Sie auf span-nende Patterns stoßen, aber tiefergehende Informationen benötigen – etwa um Anwendungsbeispiele in Ihrem Segment zu finden, die genaue Wir-kungsstärke in durchgeführten Experimenten zu recherchieren oder sich mit der Kritik an dem Pattern auseinanderzusetzen. Dafür sei „Google Scholar" als Recherche-Plattform empfohlen. Hier listet Google Beiträge aus akade-mischen Zeitschriften und Konferenzbeiträgen, die überwiegend einen wis-senschaftlichen Begutachtungsprozess durchlaufen haben. Geben Sie unter scholar.google.de die im Steckbrief genannte Quelle ein. So finden Sie nicht nur häufig die frei verfügbaren Originaltexte (1), sondern auch verwandte Artikel (2) bzw. Artikel, die sich auf die Originalquelle beziehen und den Kern-gedanken meist weiterentwickeln (3). Zudem können Sie bei älteren Patterns über Filterfunktionen nachvollziehen, welche Bedeutung diese heute noch haben (4) (siehe Abb. 3.3).

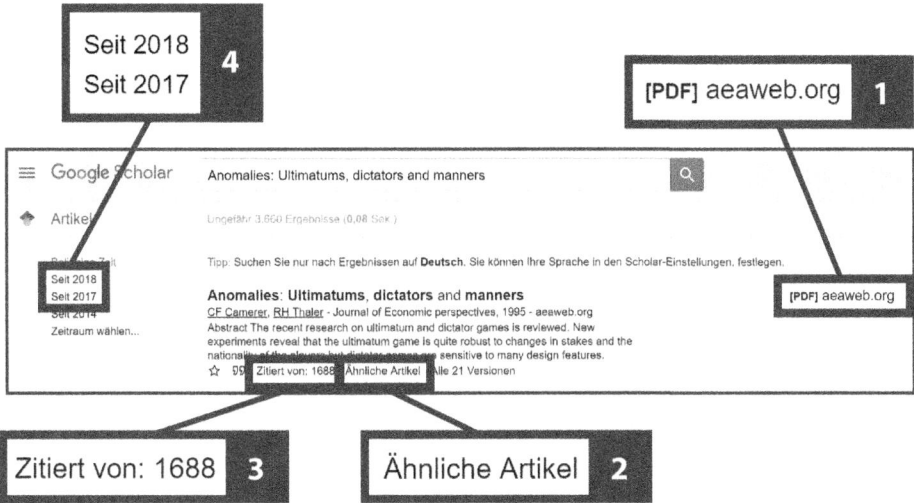

Abb. 3.3 Ergebnisseite von Google Scholar. (Quelle: Google)

Literatur

Fogg BJ (2009) A behavior model for persuasive design. In: Proceedings of the 4th international Conference on Persuasive Technology, ACM, Art. 40

Gruppe Nymphenburg (2018) Ihre Zielgruppe(n) neuropsychologisch segmentiert. https://www.nymphenburg.de/identitaetsorientierte-markenf%C3%BChrung-limbic.html. Zugegriffen: 27. März 2018

Karimi S (2013) A purchase decision-making process model of online consumers and its influential factora cross sector analysis. https://www.escholar.manchester.ac.uk/uk-ac-man-scw:189583. Zugegriffen: 30. Dez. 2017

Krug S (2014) Don't make me think!: Web Usability: Das intuitive Web, mitp Business, Frechen

Miller GR (1980) On being persuaded: Some basic distinctions. In: Roloff M, Miller GR (Hrsg) Persuasion: New directions in theory and research. Sage, Beverly Hills, S 11–28

Nahai N (2017) Webs of influence: The Psychology of Online Persuasion. Pearson, Harlow

Socaciu C (2017) Die Grenzen des Neuromarketings. https://www.springerprofessional.de/kommunikation/marketingkommunikation/die-grenzen-des-neuromarketings/12064946. Zugegriffen: 30. Dez. 2017

Thaler RM, Sunstein CR (2009) Nudge: Wie man kluge Entscheidungen anstößt. Econ, Berlin

Weiterführende Literatur

Ariely D (2016) Payoff: the hidden logic that shapes our motivations. Simon & Schuster, New York

Armstrong I (2015) What are some ways to make an eCommerce/online shop website addictive and fun for shoppers? https://www.quora.com/What-are-some-ways-to-make-an-eCommerce-online-shop-website-addictive-and-fun-for-shoppers. Zugegriffen: 22. Dez. 2017

Asch SE (1946) Forming impressions of personality. J Abnorm Soc Psychol 41(3):258–290

Atkinson RC, Shiffrin RM (1968) Human memory: a proposed system and its control processes. Psychol Learn Motiv 2:189–195

Bader L, Weinland JD (1932) Do odd prices earn money? J Retail 8:102–114

Bandura A (1977) Self-efficacy: toward a unifying theory of behavioral change. Psychol Rev 84(2):191–215

Bar-Eli M, Azar OH, Ritov I, Keidar-Levin Y, Schein G (2007) Action bias among elite soccer goalkeepers: the case of penalty kicks. J Econ Psychol 28(5):606–621

Beck H (2014) Behavioral Economics: eine Einführung. Springer-Gabler, Wiesbaden

Bem DJ (1967) Self-perception. An alternative interpretation of cognitive dissonance phenomena. Psychol Rev 74:536–537

Blattberg RC, Neslin SA (1990) Sales promotion: concepts, methods and strategies. Englewood Cliffs, Prentice Hall, S 349–350

Brehm JW (1966) A theory of psychological reactance. Academic Press, Oxford

Brewer MB (1979) In-group bias in the minimal intergroup situation: a cognitive-motivational analysis. Psychol Bull 86(2):307–324

Burger JM (1986) Increasing compliance by improving the deal: the that's-not-all technique. J Pers Soc Psychol 51(2):277–283

Carmon Z, Kahneman D (1995) The experienced utility of queuing: experience profiles and retrospective evaluations of simulated queues. Duke University working paper, Durham

Carpenter CJ, Boster FJ (2009) A meta-analysis of the effectiveness of the disrupt-then-reframe compliance gaining technique. Commun Rep 22(2):55–62

Chapman GB, Johnson EJ (2002) Incorporating the irrelevant: anchors in judgments of belief and value. In: Gilovich T, Griffin DW, Kahneman D (Hrsg) The psychology of intuitive judgment: heuristics and biases. Cambridge University Press, New York

Cherubini P, Mazzocco K, Rumiati R (2003) Rethinking the focusing effect in decision-making. Acta Psychol 113(1):67–81

Chitturi R (2015) Good aesthetics is great business: do we know why? In: Batra R, Seifert CM, Brei DE (Hrsg) The psychology of design: creating consumer appeal. Taylor & Francis Group, Routledge, S 252–262

Cialdini R (2016) Pre-Suasion: a revolutionary way to influence and persuade. Simon & Schuster, New York

Cialdini RB (1984) Influence: the psychology of persuasion. Harper Collins, New York

Cialdini RB, Vincent JE, Lewis SK, Catalan J, Wheeler D, Darby BL (1975) Reciprocal concessions procedure for inducing compliance: the door-in-the-face technique. J Pers Soc Psychol 31(2):206–215

Cialdini RB, Cacioppo JT, Bassett R, Miller JA (1978) Low-ball procedure for producing compliance: commitment then cost. J Pers Soc Psychol 36(5):463–476

Cohen JB, Goldberg ME (1970) The dissonance model in post-decision product evaluation. J Mark Res 7(3):315–321

Coulter KS, Choi P, Monroe KB (2012) Comma N'cents in pricing: the effects of auditory representation encoding on price magnitude perceptions. J Consum Psychol 22(3):395–407

Dahlén M, Rosengren S, Törn F, Öhman N (2008) Could placing ads wrong be right? Advertising effects of thematic incongruence. J Advert 37(3):57–67

Darley JM, Latane B (1968) Bystander intervention in emergencies: diffusion of responsibility. J Pers Soc Psychol 8(4, Pt. 1):377–383

Deci EL, Koestner R, Ryan RM (1999) A meta-analytic review of experiments examining the effects of extrinsic rewards on intrinsic motivation. Psychol Bull 125(6):627–668

DeSteno D, Petty RE, Rucker DD, Wegener DT, Braverman J (2004) Discrete emotions and persuasion: the role of emotion-induced expectancies. J Pers Soc Psychol 86(1):43–56

Dobelli R (2011) Die Kunst des klaren Denkens: 52 Denkfehler, die Sie besser anderen überlassen. Hanser, München

Dolinski D (2011) A rock or a hard place: the foot-in-the-face technique for inducing compliance without pressure. J Appl Soc Psychol 41(6):1514–1537

Dolinski D, Nawrat M, Rudak I (2001) Dialogue involvement as a social influence technique. Pers Soc Psychol Bull 27(11):1395–1406

Ellsberg D (1961) Risk, ambiguity, and the Savage axioms. Q J Econ 75(4):643–669

Fehr E, Schmidt KM (1999) A theory of fairness, competition, and cooperation. Q J Econ 114(3):817–868

Festinger L (1957) A theory of cognitive dissonance. Stanford University Press, Stanford

Festinger L (1962) A theory of cognitive dissonance (Vol. 2). Stanford university press, Palo Alto

Fico F, Richardson JD, Edwards SM (2004) Influence of story structure on perceived story bias and news organization credibility. Mass Commun Soc 7(3):301–318

Filkuková P, Klempe SH (2013) Rhyme as reason in commercial and social advertising. Scand J Psychol 54(5):423–431

Finucane ML, Alhakami A, Slovic P, Johnson SM (2000) The affect heuristic in judgments of risks and benefits. J Behav Decis Making 13(1):1–17

Fischhoff B, Slovic P, Lichtenstein S (1977) Knowing with certainty: the appropriateness of extreme confidence. J Exp Psychol Hum Percept Perform 3(4):552–564

Forer BR (1949) The fallacy of personal validation: a classroom demonstration of gullibility. J Abnorm Soc Psychol 44:118–123

Freedman JL, Fraser SC (1966) Compliance without pressure: the foot-in-the-door technique. J Pers Soc Psychol 4(2):195–202

Friesen CK, Kingstone A (1998) The eyes have it! Reflexive orienting is triggered by nonpredictive gaze. Psychon Bull Rev 5(3):490–495

Frischen A, Bayliss AP, Tipper SP (2007) Gaze cueing of attention: visual attention, social cognition, and individual differences. Psychol Bull 133(4):694–724

Gamer R (2005) What's in a name? Persuasion perhaps. J Consum Psychol 15(2):108–116

GfK (2013) Was ist Preis-Wert? http://www.gfk-verein.org/compact/fokusthemen/was-ist-preis-wert. Zugegriffen: 22. Dez. 2017

Gilovich T, Griffin DW, Kahneman D (Hrsg) (2002) Heuristics and biases: The psychology of intuitive judgment. Cambridge University Press, New York, S 120–138

Godden D, Baddeley A (1975) Context dependent memory in two natural environments. Br J Psychol 66(3):325–331

Goodman JK, Irmak C (2013) Having versus consuming: failure to estimate usage frequency makes consumers prefer multifeature products. J Mark Res 50(1):44–54

Goodwin DW, Powell B, Bremer D, Hoine H, Stern J (1969) Alcohol and recall: state-dependent effects in man. Science 163(3873):1358–1360

Gouldner AW (1960) The norm of reciprocity: a preliminary statement. Am Sociol Rev 25:161–178

Gueguen N, Pascual A (2000) Evocation of freedom and compliance: the ‚but you are free of…‘ technique. Curr Res Soc Psychol 5(18):264–270

Guéguen N, Joule RV, Halimi-Falkowicz S, Pascual A, Fischer-Lokou J, Dufourcq-Brana M (2013) I'm free but I'll comply with your request: generalization and multidimensional effects of the "evoking freedom" technique. J Appl Soc Psychol 43(1):116–137

Helson H (1964) Adaptation-level theory: an experimental and systematic approach to behavior. Harper & Row, New York

Hertwig R, Gigerenzer G, Hoffrage U (1997) The reiteration effect in hindsight bias. Psychol Rev 104(1):194–202

Heyman J, Ariely D (2004) Effort for payment: a tale of two markets. Psychol Sci 15(11):787–793

Hick WE (1952) On the rate of gain of information. Q J Exp Psychol 4(1):11–26

Huber J, Payne JW, Puto C (1982) Adding asymmetrically dominated alternatives: violations of regularity and the similarity hypothesis. J Consum Res 9(1):90–98

Ishizu T, Zeki S (2011) Toward a brain-based theory of beauty. PLoS ONE 6(7):e21852. https://doi.org/doi.org/10.1371/journal.pone.0021852

Jenni K, Loewenstein G (1997) Explaining the identifiable victim effect. J Risk Uncertainty 14(3):235–257

Kahneman D (2011) Schnelles Denken, Langsames Denken. Siedler, München

Kahneman D, Tversky A (1979) Prospect theory: an analysis of decision under risk. Econometrica 47(2):263–291

Kahneman D, Knetsch JL, Thaler RH (1990) Experimental tests of the endowment effect and the Coase theorem. J Polit Econ 98(6):1325–1348

Kantar Media (2017) Super bowl in-game advertising generated $2.59 Billion in network ad sales over past 10 years. https://www.kantarmedia.com/us/newsroom/press-releases/super-bowl-in-game-advertising-generated-2-59-billion-in-network-ad-sales-over-past-10-years. Zugegriffen: 30. Nov. 2017

Katz R, Allen TJ (1982) Investigating the Not Invented Here (NIH) syndrome: a look at the performance, tenure, and communication patterns of 50 R & D Project Groups. R&D Manage 12(1):7–20

Kelley B (2009) Making the change to "Proudly Found Elsewhere". http://www.business-strategy-in-novation.com/2009/08/making-change-to-proudly-found.html. Zugegriffen: 30. Nov. 2017

Kent M (1998) Wörterbuch der Sportwissenschaft und Sportmedizin. UTB & Limpert, Wiebelsheim

Key MS, Edlund JE, Sagarin BJ, Bizer GY (2009) Individual differences in susceptibility to mind-lessness. Pers Individ Differ 46(3):261–264

Kouchaki M, Smith-Crowe K, Brief AP, Sousa C (2013) Seeing green: mere exposure to money triggers a business decision frame and unethical outcomes. Organ Behav Hum Decis Process 121(1):53–61

Laibson D (1997) Golden eggs and hyperbolic discounting. Q J Econ 112(2):443–478

Langer EJ (1975) The illusion of control. J Pers Soc Psychol 32(2):311–328

Langer EJ, Blank A, Chanowitz B (1978) The mindlessness of ostensibly thoughtful action: the role of "placebic" information in interpersonal interaction. J Pers Soc Psychol 36(6):635–642

Langlois JH, Roggman LA (1990) Attractive faces are only average. Psychol Sci 1(2):115–121

Leibenstein H (1950) Bandwagon, snob, and veblen effects in the theory of Consumers' Demand. Q J Econ 64(2):183–207

Lewis IM, Watson B, White KM (2010) Response efficacy: the key to minimizing rejection and maxi-mizing acceptance of emotion-based anti-speeding messages. Accid Anal Prev 42(2):459–467

Liu C, Arnett KP (2000) Exploring the factors associated with Web site success in the context of electronic commerce. Inf Manage 38(1):23–33

Loewenstein G (1994) The psychology of curiosity: a review and reinterpretation. Psychol Bull 116(1):75–98

McCornack SA, Parks MR (1986) Deception detection and relationship development: the other side of trust. Ann Int Commun Ass 9(1):377–389

McCracken F (1988) Diderot unities and the Diderot effect. In: McCracken G (Hrsg) Culture and consumption: new approaches to the symbolic character of consumer goods and activities. Indiana University Press, Bloomington, S 118–129

McGlone MS, Tofighbakhsh J (2000) Birds of a feather flock conjointly (?): rhyme as reason in aphorisms. Psychol Sci 11(5):424–428

Meehl PE (1956) Wanted–a good cook-book. Am Psychol 11(6):263–272

Milgram S (1963) Behavioral study of obedience. J Abnorm Soc Psychol 67(4):371–378

Mischel W, Ebbesen EB, Zeiss AR (1972) Cognitive and attentional mechanisms in delay of grati-fication. J Pers Soc Psychol 21(2):204–218

Mogilner C, Aaker J (2009) The time vs. money effect: shifting product attitudes and decisions through personal connection. J Consum Res 36(2):277–291

Moon JW, Kim YG (2001) Extending the TAM for a World-Wide-Web context. Inf Manage 38(4):217–230

Murdock BB Jr (1962) The serial position effect of free recall. J Exp Psychol 64(5):482–488

Norton MI, Mochon D, Ariely D (2011) The ‚IKEA Effect‘: when labor leads to love. Harvard Business School Marketing Unit (Working Paper No. 11–091). dx.doi.org/10.2139/ssrn.1777100

Nunes JC, Drèze X (2006) The endowed progress effect: how artificial advancement increases effort. J Consum Res 32(4):504–512

Oppenheimer DM, LeBoeuf RA, Brewer NT (2008) Anchors aweigh: a demonstration of cross-modality anchoring and magnitude priming. Cognition 106(1):13–26

Oskamp S (1965) Overconfidence in case-study judgments. J consult psychol 29(3):261–265

Paivio A (1990) Mental representations: a dual coding approach. Oxford University Press, New York

Pandelaere M, Briers B, Dewitte S, Warlop L (2010) Better think before agreeing twice: mere agreement: a similarity-based persuasion mechanism. Int J Res Mark 27(2):133–141

Pfrang T (2015) Das Potenzial von Eigennutzen und sozialen Normen nutzen. Mark Rev St. Gallen 32(5):77–89

Plassmann H, O'Doherty J, Shiv B, Rangel A (2008) Marketing actions can modulate neural representations of experienced pleasantness. Proc Nat Acad Sci 105(3):1050–1054

Pohl RF (2004) Hindsight bias. In: Pohl RF (Hrsg) Cognitive illusions: a handbook on fallacies and biases in thinking, judgement and memory. Psychology Press, Hove, S 363–378

Prelec D, Loewenstein G (1998) The red and the black: mental accounting of savings and debt. Mark Sci 17(1):4–28

Reiss S (2004) Multifaceted nature of intrinsic motivation: the theory of 16 basic desires. Rev Gen Psychol 8(3):179–193

Rosburg T, Mecklinger A, Frings C (2011) When the brain decides: a familiarity-based approach to the recognition heuristic as evidenced by event-related brain potentials. Psychol Sci 22(12):1527–1534

Ross L, Greene D, House P (1977) The "false consensus effect": an egocentric bias in social perception and attribution processes. J Exp Soc Psychol 13(3):279–301

Rothhaar M, Schulz M, Froschmeier J (2017) Shopsiegel Monitor 2017/2018. Gütesiegel in deutschen Online-Shops. https://www.shopsiegel-studie.de/. Zugegriffen: 3. Dez. 2017

Samuelson W, Zeckhauser R (1988) Status quo bias in decision making. J Risk Uncertainty 1(1):7–59

Schkade DA, Kahneman D (1998) Does living in California make people happy? A focusing illusion in judgments of life satisfaction. Psychol Sci 9(5):340–346

Schulz von Thun F (1998) Miteinander reden 3 – Das ‚innere Team' und situationsgerechte Kommunikation. Rowohlt, Reinbek

Schwartz B (2004a) The paradox of choice: why less is more. Ecco, New York

Schwartz B (2004b) The tyranny of choice. Sci Am 290(4):70–75

Seyama JI, Nagayama RS (2007) The uncanny valley: effect of realism on the impression of artificial human faces. Pres Teleop Virtual Environ 16(4):337–351

Shafir E, Diamond P, Tversky A (1997) Money illusion. Q J Econ 112(2):341–374

Shen L, Fishbach A, Hsee CK (2014) The motivating-uncertainty effect: uncertainty increases resource investment in the process of reward pursuit. J Consum Res 41(5):1301–1315

Sherif M (1935) The psychology of social norms. Harper & Row, New York

Simon HA (1986) Rationality in psychology and economics. J Bus 59(4):209–224

Simons DJ, Chabris CF (1999) Gorillas in our midst: sustained inattentional blindness for dynamic events. Perception 28(9):1059–1074

Simons DJ, Levin DT (1997) Change blindness. Trends Cogn Sci 1(7):261–267

Simonson I, Tversky A (1992) Choice in context: tradeoff contrast and extremeness aversion. J Mark Res 29(3):281–295

Solove DJ (2011) Nothing to hide: the false tradeoff between privacy and security. Yale University Press, New Haven

Tajfel H, Turner JC (1979) An integrative theory of intergroup conflict. In: Austin WG, Worchel S (Hrsg) The social psychology of intergroup relations, Brooks/Cole, Monterrey, S 33–47

Taylor C (1992) The ethics of authenticity. Harvard University Press, Cambridge

Thaler R (1981) Some empirical evidence on dynamic inconsistency. Econ Lett 8(3):201–207

Thaler RH (1980) Toward a positive theory of consumer choice. J Econ Behav Organ 1(1):39–60

Thaler RH (1985) Mental accounting and consumer choice. Mark Sci 4(3):199–214

Thaler RH (1999) Mental accounting matters. J Behav decis making 12(3):183–206

Thaler RH, Johnson EJ (1990) Gambling with the house money and trying to break even: the effects of prior outcomes on risky choice. Manage Sci 36(6):643–660

Thomas M, Morwitz V (2005) Penny wise and pound foolish: the left-digit effect in price cognition. J Consum Res 32(1):54–64

Tversky A, Kahneman D (1973) Availability: a heuristic for judging frequency and probability. Cogn Psychol 5(2):207–232

Tversky A, Kahneman D (1974) Judgment under uncertainty: heuristics and biases. Science 185(4157):1124–1131

Tversky A, Kahneman D (1982) Evidential impact of base rates. In: Kahneman D, Slovic P, Tversky A (Hrsg) Judgment under uncertainty. Cambridge University Press, Cambridge, S 153–160

Tversky A, Kahneman D (1983) Extensional versus intuitive reasoning: the conjunction fallacy in probability judgment. Psychol Rev 90(4):293–315

Tversky A, Kahneman D (1986) Rational choice and the framing of decisions. J Bus 59(4):251–278

Ueberweg F (1868) System der Logik und Geschichte der logischen Lehren (3. Aufl.). Adolph Marcus, Bonn

Van der Heijden H (2004) User acceptance of hedonic information systems. MIS Q 28(4):695–704

Veix J (2016) Ling's cars has one of the best websites on the internet. http://www.newsweek.com/2016/12/23/lings-cars-website-532332.html. Zugegriffen: 23. Dez. 2014

Versteege D (2017) Die Psychologie der Customer Journey. http://www.ibusiness.de/members/aktuell/db/705855sh.html. Zugegriffen: 30. Nov. 2017

Veryzer RW Jr, Hutchinson JW (1998) The influence of unity and prototypicality on aesthetic responses to new product designs. J Consum Res 24(4):374–394

Vohs KD, Mead NL, Goode MR (2006) The psychological consequences of money. Science 314(5802):1154–1156

Volland R, Meyer P (2018) Robotics in retail. https://www.robotics-in-retail.de/. Zugegriffen: 4. Jan. 2018

Von Restorff H (1933) Über die Wirkung von Bereichsbildungen im Spurenfeld. Psychol Forsch 18:299–334

Wadhwa M, Zhang K (2015) This number just feels right: the impact of roundedness of price numbers on product evaluations. J Consum Res 41(5):1172–1185

Walker D, Vul E (2014) Hierarchical encoding makes individuals in a group seem more attractive. Psychol Sci 25(1):230–235

Wertenbroch K, Soman D, Chattopadhyay A (2007) On the perceived value of money: the reference dependence of currency numerosity effects. J Consum Res 34(1):1–10

Wilkins MC (1928) The effect of changed material on ability to do formal syllogistic reasoning. Arch Psychol 16(102):83 (J. Winawer [Hrsg])

Worchel S, Lee J, Adewole A (1975) Effects of supply and demand on ratings of object value. J Pers Soc Psychol 32(5):906–914

Zajonc RB (1968) Attitudinal effects of mere exposure. J Pers Soc Psychol 9(2, Pt.2):1–27

Zeigarnik B (1938) On finished and unfinished tasks. Source B Gestalt Psychol 1:300–314

Library von Behavior Patterns

4

Zusammenfassung

Die wissenschaftliche Forschung hat disziplinenübergreifend (v. a. Psychologie, Neurowissenschaften, Wirtschaftswissenschaften) mittlerweile eine beachtliche Anzahl von Behavior Patterns identifiziert und validiert. Die wirksamsten und für den E-Commerce-Einsatz am besten geeigneten fasst diese Library zusammen. Sie ist entlang des E-Commerce-Prozesses strukturiert: Die Awareness-Phase findet vor der Kaufentscheidung statt und beinhaltet Patterns, die dazu beitragen, dass Kunden einen Bedarf erkennen, auf einen Anbieter oder ein Produkt aufmerksam werden, die Relevanz erfassen und sich an den Anbieter erinnern. Darauf folgt die Decision-Making-Phase. Sie listet Patterns, die Vertrauen aufbauen, bei der Produkt- und Preisevaluierung unterstützen, eine Entscheidung aktiv oder passiv auslösen sowie dazu beitragen, dass Kunden auf dem Weg zum Abschluss nicht abbrechen und idealerweise weitere Mitnahmekäufe tätigen. Die Retention-Phase setzt nach dem Kauf ein und beschreibt Patterns, die die Zufriedenheit und Loyalität von Kunden fördern. Sie ist Ausdruck der langfristigen Orientierung, die Conversion-Optimierungsprojekte mit Behavior Patterns immer haben sollten.

Der folgende Abschnitt stellt den Mittelpunkt des vorliegenden Buches dar. Diese Library von Behavior Patterns wurde über Jahre aufgebaut, qualifiziert, bereinigt und beschrieben. Das Ergebnis ist keine vollständige Sammlung aller jemals identifizierten Verhaltensmuster, sondern vielmehr eine **praxisnahe Selektion** mit dem Ziel, schnelle und sofort umsetzbare Antworten und Inspirationen für E-Commerce Professionals zu bieten, die ihren Kommunikations- und Vertriebserfolg steigern wollen.

4.1   Awareness-Phase

Die Vorkaufphase bzw. Awareness-Phase gliedert sich in die Abschnitte Bedarf, Aufmerksamkeit, Relevanz und Erinnerung (siehe Abb. 4.1). Sie beinhaltet insgesamt 21 Patterns, die ihren primären Einsatzkontext in einem dieser vier Blöcke haben. Der **Bedarf** beschreibt dabei den initialen Impuls, der Nutzer dazu bringt, sich überhaupt mit der Möglichkeit eines Kaufs zu beschäftigen bzw. einen konkreten Bedarf für ein Produkt oder einen Service bei sich festzustellen. Die **Aufmerksamkeit** gruppiert Behavior Patterns, die eingesetzt werden können, um die knappen Aufmerksamkeitsressourcen von Nutzern für sich zu beanspruchen und online wahrgenommen zu werden. Der Abschnitt **Relevanz** geht einen Schritt weiter und bündelt Ansätze, die einen Anbieter nicht nur im „Available Set" (wie die Patterns zur Aufmerksamkeit), sondern auch im „Relevant Set" platzieren. Dieses umfasst Alternativen, die alle grundlegenden Anforderungen erfüllen und bei der Entscheidung in Betracht gezogen werden. Dass nicht alle Produkte beim ersten Kontakt gekauft werden, drückt der Abschnitt **Erinnerung** aus. Viele Kaufentscheidungen benötigen mehrere (im Extremfall Dutzende) Kontaktpunkte, um eine klare Präferenz auszubilden. Daher ist es für Anbieter wichtig, im Gedächtnis der potenziellen Kunden zu bleiben, was mit diesen Patterns erreicht werden kann.

4.1.1 Bedarf

Abb. 4.1 Anwendungs-Framework für den Kontext Awareness

4.1.1.1 Availability Heuristic
auch: Verfügbarkeitsheuristik, Kognitive Leichtigkeit

Awareness Bedarf	Availability Heuristic

Availability steht für die kognitive Leichtigkeit, mit der wir mit System 1 ein passendes Beispiel für ein Ereignis in unserer Erinnerung finden. Evaluieren wir etwa den Bedarf eines Produkts, suchen wir nach Situationen, in denen wir das Produkt benötigt hätten. Fällt es uns leicht, solche Beispiele zu finden (d. h. bei hoher kognitiver Leichtigkeit), halten wir das Produkt für relevant, treffen eine intuitive Kaufentscheidung und verzichten darauf, System 2 zu aktivieren. Fällt es System 1 dagegen schwer, eine Lösung zu finden, springt ihm System 2 zur Seite. Bei der Availability Heuristic handelt es sich um eine illusorische Korrelation: Aus der Leichtigkeit ein Beispiel zu finden, schließen wir auf die Häufigkeit des Bedarfs, obwohl diese beiden Größen meist nicht kausal zusammenhängen. Mehrere Faktoren beeinflussen die kognitive Leichtigkeit: wiederholte Erfahrung, klare Darstellung, Priming, gute Laune oder die subjektive Anstrengung bei der Suche nach Beispielen. Stimmen die Rahmenbedingungen, empfinden wir eine Art Flow-Erlebnis: Alles fühlt sich richtig, einfach, vertraut und mühelos an.

Vereinfacht ausgedrückt: Woran wir uns leicht erinnern, erscheint uns besonders wahrscheinlich bzw. relevant. Das erklärt zum Beispiel auch die Flugangst vieler Menschen: Über (statistisch gesehen extrem seltene) Flugzeugabstürze wird in den Medien intensiv berichtet, was zu einer hohen mentalen Verfügbarkeit solcher Ereignisse und damit zu einer Überschätzung der Wahrscheinlichkeit führt.

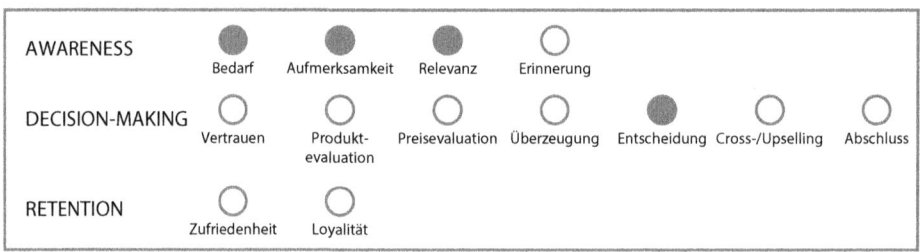

Implementierung im E-Commerce

- Produkte sollten mit vertraut klingenden Namen bezeichnet werden (und nicht etwa „cx45b-d_v2").
- Die Formatierung von Text (v. a. Lesbarkeit der Schrift, starke Kontraste, Fettsetzung) beeinflusst die Verfügbarkeit. Umgekehrt gilt aber auch: Sollen Nutzer sich vertieft

mit einem Thema beschäftigen, kann gezielt System 2 aktiviert werden (z. B. durch scheinbare Widersprüche oder eine schwer lesbare Typografie wie Mistral oder Freestyle Script).

- Kernaussagen können an Entscheidungsstellen wiederholt werden, ebenso wie die Notwendigkeit des Produkts. Beispiel Versicherungen: Nach einem Hochwasser werden kurzfristig vor Ort verstärkt Hochwasserversicherungen abgeschlossen, weil das mentale Beispiel „Hochwasser" leichter gefunden wird.
- Produkte lassen sich mit Ereignissen aus den Medien verknüpfen, die eine hohe Wiedererkennung besitzen. Der Effekt gilt dann zwar dem Medienereignis, überträgt sich aber durch die gemeinsame Präsentation (Spill-Over) und wird auch als „News Illusion" bezeichnet. Nach großen Medienereignissen mit Bezug zum Produkt sollten die Werbe-Spendings also erhöht werden, um den (zeitlich befristeten) Effekt zu nutzen.
- Die Availability Heuristic kann genutzt werden, um das Ergebnis von Zufriedenheitsbefragungen zu beeinflussen (z. B. NPS-Erhebung) und das auf erstaunliche Weise: Bittet man Kunden, zwei Aspekte zu nennen, in denen sich ein Unternehmen noch verbessern müsste, fällt ihnen dies erfahrungsgemäß sehr leicht. Die Availability Heuristic schlussfolgert, dass es bei so hoher kognitiver Leichtigkeit offensichtlich großes Verbesserungspotenzial gibt – die Bewertung fällt dementsprechend schlecht aus. Fragt man statt zwei aber zehn Kritikpunkte ab, kommen die Befragten schnell ins Grübeln und können die Liste nur mit großer Mühe füllen. Die Bewertung fällt entsprechend besser aus.
- Ereignisse mit geringer statistischer Wahrscheinlichkeit können relevanter erscheinen, wenn der Zeithorizont der Interessenten verändert wird (z. B. Jahrzehnten statt in Jahren). Im Versicherungsbeispiel: Das Risiko, in seinem Leben (alternativ: den nächsten 20 Jahren) eine Jahrhundertflut zu erleben, die das eigene Haus zerstört, ist hoch.

WIRKUNGSSTÄRKE										

Quelle: Tversky A, Kahneman D (1973) Availability: A heuristic for judging frequency and probability. Cognitive Psychology 5(2):207–232

Siehe auch: Cognitive Ease, Anchoring, WYSIATI Effect, Picture Superiority Effect

Meine Notizen

4.1.1.2 Overconfidence
auch: Überoptimismus

Awareness Bedarf	Overconfidence

Menschen neigen dazu, sich selbst und ihre Fähigkeiten bzw. Leistungen zu über-schätzen. Bekannte Ausprägungen sind die falsche Einschätzung von Wahrschein-lichkeiten, die Kontrollillusion (siehe: Illusion of Control) und der Self-Serving Bias. Interessant: Mit steigender Komplexität der Aufgabe steigt auch das Ausmaß des Über-optimismus. Dieser Effekt gilt auch umgekehrt: Bei einfachen Aufgaben schwindet das Vertrauen in die eigene Leistungsfähigkeit. Dies bezeichnet man als den „Hard-is-Easy Effect" (Fischhoff et al. 1977).

Empirisch belegt wurde dieser Effekt bei Anwälten, Ärzten, Investmentbankern und Geschäftsleuten – also Berufsgruppen, denen man gemeinhin nicht das Problem man-gelnden Selbstbewusstseins unterstellt. Tatsächlich ist es so, dass das eigene Selbst-bewusstsein und Overconfidence eng korrelieren: Je selbstsicherer man ist, umso anfälliger ist man. Gerade auf Führungsetagen entwickeln sich so aufgrund fehlenden Feedbacks und starker Isolation nicht selten Parallelwelten des Selbstbilds.

Implementierung im E-Commerce

- Overconfidence kann verhindern, dass Menschen einen Bedarf erkennen (z. B. von Ratgeber-Literatur, Versicherungen, Vitamin-Präparaten). Korrigiert werden kann dieser Effekt, indem man unmittelbares Feedback gibt und auf den Effekt hinweist, etwa durch den Einsatz von Exit-Intent-Pop-Ups. Hierbei signalisiert der Nutzer durch eine Mausbewegung in Richtung der Eingabezeile des Browsers, dass er die Seite verlassen möchte bzw. das Produkt nicht für relevant hält. Dies löst ein Pop-Up-Fenster aus, in dem das Drohszenario und die unterschätzte Gefahr beschrieben wird (z. B. „Sie glauben auch, Vitaminmangel betrifft Sie nicht? Weit gefehlt, 60 % der Bevölkerung fehlen wertvolle Vitamine und sie sind dadurch beeinträchtigt.").
- Verstärkt werden kann diese korrektive Maßnahme, indem man den Nutzern umfang-reiche tiefergehende Informationen bereitstellt, wobei mit steigender Menge von

Information die Overconfidence immer schwächer wird. Auch monetäre Anreize (z. B. ein Rabatt) schwächen den Effekt ab.

WIRKUNGSSTÄRKE	■■ ■■ ■■ ■■ ■■ ▫▫ ▫▫ ▫▫ ▫▫ ▫▫

Quellen: Oskamp S (1965) Overconfidence in case-study judgments. Journal of consulting psychology 29(3):261–265; Fischhoff B, Slovic P, Lichtenstein S (1977) Knowing with certainty: The appropriateness of extreme confidence. Journal of Experimental Psychology: Human perception and performance 3(4):552–564

Siehe auch: Self-Efficacy, Illusion of Control

Meine Notizen

4.1.2   Aufmerksamkeit

4.1.2.1 Bystander Effect
auch: Zuschauereffekt, Genovese-Syndrom

Awareness Aufmerksamkeit	Bystander Effect

Die Anwesenheit anderer Leute hemmt den Impuls zu helfen, die Hilfsbereitschaft sinkt stetig mit steigender Anzahl anwesender Personen. Aktive Handlungen bleiben aus, weil niemand der Erste sein möchte, der sich eventuell der Lächerlichkeit preisgibt (durch Eingreifen ohne tatsächliche Veranlassung) oder ganz allein ein Risiko auf sich nimmt. Dieser Trend verstärkt sich selbst: Eine Situation wird nicht als Notfall wahrgenommen, weil die anderen Anwesenden auch noch nicht eingegriffen haben. Hier wird unterstellt, dass diese die Situation besser einschätzen können und die Nicht-Tätigkeit auf einer fundierten Einschätzung basiert (siehe: Unity). Den Namen hat der Effekt aufgrund seiner Entdeckung im Kontext von Unfällen und kriminellen Übergriffen erhalten.

Es gibt jedoch Mittel und Wege, den Effekt zu überwinden: Die Wahrscheinlichkeit zu helfen steigt nämlich, sobald öffentliche Aufmerksamkeit hergestellt wird. In einem Experiment wurden die Probanden aufgefordert, in einem Online-Forum aktiv mitzuwirken. Der Bystander Effect führte dazu, dass diese Bitte wirkungslos verpuffte. Das änderte sich schlagartig, als die Namen der Teilnehmer rot hervorgehoben wurden und eine Webcam zum Einsatz kam, um Öffentlichkeit zu schaffen. Der Bystander Effect funktioniert also, wenn es in einer Gruppe an klaren Zuständigkeiten mangelt. Wenn die Verantwortung auf viele Schultern verteilt wird, trägt jeder nur noch einen geringen Anteil, der sich leicht übersehen lässt. Die Entdecker des Effekts bezeichnen das als „pluralistische Ignoranz". Der Effekt lässt sich überwinden, wenn die Handlung einzelner Gruppenmitglieder in den Mittelpunkt gerückt wird. Bei gegebener sozialer Sichtbarkeit wollen Menschen dann vor der Gruppe demonstrieren, dass sie der Herausforderung gewachsen sind und als proaktiv, entscheidungsstark und handlungsfähig wahrgenommen werden.

Implementierung im E-Commerce

- Statt breit an die Kundschaft zu appellieren, können Nutzer (z. B. auf Social Media) direkt angesprochen werden, etwa um auf Kritik zu reagieren.
- In eigenen Plattformen bietet es sich an, digitale Status-Plaketten zu verteilen und Nutzer aus der Masse der User (vermeintlich) herauszuheben.
- Im Content-Marketing funktioniert die gezielte direkte Kundenansprache („Sie") besser als allgemeine Formulierungen wie „man".
- Die Notwendigkeit des Eingreifens muss verbalisiert werden: „Hier benötigen wir von Ihnen noch Angaben.", „Sie müssen sich nun entscheiden.", „Bitte schreiben Sie eine kurze Bewertung zu diesem Produkt."
- Die Angst vor negativen Konsequenzen des Einkaufs (z. B. keine sichergestellte Anonymität) kann Nutzern genommen werden: „Keine Sorge, Sie können Ihre Entscheidung jederzeit wieder ändern.", „Ihre Angaben sind bei uns sicher, wir werden nie Informationen über Sie in sozialen Netzwerken teilen."

WIRKUNGSSTÄRKE

Quelle: Darley JM, Latane B (1968) Bystander intervention in emergencies: diffusion of responsibility. Journal of Personality and Social Psychology 8(4p1):377–383

Siehe auch: Unity, Trust Bias, Social Proof, Inequity Aversion

Meine Notizen

_____

_____

_____

_____

_____

_____

4.1.2.2 Curiosity

Awareness Aufmerksamkeit	Curiosity

Mit der funktionellen Magnetresonanztomografie wurde herausgefunden, dass Neugierde mit einer starken Aktivierung der Amygdala einhergeht, also der Region, in der die tiefsten menschlichen Gefühle verortet werden. Wenig überraschend ist also, dass Neugierde ein extrem starker Verhaltenstreiber ist. Gemäß der „Desire Theory of Motivation" (Reiss 2004) zählt sie sogar zu den stärksten Motivationsfaktoren überhaupt.

Dennoch wird „Curiosity" als Motivator stark unterschätzt. Selbst in der wissenschaftlichen Community wird simple Neugierde oft als Einflussfaktor bei der Modellierung menschlichen Verhaltens vergessen.

Implementierung im E-Commerce

- Ein Newsletter-Abonnement kann mit „exklusiven Insider-Informationen" und Überraschungen beworben werden.
- Vorsicht: Es ist ein schmaler Grat zwischen Neugierde wecken und dem völlig zu Recht in Verruf geratenen Clickbaiting (also reißerischen Überschriften, die einen maximalen Lesedrang mit anschließender Enttäuschung erzeugen). Vermarktungsagenturen setzen immer wieder auf diese Form der Lead-Gewinnung und machen später die Shop-Usability verantwortlich, wenn der (völlig unqualifizierte) Traffic nicht hinreichend konvertiert.
- Curiosity funktioniert nur, wenn ein Mindestmaß an Informationen zum Thema bereits übermittelt wurde, daher bietet sich vor der Platzierung des Triggers ein kurzer Anriss mit aufbauendem Spannungsbogen an. Der Conversion-Punkt sollte auf dem Gipfel der Neugierdekurve liegen. Sobald so viele Informationen bereitgestellt werden, dass die drängendste Neugierde befriedigt ist, fällt der Spannungsbogen rasch ab.

Quelle: Loewenstein G (1994) The psychology of curiosity: A review and reinterpretation. Psychological Bulletin 116(1):75–98

Siehe auch: Motivating Uncertainty Effect, Ambiguity Aversion, Status quo Bias, Story Bias

Meine Notizen

_____

_____

_____

_____

_____

_____

_____

_____

_____

_____

_____

_____

4.1.2.3 Facial Distraction
auch: People-look-at-people-Phänomen

Awareness Aufmerksamkeit	Facial Distraction

Wenn uns ein Mensch direkt ansieht, blicken wir ihm in die Augen und „verschwenden" viele Ressourcen darauf, den Gesichtsausdruck zu entschlüsseln, um unser Gegenüber als Freund oder Feind zu klassifizieren. Diese Ressourcen fehlen anschließend an anderer Stelle: So werden die Inhalte, die eigentlich mit dem Bild unterstützt werden sollen, weniger wahrgenommen. Interessanterweise führt das Facial-Distraction-Phänomen offline und online zu völlig verschiedenen Ergebnissen: In einer Face-to-Face-Situation im stationären Handel erhöht sich durch den direkten Blickkontakt die Wahrnehmungsbereitschaft für die verbale Botschaft des Gegenübers. Online ist das Gegenteil der Fall: Da Informationen meistens nicht verbal, sondern in Text- oder Schaubildform vorliegen, findet dieser Transfer nicht statt. Die Aufmerksamkeit bleibt bei der Person hängen. Dieser Zusammenhang ist umso stärker, je vertrauter ein Gesicht ist (siehe: Authenticity).

Auch neurowissenschaftlich läuft die Gesichtserkennung hinsichtlich der visuellen Prozessierung ganz anders ab als die Objekterkennung. Sie findet in den sogenannten „Fusiform Face Areas" statt und benötigt erheblich mehr Ressourcen. Menschen mit bestimmten neurologischen Störungen (wie der „Prosopagnosia") sind nicht mehr in der Lage, Gesichter zu erkennen. Mit Objekten haben sie dagegen keinerlei Probleme, weil diese in einem anderen Areal verarbeitet werden.

Implementierung im E-Commerce

- Menschen auf Bildern sollten dem Nutzer im E-Commerce nicht frontal in die Augen blicken. Gemäß des Gaze Cueing Effect (siehe Abschn. 4.1.2.4) bietet es sich stattdessen an, mit den Blicken des bildlich dargestellten Menschen die Blickrichtung des Nutzers zu lenken.
- Außerhalb der eigenen Plattform sieht das anders aus: Hier macht es durchaus Sinn, den Nutzer direkt von den verwendeten Testimonials ansehen zu lassen, um dessen Aufmerksamkeit auf eine Bannerwerbung oder Ähnliches zu lenken.

WIRKUNGSSTÄRKE

Quelle: Friesen CK, Kingstone A (1998). The eyes have it! Reflexive orienting is triggered by nonpredictive gaze. Psychonomic Bulletin & Review 5(3):490–495

Siehe auch: Gaze Cueing Effect, Authenticity

Meine Notizen

4.1.2.4 Gaze Cueing Effect

Awareness Aufmerksamkeit	Gaze Cueing Effect

Wenn wir in eine neue Umgebung kommen, besteht unbewusst die erste Aktivität darin, die Gesichter der Menschen in dieser Umgebung zu analysieren. Das beginnt schon in den ersten Minuten nach der Geburt. Mit unseren Blicken zeigen wir Kleinkindern bereits die Welt, während sie einer verbalen Aufforderung noch lange nicht folgen könnten. Unsere Aufmerksamkeit wird also darauf gerichtet, wo andere Menschen hinsehen oder auch zeigen. Besonders gut nachempfinden lässt sich das anhand von Alltagssituationen wie Menschenansammlungen bei Unfällen oder Vögeln im Himmel.

Der Gaze Cueing Effect stumpft nur erstaunlich gering ab: Auch wenn wir mehrfach den Blicken unserer Mitmenschen gefolgt sind, ohne eine Erklärung für deren gesteigertes Interesse in dieser Richtung zu erkennen, hören wir kaum damit auf. Das liegt daran, dass diese Orientierung an anderen weitgehend unbewusst stattfindet. Sie wird von Testpersonen im Post-Experience-Interview oft abgestritten.

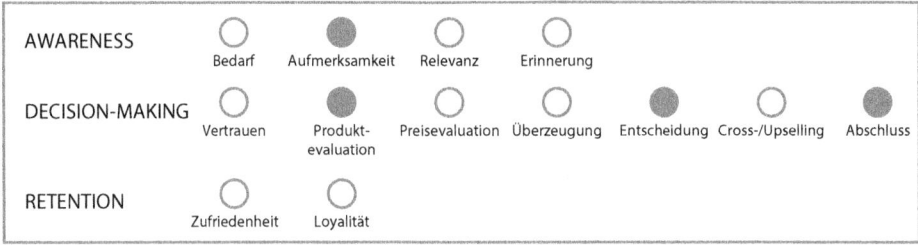

Implementierung im E-Commerce

- Bei der Bilderauswahl sollte also je nach Einsatzkontext beachtet werden, dass die dargestellten Personen den Gaze Cueing Effect zugunsten des wichtigsten Textblocks oder des Call-to-Actions unterstützen, also in die entsprechende Richtung blicken oder zeigen. Absolut ungeeignet sind daher etwa Bilder, auf denen die dargestellten Personen (oder auch Tiere) den Nutzer aus dem Bild heraus weisen.

- Eine besondere Ausprägung ist der „Visual Cueing Effect". Er bezeichnet dasselbe Phänomen, allerdings wird der Blick der Nutzer nicht mit den Augen oder Händen der dargestellten Personen gelenkt, sondern mit grafischen Elementen. Beispiele sind Pfeile (v. a. bei One-Pagern) oder Dreiecke, zu deren Spitze sich unser Blick richtet. Äußerst effektiv (wenn auch auf den ersten Blick reichlich plump) sind Pfeile, die von der USP-Kommunikation zum Buy-Button weisen: Diese Anordnung wird im Gehirn linear prozessiert als „Das ist ein gutes Produkt, das möchte ich kaufen." Eine alternative Anwendung des Visual Cueing Effect ist die Anordnung von mittig gesetztem

Text mit nach unten schmaler werdenden Zeilen. So entsteht eine pfeilähnliche Form, die auf den darunter platzierten Call-to-Action weist.

WIRKUNGSSTÄRKE

Quelle: Frischen A, Bayliss AP, Tipper SP (2007) Gaze cueing of attention: visual attention, social cognition, and individual differences. Psychological Bulletin, 133(4):694–724

Siehe auch: Facial Distraction

Meine Notizen

4.1.2.5 Inattentional Blindness Effect
auch: Change Blindness Effect, Unaufmerksamkeitsblindheit

Awareness Aufmerksamkeit	**Inattentional Blindness Effect**

Menschen nehmen unerwartete Ereignisse nicht wahr, wenn sie mit einer elementaren Beobachtungsaufgabe beschäftigt sind. Das gilt auch, wenn diese Ereignisse länger andauernd, eigentlich sehr auffällig und mitten im visuellen Zentrum unserer Aufmerksamkeit platziert sind. Das Ausmaß der Unaufmerksamkeitsblindheit hängt vom Schwierigkeitsgrad der Beobachtungsaufgabe ab: Je mehr kognitive Ressourcen für die Aufgabe benötigt werden, umso löchriger wird die Wahrnehmung des umgebenden Kontexts.

Belegt wurde der Inattentional Blindness Effect mit dem selektiven Aufmerksamkeitstest von Simons und Chabris, der später auch als „Monkey Business Illusion" berühmt wurde (Simons und Chabris 1999). Falls Sie diesen Test noch nicht kennen, probieren Sie ihn unbedingt aus: youtu.be/IGQmdoK_ZfY.

Implementierung im E-Commerce

- Wenn im Hintergrund der Seite etwas passiert, sollte diese Tätigkeit optisch visualisiert werden (z. B. mit einem Warte-Spinner bei Prozessen mit einer Bearbeitungszeit von mehr als einer Sekunde).
- Finden Änderungen im Interface statt, muss erkennbar bzw. prominent darauf hingewiesen werden (z. B. mit einem Eingangseffekt, einem Störer, einer Hervorhebung). Gut gelöst ist dies aktuell zum Beispiel in den Shops von MyTheresa im Kontext von Ad-Hoc-Bestandsmeldungen und Deichmann im Kontext der Fehlerkommunikation im Bestellprozess.
- Ein weiterer bekannter Anwendungskontext ist Banner-Blindness. Dies bezeichnet das Phänomen, dass Bereiche, die unsere kognitive Aufmerksamkeit nicht erhalten (z. B. weil wir gelernt haben, dass dort meist Werbung ohne funktionalen Mehrwert gezeigt wird), überhaupt nicht mehr beachtet werden. Das ist wichtig für die Optimierung des Online-Marketing-Mix, die Auswahl von Platzierungen, den Media-Einkauf, etc.

- Man sollte prüfen, ob im Shop aufmerksamkeitsstarke Elemente viele kognitive Ressourcen in Anspruch nehmen bzw. bei welchen Elementen das zutrifft. Wenn diese nicht erwünscht sind (z. B. aufgrund einer Anwendung der Disrupt-then-Reframe-Technik, siehe Abschn. 4.2.4.4), stellen diese Elemente vermutlich Aufmerksamkeitsbarrieren dar, deren Beseitigung sich positiv auf die Conversion auswirkt.

WIRKUNGSSTÄRKE

Quelle: Simons DJ, Levin DT (1997) Change blindness. Trends in cognitive sciences 1(7):261–267

Siehe auch: External Reference, WYSIATI Effect, Gaze Cueing Effect, Disrupt-then-Reframe-Technik

Meine Notizen

4.1.2.6 Joy and Fun

Awareness Aufmerksamkeit	Joy and Fun

Der Einsatz spielerischer und unterhaltender Elemente macht unbequeme oder ungeliebte Aufgaben erträglicher und stützt die Bearbeitung durch intrinsische Motivationsanreize.

Beispiel: Die VW-Kampagne „The Fun Theory", bei der Alltagshandlungen wie Treppensteigen mit unterhaltenden Elementen zu echten Lieblingsaktivitäten wurden. Im Rahmen der Kampagne montierte der Autohersteller druckempfindliche Flächen auf die Stufen, die bei Kontakt einen Ton abgaben, und schaffte es mit diesen „Piano Stairs", dass die direkt daneben gelegene Rolltreppe kaum mehr benutzt wurde. Die eigentlich unangenehme Aufgabe wurde durch den Einsatz von „Joy and Fun" also zur favorisierten Alternative.

„Perceived Enjoyment" (wahrgenommener Spaß an der Aufgabe) ist neben „Perceived Usefulness" (wahrgenommene Nützlichkeit der Aufgabe) und „Perceived Ease of Use" (wahrgenommene Einfachheit der Aufgabe) einer der zentralen Akzeptanztreiber, auch im E-Commerce (Moon und Kim 2001; Van der Heijden 2004). Auf die „Perceived Enjoyment" zielt das Pattern „Joy and Fun" ab.

Implementierung im E-Commerce

- Ein guter Ansatz sind Micro-Interactions, um alltägliche und notwendige Handlungen auf der Website attraktiver machen. Infrage kommen entweder explizite Interaktionen, wie zum Beispiel verbales Feedback zu Handlungen des Nutzers (etwa Einblendungen von Dialog-Sprechblasen), oder implizite Interaktionen, wie zum Beispiel nutzerführende Anker, Zoom-Effekte oder Ausblendungen. Häufig eingesetzt werden diese Micro-Interactions etwa beim Hinzufügen von Produkten zum Warenkorb, bei der Begutachtung von Produkten oder auch bei der Kontaktanbahnung.
- Das Pattern kann auch tief im Content-Marketing verankert sein und die Tonalität des Dialogs auf der ganzen Seite prägen. Unterhaltsame oder überraschende Texte, Bilder, Videos sind nur einige Beispiele dafür.

- Letztlich eignet sich das Pattern auch, um Abbrüche zu vermeiden, etwa wenn die Seite einen humorvollen Umgang mit Negativ-Erlebnissen der Nutzer pflegt. Beispiele sind Links auf nicht mehr existierende Seiten, Out-of-Stock-Artikel oder technische Abbrüche im Bestellprozess.
- Wichtig ist in allen Fällen, dass die unterhaltsamen Elemente nicht von dem Conversion-Ziel des Nutzers ablenken, sondern es stützen. Der UX-Designer Ian Armstrong beschreibt dies als „creating multiple relevant experience funnels for people to explore, and ruthlessly eliminating distractions in the funnel itself" mit der wichtigen Ergänzung „the goal-oriented shopper still needs their short cuts" (Armstrong 2015). Zudem sollte unbedingt auf anstößige Witze verzichtet und immer die Kongruenz zum eigenen Markenauftritt geprüft werden.

WIRKUNGSSTÄRKE ███ ███ ███ ███ ▒▒▒ ▒▒▒ ▒▒▒ ▒▒▒ ▒▒▒ ▒▒▒

Quelle: Liu C, Arnett KP (2000) Exploring the factors associated with Web site success in the context of electronic commerce. Information & Management 38(1):23–33

Siehe auch: Aesthetics Heuristic, Availability Heuristic, Cognitive Ease

Meine Notizen

_____

_____

_____

_____

_____

_____

_____

_____

4.1.2.7 Picture Superiority Effect

Awareness Aufmerksamkeit	Picture Superiority Effect

Der Picture Superiority Effect basiert auf der Erkenntnis, dass der Mensch zwei getrennte Systeme für die Repräsentation verbaler (Text) und nonverbaler Informationen (Bild) hat. Lernen – und nichts anderes ist eine Informationssuche in einem Online-Shop – funktioniert dann besonders gut, wenn Informationen sowohl visuell als auch verbal encodiert werden („Multimediaprinzip"). Der Grund: Beide Codes wirken zwar unabhängig voneinander, haben aber einen additiven Effekt auf das Gedächtnis.

Konkret bedeutet die Addition der beiden Codierungen: Wenn man einen Text ohne Bilder liest, erinnert man sich am nächsten Tag an ca. 10 % des Inhalts. Wird derselbe Text mit Bildern verstärkt, steigt der Anteil der erinnerten Inhalte nach drei Tagen auf erstaunliche 65 % an (Versteege 2017).

Auch für die Geschwindigkeit der Wahrnehmung lässt sich der Effekt zeigen: Bilder werden deutlich schneller im Gehirn prozessiert als Texte (ca. 0,01 s reichen für eine visuelle Szene), was im hochkompetitiven E-Commerce mit stetig sinkenden Aufmerksamkeitsspannen der Nutzer ein entscheidender Vorteil sein kann. Das bedeutet aber auch: Bei der Auswahl der Bilder sollte größte Sorgfalt angelegt werden. Unterstützt ein Bild den Text nicht optimal, führt die überlegene Wahrnehmung schnell zu einer Kannibalisierung der verbalen Aufmerksamkeit und damit zu Fehlinterpretationen beim Nutzer. Bilderauswahl ist also keine Aufgabe für eine Aushilfskraft mit Zugangsdaten zu einer Stock-Foto-Börse, sondern wesentlicher Bestandteil der Redaktionsarbeit bzw. des Content-Marketing.

Implementierung im E-Commerce

- In der frühen Phase der Customer Journey (Awareness/Discovery) müssen Anbieter herausstechen, um ins Relevant Set der Nutzer zu kommen, z. B. mit beeindruckenden oder kontroversen Bildern. In späteren (d. h. entscheidungsnäheren) Phasen sollten Bilder dagegen die Botschaft unterstützen oder sogar eigenständig für sich sprechen. Das bedeutet, dass der Einsatz von generischem Stock-Foto-Material in der Regel kaum einen Nutzen bietet, anschauliche Visualisierungen dagegen absolut.

- Erklärungsbedürftige Inhalte (z. B. eine Rentenlücke beim Verkauf von Altersvorsorgeprodukten oder der Aufbau einer Hochleistungsmembran bei Outdoor-Bekleidung) sollten immer in einer kombinierten Text-Bild-Darstellung präsentiert werden.
- An vielen Stellen könnten Bilder sinnvoll eingesetzt werden, jedoch nutzen viele Websites und Shops immer noch non-visuelle Interaktionselemente an deren Stelle. Ein weit verbreitetes Beispiel sind Category-Dropdown-Menüs, die sich meist 1:1 durch eine bebilderte oder illustrierte Kategorieübersicht ersetzen lassen. Je besser die Produktbilder sind, umso eher sollte ein Grid zur Darstellung gewählt werden; bei schwachen Bildern bewährt sich dagegen meist eine Auflistung.
- Bei der Produktpräsentation sollten mindestens drei hochauflösende Produktfotos eingesetzt werden, möglichst mit interaktiven 360°-Darstellungen oder Videos unterstützt.
- Besonders effektiv sind Darstellungen, die Kunden bei der Nutzung des Produkts zeigen. Dies wird auch als „Visual Depiction Effect" bezeichnet und beschreibt die gesteigerte Bereitschaft, sich mit einem Produkt auseinanderzusetzen, wenn das künftige Nutzungsszenario visualisiert wird.

WIRKUNGSSTÄRKE   ▄▄ ▄▄ ▄▄ ▄▄ ▄▄ ▄▄ ░░ ░░ ░░ ░░

Quelle: Paivio A (1990) Mental representations: A dual coding approach. Oxford University Press, New York

Siehe auch: Availability Heuristic, Identifiable Victim Effect, Von Restorff Effect

Meine Notizen

_____

_____

_____

_____

_____

4.1.3 Relevanz

4.1.3.1 Barnum Effect
auch: Forer Effect, Personal Validation Fallacy

Awareness Relevanz	Barnum Effect

Der Barnum Effect beschreibt die Neigung von Menschen, vage und allgemeingültige Aussagen über die eigene Person als zutreffende Beschreibung zu interpretieren und zu mutmaßen, sehr präzise verstanden worden zu sein. Der Effekt erklärt etwa, warum Horoskope, Zukunftsvorhersagen und Persönlichkeitstests so beliebt und verbreitet sind.

Wirksam ist das Pattern, weil die getätigten Aussagen so allgemein und damit unmöglich zu widerlegen sind. Ähnlich dem Basisratenphänomen (siehe den Abschnitt zum Linda-Problem), dominiert hier die Freude über die vermeintlich zutreffende Aussage die Kritik an der Beliebigkeit. Besonders häufig werden allgemeine Merkmale oder universelle Wünsche (z. B. Sicherheit oder Reichtum) als Grundlage verwendet. Neben der passenden Sprache (viel Konjunktive und Relativierungen, persönliche Anrede) ist auch das Framing der Aussagen wichtig: Legt man Personen eine Persönlichkeitsbeschreibung mit dem Hinweis vor, dass diese aus dem Horoskop einer Frauenzeitschrift entnommen sei, wird sie (wenig überraschend) bei Weitem nicht so zutreffend bewertet wie dieselbe Beschreibung, die angeblich das Ergebnis eines komplexen psychologischen Tests ist (Forer 1949).

Implementierung im E-Commerce

- Wo die Segmentierung keine genauere bedürfnisorientierte Ansprache zulässt, sollte man am besten mit vagen, schmeichelnden Aussagen arbeiten („Sie arbeiten hart für Ihr Geld.", „Sie verdienen es.") oder allgemeine Gemütszustände adressieren (z. B. „Würden Sie auch manchmal gerne modischer aussehen?"). So kann man den Nutzern das Gefühl vermitteln, 1:1 zu ihnen zu sprechen, obwohl man mit einer breiten Media-Kampagne Millionen adressiert.

- Ein sehr interaktiver Weg zur Umsetzung des Barnum Effects sind Quizzes und Tests in Social Media („Mache den Test: Welche Ballsportart passt zu dir?"). Erfahrungsgemäß erzeugen solche Mechanismen viel Interaktion und eignen sich gut zur Lead-Gewinnung.
- Auch der Cross-Selling-Bereich kann entsprechend aufgeladen werden: „Speziell für Ihre Bedürfnisse, empfehlen wir Ihnen…"

WIRKUNGSSTÄRKE

Quelle: Meehl PE (1956) Wanted–a good cook-book. American Psychologist 11(6):263–272

Siehe auch: Framing, Overconfidence, Base Rate Fallacy

Meine Notizen

4.1.3.2 Focusing Effect

Awareness	Focusing Effect
Relevanz	

Wir können uns nur auf eine begrenzte Anzahl von Dingen konzentrieren. Der Focusing Effect beschreibt daher, dass das menschliche Gehirn auf einige wenige Aspekte ein überproportional hohes Gewicht bei der Entscheidung legt. Dadurch werden Mainstream-Positionen oder sensationalisierte Informationseinheiten meist bevorzugt behandelt, andere (gegebenenfalls wichtigere) Faktoren werden bei der Entscheidungsfindung dadurch vernachlässigt.

In einer viel beachteten Studie fragten Schkade und Kahneman (1998) ihre Probanden, ob diese glaubten, dass Menschen in Kalifornien oder im mittleren Westen ein glücklicheres Leben führen. Das Ergebnis war ebenso eindeutig wie erwartungsgemäß: Die große Mehrheit hielt Kalifornier für die glücklicheren Menschen. Die Probanden fokussierten sich bei ihrer Einschätzung auf oft in den Medien gezeigte Darstellungen (Strand, Palmen und lachende Erfolgsmenschen im Sonnenuntergang). Vom mittleren Westen sind solche Klischees nicht bekannt, auf die man sich fokussieren könnte. Tatsächlich lässt sich zwischen dem Glücksempfinden der Menschen in beiden Regionen jedoch keinerlei Unterschied feststellen. Die Einschätzung ist also durch die Fokussierung auf wenige plausible Faktoren verzerrt und ignoriert dabei Aspekte, die mit dem stimmigen Bild einen Konflikt provozieren würde (im Beispiel Kaliforniens etwa Kriminalität, Naturkatastrophen, harte Arbeit in der Landwirtschaft, Abhängigkeit vom Wetter).

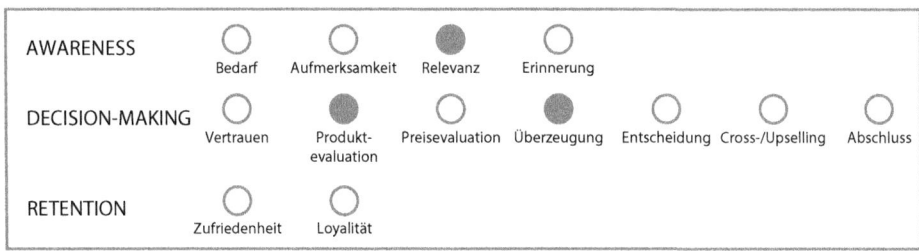

Implementierung im E-Commerce

- Kunden suchen nach Produkten, die ihr Leben auf irgendeine Art und Weise besser machen. Aufgrund des Focusing Effects und des Belief Bias (d. h. Menschen wollen glauben) werden Produkte auf Basis der prominent herausgestellten Eigenschaften bewertet. Für digitale Vermarktungsstrategien lässt sich daraus die Empfehlung ableiten, sich kanalübergreifend auf einige wenige am breitesten anerkannte und am stärksten differenzierende Faktoren zu konzentrieren. Empirisch bewährt haben sich drei bis vier Faktoren bzw. USPs.

- Eine effektive Anwendung des Effekts besteht darüber hinaus darin, die große Veränderung im Leben der Menschen zu beschreiben, die diese nach dem Kauf des Produkts oder des digitalen Services erwarten können.
- Aufgrund des Focusing Effect wird auch die Bedeutung von Geld für das persönliche Wohlbefinden systematisch überschätzt. Es bietet sich daher an, einen der fokussiert dargestellten Vermarktungsaspekte mit einem finanziellen Aspekt (z. B. „Sparen Sie mit diesem Produkt viel Geld.") zu versehen.
- Gestalterisch lässt sich der Effekt mit Weißraum unterstützen. Leere Flächen können ein effektives Überzeugungsinstrument sein und gehören mit Sicherheit zu den unterschätztesten Ansätzen der Conversion-Optimierung. Sie führen Nutzer über die Seite und verstärken Kernaussagen wirksamer als typografische Hervorhebungen.

WIRKUNGSSTÄRKE

Quellen: Schkade DA, Kahneman D (1998) Does living in California make people happy? A focusing illusion in judgments of life satisfaction. Psychological Science 9(5):340–346; Cherubini P, Mazzocco K, Rumiati R (2003) Rethinking the focusing effect in decision-making. Acta Psychologica 113(1):67–81

Siehe auch: Repräsentativitätsheuristik, Belief Bias, Halo Effect

Meine Notizen

4.1.3.3 Identifiable Victim Effect

Awareness Relevanz	Identifiable Victim Effect

Das Schicksal von Einzelpersonen berührt uns erheblich stärker als das Schicksal einer anonymen Gruppe von Personen. Der Identifiable Victim Effect funktioniert in beide Richtungen: Wir spüren eine stärkeren Impuls, einzelne hilfsbedürftige Menschen zu unterstützen, sind aber auch eher bereit, einzelne Straftäter zur Rechenschaft zu ziehen und zu bestrafen. Abstrahiert bedeutet der Zusammenhang, dass uns Bilder und Darstellungen von einzelnen Menschen stärker aktivieren als bloße Statistiken und Graphen über größere Gruppen.

Der Effekt ist vermutlich das einzige Beispiel einer Übereinstimmung zwischen Joseph Stalin und Mutter Teresa. Der Sowjet-Diktator wird mit dem Satz „Ein einzelner Tod ist eine Tragödie, eine Million Tote sind eine Statistik." in Verbindung gebracht. Die Friedensnobelpreisträgerin sagte einst: „Wenn ich auf die Massen blickte, würde ich nie handeln."

Und Psychologe Keith Payne fasst mit Blick auf humanitäre Katastrophen zusammen: „Wir fühlen am wenigsten, wenn wir am meisten gebraucht werden." Er weist damit auf den Zusammenhang hin, dass unsere emotionale Anteilnahme mit der steigenden Anzahl von Opfern paradoxerweise sinkt. Dieses Paradoxon wird damit erklärt, dass wir einen Selbstschutzmechanismus besitzen, der uns davor bewahren soll, von unseren Gefühlen überwältigt zu werden. Wir distanzieren uns also emotional und reduzieren die Anteilnahme mit steigender Opferzahl.

Implementierung im E-Commerce

- Häufig eingesetzt wird der Effekt zur Weihnachtszeit von wohltätigen Organisationen, die Spenden einwerben (z. B. für hungerleidende Kinder in Afrika) oder Unterstützer für die gemeinsame Sache gewinnen wollen (Fundraising).
- Statistiken können an der richtigen Stelle sehr wirksam sein (siehe: Pseudo Justification), verfehlen an anderer Stelle jedoch ihre Wirkung. Wenn es darum geht, Nutzer zu emotionalisieren und die Entscheidungskontrolle zugunsten von System 1 zu verschieben, sind Bilder von Einzelpersonen weitaus wirksamer.

- Der Wirkung von Testimonials liegt derselbe Effekt zugrunde. Einzelschicksale aktivieren uns (z. B. beim Abschluss von Versicherungen) meist stärker als abstrahierte Gefahrenpotenziale und Unfallstatistiken.

| WIRKUNGSSTÄRKE | ███ ███ ███ ███ ███ ███ ░░░ ░░░ ░░░ ░░░ |

Quelle: Jenni K, Loewenstein G (1997) Explaining the identifiable victim effect. Journal of Risk and Uncertainty 14(3):235–257

Siehe auch: Picture Superiority Effect, Bystander Effect, Commitment, Pseudo Justification

Meine Notizen

_____

_____

_____

_____

_____

_____

_____

_____

_____

_____

4.1.3.4 Status quo Bias
auch: Omission Bias, Default Effect

Awareness Relevanz	**Status Quo Bias**

Menschen haben eine Tendenz, den aktuellen Zustand bewahren zu wollen. Regelmäßig deutlich wird das in der Politik: So haben bei politischen Wahlen die Amtsinhaber meist einen messbaren Amtsbonus, gegen Reformen wird regelmäßig protestiert. Sprichwörtlich gilt: „Der Mensch ist ein Gewohnheitstier". Gewohnheiten und Routinen werden ungern aufgegeben, sie stiften Sicherheit, skalieren Suchaufwände und reduzieren Komplexität. Insofern ist der Status quo Bias nicht per se eine Verzerrung im negativen Sinne, sondern kann durchaus auch als effiziente Heuristik verstanden werden.

Er wird gelegentlich mit dem Endowment Effect erklärt, manchmal auch mit der Verlustaversion der Prospect Theory (siehe: Loss Aversion). Ebenso oft gilt der Bias auch als eigenständiger Effekt, der mit der Bindung an eine einmal getroffene Entscheidung erklärt wird: Würde man eine Entscheidung revidieren, müsste man sich schmerzhaft einen Fehler eingestehen, was Menschen stark zu vermeiden versuchen (Regret Aversion). Je länger der Status quo besteht, desto stärker ist der Status quo Bias üblicherweise. Man schlussfolgert, dass der gegenwärtige Zustand besonders gut sein muss, wenn er so lange Bestand hat – wir gehen von einer evolutionären Überlegenheit aus. Damit verstärkt sich der Effekt kontinuierlich selbst.

Implementierung im E-Commerce

- Kundenloyalität können Shop-Betreiber fördern, indem bei treuen Bestandskunden die Annehmlichkeit des aktuellen Zustands betont wird. Menschen haben die Tendenz, treu zu sein und dieselben Marken zu kaufen bzw. in denselben Shops einzukaufen. Besonders effektiv ist das, wenn es mit funktionalen Lock-in-Effekten kombiniert wird (z. B. einer Lieferkosten-Flatrate oder einem Bonusprogramm).
- Bei regelmäßigen Käufen (z. B. Verbrauchs- bzw. Konsumgüter) sind Kunden relativ unempfindlich gegenüber Preisschwankungen. Hier lohnen sich Discounts meist nicht. Auf der anderen Seite kann im Rahmen von experimentellen Preiserhöhungen ermitteln werden, wie die Konsumentenrente optimal abgeschöpft werden kann.

- Ein weiterer Umsetzungsansatz wäre, kostenlose Trials von Produkten anzubieten. Wer sich einmal an die Nutzung gewöhnt hat, wird das Produkt ungern wieder hergeben wollen, insbesondere wenn damit ein erhöhter Handling-Aufwand verbunden ist (z. B. Retoure einer Couch oder Matratze).
- Das gewünschte Verhalten kann so getriggert werden, dass keine Handlung des Nutzers erforderlich ist: Man kann zum Beispiel bei der Wahl einer Produktkonfiguration den Bestseller als „default selected" vorauswählen.

WIRKUNGSSTÄRKE

Quelle: Samuelson W, Zeckhauser R (1988) Status quo bias in decision making. Journal of Risk and Uncertainty 1(1):7–59

Siehe auch: Action Bias, Endowment Effect, Confirmation Bias, Loss Aversion, Anchoring

Meine Notizen

4.1.3.5 Threat

Awareness Relevanz	Threat

Angst gehört evolutionär bedingt zu den Emotionen mit dem höchsten Aktivierungspotenzial. Aus einer Stress- oder Angstsituation heraus sind wir darauf programmiert, schnell zu handeln, was zu Urzeiten über Leben und Tod entscheiden konnte. Dadurch wird die Entscheidungsmacht zu System 1 verschoben. Produkte, die in diesem Kontext erscheinen, lassen sich gut als Freund, Fels in der Brandung oder Retter inszenieren. Gepaart mit der hohen Handlungsbereitschaft macht das das Threat-Pattern so wirksam.

Allerdings gilt dieser Zusammenhang nur bei Ängsten, die wir für real und sicher halten. Kahneman (2011) nennt als Beispiel den Klimawandel, der bei den meisten kaum Aktivierungspotenzial besitzt, weil wir weder sicher wissen, wann und in welchem Maße er uns ereilt, noch die unmittelbaren Konsequenzen für das eigene Leben verstehen. Führt man sich die Zusammenhänge des Pattern „Zeitinkonsistenz" vor Augen (siehe Abschn. 4.2.4.19), nach dem wir auf sofortige Belohnungen abgerichtet sind und hyperbolisch diskontieren, wird schnell klar, warum solche langfristigen Bedrohungsszenarien irrationalerweise keine Auswirkung auf unser Leben zu haben scheinen.

Implementierung im E-Commerce

- Versicherungen und Hersteller sicherheitsorientierter Produkte (z. B. Kletter-Equipment, Baby-Pflege, Pharma, Autos, etc.) arbeiten oft subtil mit Angst-orientierten Darstellungen des Schadensrisikos, um die wahrgenommene Wahrscheinlichkeit des Schadenfalls zu erhöhen.
- Überflüssig zu erwähnen: Das Gesetz gegen den unlauteren Wettbewerb verbietet Angstwerbung, wenn sie die Kaufentscheidung unsachlich beeinflusst und das entstehende Gefühl der Hilflosigkeit ausnutzt (§ 3 und § 4, Ziffer 2 UWG). Diese Grenze ist unantastbar und darf mit dem Threat-Pattern niemals tangiert werden.

WIRKUNGSSTÄRKE	▨ ▨ ▨ ▨ ▨ ▨ ▨ ▨ ▨ ▨

Quelle: Tversky A, Kahneman D (1983) Extensional versus intuitive reasoning: The conjunction fallacy in probability judgment. Psychological Review 90(4):293–315

Siehe auch: Affektheuristik, Zeitinkonsistenz, Hyperbolic Discounting

Meine Notizen

_____

_____

_____

_____

_____

_____

_____

_____

_____

_____

4.1.4 Erinnerung

4.1.4.1 Context Dependent Memory

Awareness Erinnerung	**Context Dependent Memory**

Menschen tendieren dazu, Dinge zu vergessen, die außerhalb des aktuellen Umgebungs-
kontexts liegen. Entscheidend dafür sind Hinweise („Cues"), die Erinnerungen an einen
bestimmten Kontext koppeln. Im Alltag begegnen uns Beispiele für „Context Dependent
Memory" immer wieder: Man geht vom Wohnzimmer in die Küche und weiß – einmal
angekommen – schon nicht mehr, was man dort eigentlich wollte. Zurück im Wohnzimmer kommt die Erinnerung dann sofort zurück. Erinnerungen sind also oft mit „Contextual Cues" an eine Umgebung gebunden, die durchaus auch örtlich definiert sein kann
(in diesem Fall: das Wohnzimmer).

Und noch eine Erläuterung aus dem Alltag für all diejenigen, die sich im Studium
öfters ein Glas Alkohol beim Lernen gegönnt haben. Vermutlich haben Sie die Prüfung
anschließend nüchtern geschrieben. Was vernünftig klingt, muss nicht zwangsläufig
dem Ergebnis zuträglich gewesen sein. Studien zum „State-Dependent Memory" haben
gezeigt, dass auch der physische und emotionale Status als ein „Contextual Cue" fungiert. Wer angetrunken gelernt hat, liefert daher erstaunlicherweise auch angetrunken das
bessere Ergebnis ab verglichen mit jemandem, der angetrunken gelernt hat und nüchtern
geprüft wurde (Goodwin et al. 1969).

Implementierung im E-Commerce

- Merkmale, die einen Kontext definieren, sollten über alle Kanäle hinweg konsistent
  gehalten werden. Das ist nicht nur eine Frage des Brandings und der Unternehmens-
  kommunikation, sondern auch eine Frage der Conversion, wie das Pattern zeigt.
- Ein konkretes Beispiel: Im Retargeting finden sich Nutzer, die sich für ein Produkt
  interessiert haben, meist in einem völlig anderen Kontext wieder, wenn ihnen die
  Anzeigen mit der entsprechenden Produktwerbung ausgespielt werden. Damit der
  erinnernde Kontext nicht verloren geht, macht es Sinn, möglichst viele „Contextual

Cues" wieder zu verwenden, z. B. das Icon, den Claim, die Farbwelt, die Testimonials. All dies erhöht den Recall der Marke und des Produkts und fördert die Wirkung von Retargeting.

* Für wiederkehrende Nutzer können Cues aus ihrer letzten Sitzung gezeigt werden, z. B. das zuletzt betrachtete Produkt.

Quelle: Godden D, Baddeley A (1975) Context dependent memory in two natural environments. British Journal of Psychology 66(3):325–331

Siehe auch: WYSIATI Effect, Zeigarnik Effect, Recency Effect

Meine Notizen

4.1.4.2 Primacy Effect

Awareness Erinnerung	Primacy Effect

Menschen bilden sich bereits in einer sehr frühen Phase des Entscheidungsprozesses eine Meinung, die später nur noch schwerlich verändert werden kann. Umgangssprachlich gesprochen: „Der erste Eindruck bleibt" bzw. „Es gibt keine zweite Chance für den ersten Eindruck". Diese Verzerrung lässt sich mit dem Confirmation Bias erklären: Wir mögen unsere Meinung nur ungern ändern und suchen stattdessen lieber nach bestätigenden Argumenten. Dadurch kommt z. B. dem ersten Kontakt zu einem Händler als Grundlage der Meinungsbildung eine so hohe Bedeutung zu. Daneben existiert ein Erklärungsansatz aus der Gedächtnisforschung: Es ist für eine Information offenbar leichter, den Weg ins Langzeitgedächtnis zu finden, wenn zu diesem Thema noch keine anderen Informationen abgelegt worden sind bzw. keine störenden Interferenzen existieren. So bleibt der erste Urlaubstag meist stärker in Erinnerung als die folgenden Tage.

Sinnbildlich eignet sich gut eine Analogie zum Golfsport: Der erste Schlag bestimmt die Richtung und die Nähe zum Ziel, er sollte daher der stärkste sein. Übertragen heißt das, dass das stärkste Argument zuerst ins Feld geführt werden sollte.

Implementierung im E-Commerce

- Optimierung der Startseite (für Nutzer, die per Direct type-in in das Ökosystem des Anbieters kommen) bzw. von Landingpages (für Kampagnen-Traffic) hinsichtlich der Positionierung: Wird man hier als preiswürdiger Anbieter wahrgenommen (z. B. aufgrund von preisorientierten Kampagnen-Routen), werden im späteren Verlauf des Kaufprozesses nicht mehr so viele Positionierungsargumente benötigt, da mit dem Primacy Effect, die grundlegende Wahrnehmung bereits veranlagt ist und Nutzer widersprüchliche Argumente später ausblenden oder schwächer gewichten.
- Im Kontext der (auch für viele E-Commerce-Unternehmen hochrelevanten) Printwerbung legt der Effekt dar, dass die ersten und die letzten Seiten eines Magazins besonders effektiv für die Anzeigenplatzierung sind.

- Listen mit Vorteilen und USPs sollte man mit dem stärksten Argument beginnen lassen. Das bedeutet jedoch nicht, dass die Argumente nach Stärke absteigend sortiert werden sollten, denn auch der letzte Punkt einer Liste wird intensiv erinnert (siehe: Recency Effect).

WIRKUNGSSTÄRKE

Quelle: Asch SE (1946) Forming impressions of personality. The Journal of Abnormal and Social Psychology 41(3):258–290

Siehe auch: Confirmation Bias, Halo Effect, Recency Effect, Peak-End Rule

Meine Notizen

4.1.4.3 Recency Effect

Awareness Erinnerung	Recency Effect

Der Gegeneffekt zum Primacy Effect bzw. dem übergeordneten Confirmation Bias: Nicht die erste, sondern die letzte Erfahrung, die man macht, wird besser erinnert und dominiert die Meinungs- und Entscheidungsbildung. Der Recency Effect entsteht bei der Speicherung von Informationen im Kurzzeitgedächtnis, während der Primacy Effect eher auf das Langzeitgedächtnis abzielt. Die Erklärung für die Wirkung des Recency Effect lautet, dass die letzten Informationen nicht überschrieben und damit besser memoriert werden. Außerdem unterstellen wir erhaltenen Informationen immer eine chronologische Reihenfolge. Dementsprechend wären die letzten Informationen die aktuellsten und damit relevantesten (Novelty Effect). Wie stark der Effekt ist, lässt sich anhand des simplen Attributs „neu" bei Produkteinführungen nachvollziehen: Auch wenn viele iPhone-Generationen nur wenige echte Innovationen hervorgebracht haben, hat doch die bloße Neuheit die Kundschaft in Scharen Schlange stehen lassen.

Der Primacy und Recency Effect wirken in starkem Maße interdependent, sie werden oft auch in einem Effekt zusammengefasst. Die Erinnerungswahrscheinlichkeit folgt dann einer U-Kurve, d. h. die ersten und letzten Informationen besitzen die höchste Wahrscheinlichkeit, erinnert zu werden. Dass hierin kein Widerspruch liegen muss, lässt sich mit dem Merksatz ausdrücken: „Der erste Eindruck zählt, der letzte Eindruck bleibt."

AWARENESS	Bedarf	Aufmerksamkeit	Relevanz	Erinnerung			
DECISION-MAKING	Vertrauen	Produkt-evaluation	Preisevaluation	Überzeugung	Entscheidung	Cross-/Upselling	Abschluss
RETENTION	Zufriedenheit	Loyalität					

Implementierung im E-Commerce

- Wow-Effekte im Fulfillment und After-Sales erzeugen ein positives Ereignis zum Ende des Bestellprozesses, was positiv auf die Bewertung der ganzen Kauferfahrung einzahlt.
- Der Recency Effect ermöglicht einen positiven Schlusspunkt mit der Beglückwünschung und Zusammenfassung aller Vorteile, die sich Kunden mit dem Kauf gesichert haben (siehe: Post-Purchase Rationalization).

- Bei Verzögerungen im Fulfillment kann einem negativen Recency Effect mit einem Gutschein (für die nächste Bestellung) oder kleinen Geschenk als Entschuldigung entgegengewirkt werden. So werden nicht nur aus Kritikern begeisterte Promotoren (NPS), sondern es wurde auch die Grundlage für einen Folgekauf geschaffen.

WIRKUNGSSTÄRKE

Quelle: Atkinson RC, Shiffrin RM (1968) Human memory: A proposed system and its control processes. Psychology of Learning and Motivation 2:189–195

Siehe auch: Halo Effect, Primacy Effect, Post-Purchase Rationalization, Peak-End Rule

Meine Notizen

4.1.4.4 Rhyme-as-Reason Effect

auch: Eaton-Rosen Phenomenon

Awareness Erinnerung	Rhyme-as-Reason Effect

Gereimte Aussagen und Aphorismen werden als wahrheitsgemäßer wahrgenommen als ungereimte Aussagen. Es existieren zwei Erklärungsansätze des Rhyme-as-Reason Effects. Erstens wirken gereimte Aussagen ästhetischer; Ästhetik wiederum wird als Heuristik für die Bewertung der Glaubwürdigkeit herangezogen (Keats-Heuristik). Zweitens werden Reime im Gehirn schneller verarbeitet, was der Aussage einen höheren Wert verleiht und sie dadurch bevorzugt gemerkt wird.

Bekannte Beispiele und teilweise echte Klassiker aus Deutschland sind eBay („3, 2, 1 – meins"), „Haribo („Haribo macht Kinder froh (und Erwachsene ebenso)", Real („Einmal hin, alles drin") oder Yes („Kleine Torte statt vieler Worte").

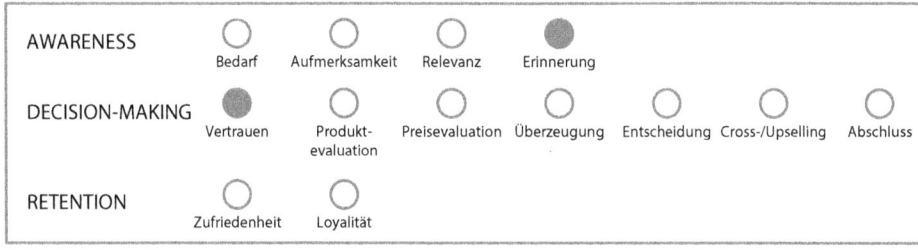

Implementierung im E-Commerce

- Sprache mit Reimen aufwerten, wo immer es möglich ist (z. B. Claims, Bannerwerbung, Produktbeschreibungen, Headlines, etc.). Achtung: Die Anwendung des Patterns muss weiterhin zum Markenauftritt passen und darf nicht zu gezwungenen Kalauern führen.

WIRKUNGSSTÄRKE	▓▓ ▒ ▒ ▒ ▒ ▒ ▒ ▒

Quellen: McGlone MS, Tofighbakhsh J (2000) Birds of a feather flock conjointly (?): Rhyme as reason in aphorisms. Psychological Science 11(5):424–428; Filkuková P, Klempe SH (2013) Rhyme as reason in commercial and social advertising. Scandinavian journal of psychology 54(5):423–431

Siehe auch: Aesthetics Heuristic, Story Bias

Meine Notizen

_____

_____

_____

_____

_____

_____

_____

_____

_____

_____

_____

_____

_____

_____

4.1.4.5 Serial Position Effect

Awareness Erinnerung	Serial Position Effect

Das Erinnerungsvermögen (und damit die Menge der in Betracht gezogenen Entscheidungsalternativen) hängt signifikant von der dargebotenen Reihenfolge aller Optionen ab. Diese werden am ehesten erinnert, wenn sie sich am Anfang (Primacy Effect: noch alle kognitiven Ressourcen für die Memorierung vorhanden) oder am Ende (Recency Effect: keine Verdrängung aus dem Kurzzeitgedächtnis durch nachfolgende Informationseinheiten) einer Liste befinden. Optionen in der Mitte liegen dagegen in einer schwierigen Sandwich-Position, die von keinem kognitiven Mechanismus unterstützt wird. Jenseits der Extrempositionen nimmt das Erinnerungsvermögen bei Listen von oben bzw. unten zur Mitte hin ab (siehe: Extremeness Aversion). Dabei besitzt die zweite Option noch eine stärkere Wahrnehmung als die Vorletzte und so weiter.

Implementierung im E-Commerce

- Anwendung findet der Serial Position Effect zum Beispiel in der Online-Werbung, wo mit seiner Hilfe die besten (d. h. aufmerksamkeitsstärksten) Platzierungen für Anzeigen ermittelt und eingekauft werden können.
- Auch für den Aufbau von Content-Seiten ist dessen Kenntnis nützlich: Inhalte am oberen und unteren Ende der Seite werden am besten im Gedächtnis behalten. Hier sollten daher die wesentlichen Botschaften der Seite (am Ende gerne als Summary oder Wiederholung dargestellt) sowie der primäre Call-to-Action platziert werden. Dasselbe gilt für die Content-Produktion im Newsletter-Marketing.
- Bei Auflistungen von Alleinstellungsmerkmalen (USPs) bzw. Vorteilen von Produkten oder des Anbieters sollten die überzeugendsten Argumente zuerst oder zum Schluss genannt werden.
- Ähnliches gilt für die Struktur der Primärnavigation: Links und rechts befinden sich die Top-Positionen, in denen die klick-, umsatz- oder margenstärksten Produktkategorien (je nach strategischer Ausrichtung) positioniert werden sollten.

| WIRKUNGSSTÄRKE | | | | | | | | | | |

Quelle: Murdock Jr BB (1962) The serial position effect of free recall. Journal of experimental Psychology 64(5):482–488

Siehe auch: Recency Effect, Primacy Effect, Context Dependent Memory

Meine Notizen

_____

_____

_____

_____

_____

_____

_____

_____

_____

_____

4.1.4.6 Story Bias

Awareness Erinnerung	Story Bias

Sachverhalte, die in Form von Geschichten präsentiert werden, verfangen sich besser beim Leser. Es fällt leichter, sich Zusammenhänge und Details einer Erzählung zu merken, häufig in diesem Zusammenhang verwendete Metaphern verstärken den Effekt abermals. Nicht ohne Grund arbeiten Gedächtniskünstler mit genau diesen Methoden. Bei der Prozessierung und Memorierung wird allerdings völlig ausgeblendet, ob der Zusammenhang zwischen den Teilereignissen sachlogisch begründet oder künstlich konstruiert ist. Der Autor Rolf Dobelli (2011) nennt als Beispiel die Beschreibung des zeitlich naheliegenden Ablebens zweier Monarchen: „Der König starb, und dann starb die Königin vor Trauer." Aus einer sequenziellen Abfolge zweier unverbundener Ereignisse wird eine Geschichte, die sich richtig und sinnvoll anfühlt. Anders ausgedrückt: Geschichten umrahmen Fakten mit Sinn.

Zu gut erzählten Geschichten fühlen wir uns hingezogen, von nüchternen Tatsachen dagegen gelangweilt. Gesellschaftlich betrachtet birgt das die Gefahr einer emotionalen Verkünstelung sachlicher Inhalte, der viele Medienhäuser bereits seit geraumer Zeit erliegen. Aus der Vermarktungsperspektive ist der Story Bias aber eine scharfe Waffe im Kampf um die knappen Aufmerksamkeitsressourcen der Menschen. Perfektioniert haben das die teuersten Werbespots des Planeten: Zum Superbowl trifft sich jedes Jahr das Who-is-Who der werbetreibenden Industrie und präsentiert die emotionalsten Kreativergüsse der Vermarktungswelt. Welchen besseren Beleg für die Durchschlagskraft des Story Bias könnte es geben als die Tatsache, dass führende Unternehmen ihre bis zu fünf Millionen US-Dollar teuren 30 s überwiegend mit emotionalen Geschichten füllen (Kantar Media 2017)?

Implementierung im E-Commerce

- Egal ob vollständig sachlogisch oder bruchstückhaft verknüpft: Nutzer lassen sich eher auf Produktbeschreibungen in Erzählform ein. Das in den meisten Unternehmen gängige Arbeiten mit Personas ist bereits eine geeignete Klammer, das Storytelling-Repertoire aus dem Content-Marketing liefert hier noch weitaus mehr Impulse.

WIRKUNGSSTÄRKE		

Quelle: Fico F, Richardson JD, Edwards SM (2004) Influence of story structure on perceived story bias and news organization credibility. Mass Communication & Society 7(3):301–318

Siehe auch: Rhyme-as-Reason Effect, Joy and Fun

Meine Notizen

_____

_____

_____

_____

_____

_____

_____

_____

_____

_____

_____

4.1.4.7 Von Restorff Effect

auch: Bizarreness Effect, Perceptual Incongruence, Distinction Effect

Awareness Erinnerung	Von Restorff Effect

Überraschende Inhalte verankern sich weitaus stärker als uniform gestaltete. Das überraschende Moment kann verrückt, witzig, bizarr oder lediglich anders als der Umgebungskontext sein und sich auf Texte, Bilder, Produkte oder Kommunikationsbotschaften beziehen. Ein einzelnes rot geschriebenes Wort inmitten von schwarz gesetztem Text fällt also nicht nur stärker auf, sondern wird auch besser memoriert. Der Von Restorff Effect wurde von der deutschen Psychologin Hedwig von Restorff erstmals nachgewiesen. Sie zeigte, dass unsere Augen und das Gehirn ständig auf der Suche nach Elementen sind, die mit dem Erwartungswert brechen (weshalb der Effekt auch als „Distinction Effect" bezeichnet wird).

Implementierung im E-Commerce

- Die Nutzung des Effekts ist vielseitig. Gute Einsatzszenarien sind die verwendete Sprache (Einsatz außergewöhnlicher Begriffe und Schriftbilder), die Bezeichnung von Call-to-Actions, aber auch die physische Produkterfahrung (z. B. mit einem außergewöhnlichen Packaging).
- Die Bizarreness kann auch zum kommunikativen Leitmotiv erhoben werden. Als Beispiel liefert der Körperpflege-Hersteller Old Spice seit Jahren in seinen Werbespots eine Sammlung aller nur denkbaren Anwendungsmöglichkeiten des Effekts.
- Auch für die Platzierung von Anzeigen kann der Effekt interessant sein. Dahlén et al. (2008) untersuchten vor einigen Jahren, wie sich die Kongruenz zwischen einer Werbeanzeige und der Plattform, in der die Anzeige eingebettet war, auf das Erinnern der Anzeige auswirkt. Wenig überraschend: Eine geringe Kongruenz (d. h. Anzeige und Plattform passen nicht zusammen) erhöht die Wahrscheinlichkeit, dass die Anzeige be- und gemerkt wird.
- Die Bounce-Rate (also der Anteil der Nutzer, die die Website sofort wieder verlassen) kann gesenkt werden, wenn die Seite gleich nach dem Laden eine unerwartete Aktion ausführt.

- Den Effekt in Reinform hat eine kleine englische Auto-Leasing-Firma umgesetzt. Wer einmal Lingscars.com besucht hat, wird die Website nie wieder vergessen – ein guter Beleg für die Wirksamkeit des Effekts. Nebenbei: Entgegen der ersten intuitiven Vermutung ist das Unternehmen finanziell sehr erfolgreich, Newsweek nennt die Seite „one of the best websites in the internet" (Veix 2016).

WIRKUNGSSTÄRKE	■ ■ ■ ■ ■ ░ ░ ░ ░ ░

Quelle: Von Restorff H (1933) Über die Wirkung von Bereichsbildungen im Spurenfeld. Psychologie Forschung 18:299–334

Siehe auch: Inattentional Blindness Effect

Meine Notizen

4.2   Decision-Making-Phase

Die Decision-Making-Phase stellt den Mittelpunkt des Entscheidungsprozesses dar (Abb. 4.2 und 4.3). Folgerichtig findet sich hier auch der größte Anteil von primären Behavior Patterns. Insgesamt sind es 64 Patterns, die ihren zentralen Anwendungskontext in einem der sieben Abschnitte dieser Phase haben. Das **Vertrauen** beschreibt den ersten Schritt des Decision-Making, in dem ein Anbieter als zuverlässiger Partner für den anstehenden Kauf evaluiert wird. Fällt diese Prüfung positiv aus, folgt die **Produktevaluation.** Hierbei wird entschieden, ob ein angebotenes Produkt die funktionalen und emotionalen Anforderungen des Nutzers erfüllt. Ist dies gegeben, schließt sich die **Preisevaluation** an, in der der geforderte Preis ins Verhältnis zur individuell bewerteten Leistung des Produkts gesetzt und ein Preiswürdigkeitsurteil abgeleitet wird. Akzeptiert ein Nutzer das Produkt und den Preis, bedarf es oft noch verstärkender externer Anreize, um die Kaufentscheidung aktiv zu forcieren. Dies findet im Abschnitt **Überzeugung** statt. Soll ein Nutzer dagegen weniger explizit beeinflusst, sondern ihm stattdessen die Wahl erleichtert werden, kommen die Behavior Patterns aus dem Bereich **Entscheidung** infrage. Sind alle entscheidungshemmenden Faktoren überwunden, stellt sich für Shop-Betreiber die Herausforderung, das Warenkorbvolumen mit **Cross-/Up-Selling** zu erhöhen, wobei Verhaltensmuster ebenfalls unterstützen können. Letztlich darf aber all das nicht dazu führen, dass der Kaufprozess an sich unterbrochen wird bzw. der **Abschluss** als zentrales Ziel gefährdet wird. Mithilfe von geeigneten Behavior Patterns aus diesem Bereich kann sichergestellt werden, dass Nutzer die typischen Abbruchpunkte im Abschlussprozess (wie z. B. die Eingabe der Zahlungsdaten oder rechtliche Belehrungen) umschiffen können.

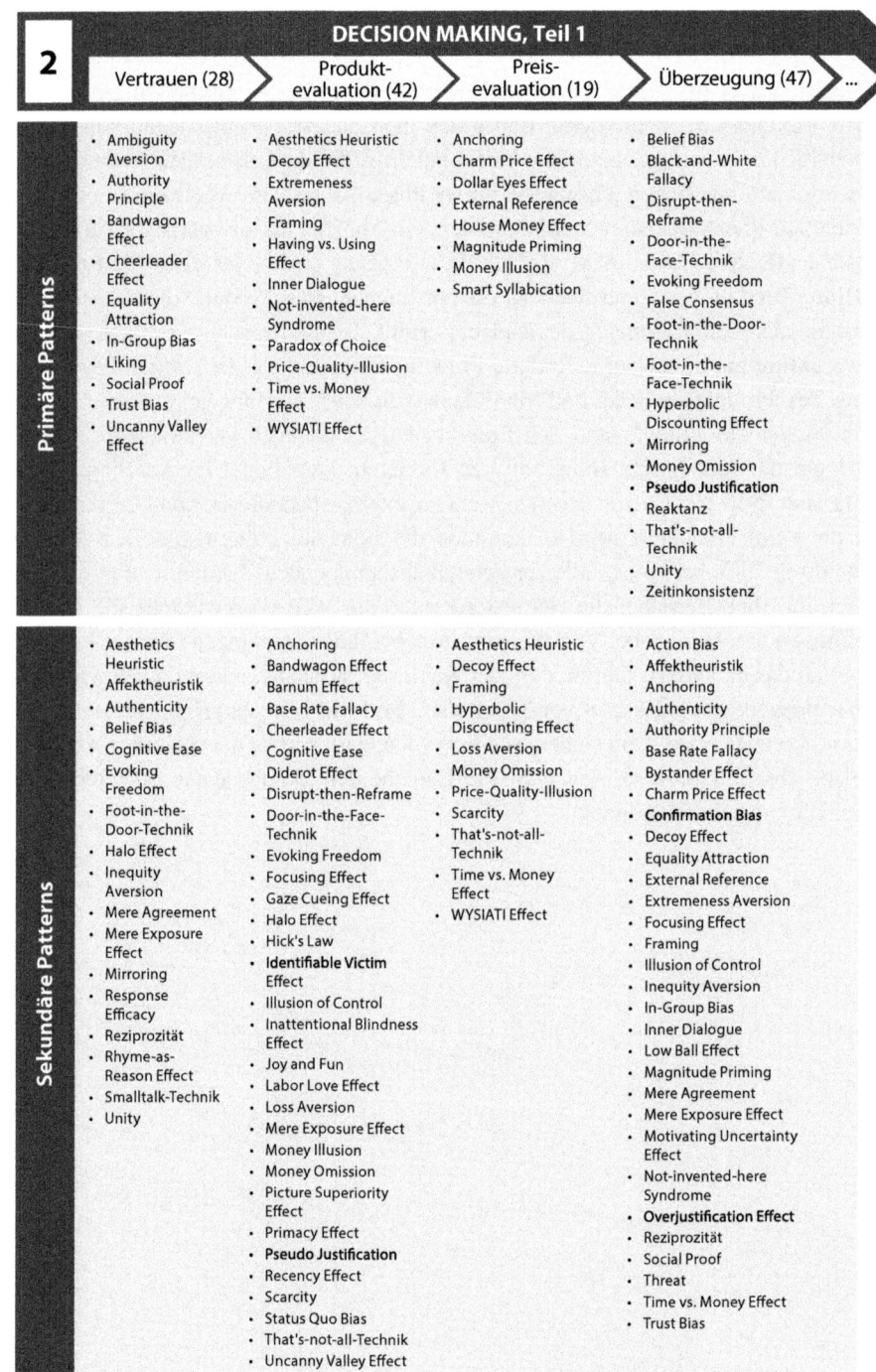

Abb. 4.2 Anwendungs-Framework für den Kontext Decision-Making, Teil 1

2	DECISION MAKING, Teil 2		
	... > Entscheidung (29) >	Cross-/ Upselling (16) >	Abschluss (27)

Primäre Patterns

• Cognitive Ease	• Diderot Effect	• Commitment and Consistency
• Halo Effect	• Low Ball Effect	• **Confirmation Bias**
• Hick's Law		• Hindsight Bias
• Hobson's +1 Choice Effect		• Illusion of Control
• Loss Aversion		• Motivating Uncertainty Effect
• Mental Accounting		• **Overjustification Effect**
• Peak-End-Rule		• Response Efficacy
• Scarcity		• Self-Efficacy
		• Zeigarnik Effect

Sekundäre Patterns

• Ambiguity Aversion	• Action Bias	• Bystander Effect
• Availability Heuristic	• Barnum Effect	• Door-in-the-Face-Technik
• Cheerleader Effect	• Charm Price Effect	• Endowment Effect
• Context Dependent Memory	• Endowed Progress Effect	• Evoking Freedom
• Diderot Effect	• Foot-in-the-Door-Technik	• Facial Distraction
• Dollar Eyes Effect	• Having vs. Using Effect	• Gaze Cueing Effect
• Facial Distraction	• Hobson's +1 Choice Effect	• Hick's Law
• Gaze Cueing Effect	• Loss Aversion	• Hobson's +1 Choice Effect
• Having vs. Using Effect	• Pain-of-Paying Principle	• House Money Effect
• **Identifiable Victim Effect**	• **Pseudo Justification**	• Hyperbolic Discounting Effect
• Illusion of Control	• Smalltalk-Technik	• Inattentional Blindness Effect
• Paradox of Choice	• That's-Not-All-Technik	• Inner Dialogue
• Picture Superiority Effect	• Zeigarnik Effect	• Joy and Fun
• Price-Quality-Illusion	• Zeitinkonsistenz	• Pain-of-Paying Principle
• Primacy Effect		• Paradox of Choice
• Recency Effect		• Peak-End-Rule
• Response Efficacy		• **Pseudo Justification**
• Self-Efficacy		• Zeitinkonsistenz
• Serial Position Effect		
• Smart Syllabication		
• Status Quo Bias		

Abb. 4.3 Anwendungs-Framework für den Kontext Decision-Making, Teil 2

4.2.1   Vertrauen

4.2.1.1 Affektheuristik

DECISION-MAKING Vertrauen	Affektheuristik

Meinungen und Entscheidungen beruhen oft lediglich auf der emotionalen Zuneigung oder Abneigung gegenüber den Alternativen. Die Affektheuristik ersetzt die (schwer zu beantwortende) Frage „Was denke ich darüber?" durch die (leicht zu beantwortende) Frage „Was fühle ich dabei?" und verwendet die Antwort darauf dann einfach als Antwort auf die ursprüngliche Frage. Dabei ist der Verarbeitungsmechanismus häufig trivial: Es wird nur zwischen guten und schlechten Gefühlen unterschieden, die direkt in eine positive bzw. negative Einstellung gegenüber den Alternativen münden.

Die Affektheuristik führt (durch die Prozessierung in System 1) dazu, dass Wahrscheinlichkeiten systematisch falsch eingeschätzt werden: Wahrscheinliche Ereignisse werden unterschätzt, unwahrscheinliche Ereignisse überschätzt.

Werden Menschen später mit diesem Zusammenhang konfrontiert, streiten sie oft ab, dass ihre Entscheidungsfindung emotional verzerrt war und reagieren mit einer Rationalisierung der entscheidungsbildenden (emotionalen) Argumente – ein weiteres anschauliches Beispiel für die gelegentlich fehlende Verknüpfung zwischen System 1 und System 2.

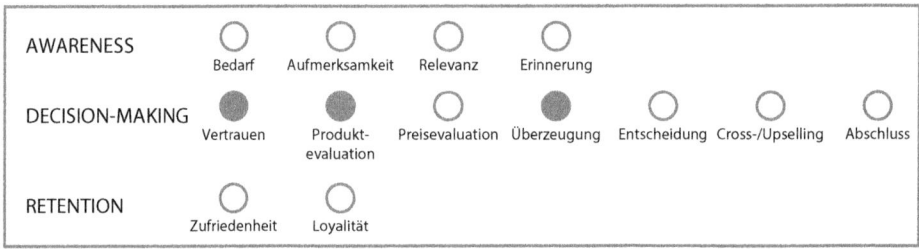

Implementierung im E-Commerce

- Nutzer können nur schwer von gegensätzlichen Standpunkten mit rationalen Argumenten überzeugt werden. Man kann aber von Emotionen geprägte Prozesse bei ihnen in Gang setzen und die Kontrolle gewissermaßen System 1 übergeben. Gut nachvollziehen lässt sich das am Beispiel von Versicherungen, bei denen durch Kundenberichte über dramatische Schadensfälle (z. B. Wasserschaden, Blitzeinschlag, Feuer) die Wahrscheinlichkeit solcher Ereignisse überschätzt wird und die wahrgenommene Notwendigkeit sowie die Zahlungsbereitschaft steigen.

- Nicht umsonst appellieren viele Werbespots an tief abgelegte Erinnerungen aus unserer Kindheit, sei es für Mon Chérie, Werther's Echte oder Afri Cola. Die Aktivierung angenehmer emotionaler Empfindungen kann der weitaus kürzere Weg zu einer Kaufentscheidung sein als die Überzeugung mit guten rationalen Argumenten.
- Interessanterweise haben ein geringes Risiko und ein hoher Nutzen dieselbe Verankerung in der Affektheuristik. Statt den hohen Nutzen in den Mittelpunkt der Argumentation zu stellen, bietet es sich bei manchen Produkten unter Umständen an, die geringen Risiken zu betonen (z. B. bei Kinderspielzeug).

WIRKUNGSSTÄRKE

Quelle: Finucane ML, Alhakami A, Slovic P, Johnson SM (2000) The affect heuristic in judgments of risks and benefits. Journal of Behavioral Decision Making 13(1):1–17

Siehe auch: Belief Bias

Meine Notizen

4.2.1.2 Ambiguity Aversion
auch: Ellsberg-Paradoxon

DECISION-MAKING Vertrauen	Ambiguity Aversion

Menschen haben die Tendenz, Entscheidungen zu vermeiden, sobald ein Mangel an Informationen (oder aber auch eine Mehrdeutigkeit) vorliegt. Das führt dazu, dass in Entscheidungssituationen oft nicht die vorteilhafteste Alternative gewählt wird, sondern die mit der höchsten bekannten Wahrscheinlichkeit – nur weil wir versuchen, Unsicherheiten zu vermeiden. Damit ist das Pattern ähnlich gelagert wie die Loss Aversion.

Entdeckt wurde der Effekt im folgenden Experiment: Die Testpersonen sollen Bälle aus einem Behälter ziehen und raten, welche Farbe der Ball hat. Die Bälle sind entweder rot oder grün. Die Teilnehmer haben die Wahl zwischen zwei Behältern: In dem ersten sind 50 rote und 50 grüne Bälle. In dem zweiten sind rote und grüne Bälle in einem unbekannten Verhältnis. Die meisten Menschen wählen den ersten Behälter, obwohl sie nicht wissen können, ob der zweite Behälter eine höhere oder geringere Wahrscheinlichkeit der gewählten Farbe hat und damit exakt denselben Erwartungswert besitzt wie der erste Behälter. Die erste Option scheint ein vorhersehbares Ergebnis bzw. mehr Sicherheit zu liefern.

Implementierung im E-Commerce

- Statistiken, zahlenbasierte Aussagen, Kundenbewertungen, etc. müssen mit Belegen unterfüttert werden. Bei Mehrdeutigkeit greift sonst die Ambiguity Aversion und führt dazu, dass Besucher die Entscheidung vermeiden.
- Bei Links muss immer klar sein, wohin diese führen. Bei der Verwendung eines URL-Shortener) ist dies oft nicht gegeben, weil der Link dann nicht in der nachvollziehbaren Struktur (z. B. www.website.de/ordner/seite) angezeigt wird, sondern in einer kryptisch gekürzten Struktur gezeigt wird (z. B. bit.ly/xyz). Links sollten also immer sprechend benannt und bei Mouseover angezeigt werden.
- Metaphern können genutzt werden, um komplexe Dinge einfach zu beschreiben und Unsicherheit zu reduzieren.

- Wenn Nutzer die Wahl zwischen zwei Anbietern haben, wählen sie mit höherer Wahrscheinlichkeit den bekannteren, da dieser mehr Sicherheit zu bieten scheint. Daher sollte sich vor allem eine unbekannte Website an prominenter Stelle beim ersten Aufruf immer kurz vorstellen und gegebenenfalls die Macher dahinter zeigen (wer, was, warum, wo).

WIRKUNGSSTÄRKE

Quelle: Ellsberg D (1961) Risk, ambiguity, and the Savage axioms. The Quarterly Journal of Economics 75(4):643–669

Siehe auch: Status quo Bias, Loss Aversion, Action Bias

Meine Notizen

4.2.1.3 Authenticity

DECISION-MAKING Vertrauen	Authenticity

Gegenüber Menschen, die wir als echt und authentisch wahrnehmen, sind wir offener und positiver eingestellt. Begründen lässt sich der Zusammenhang relativ trivial: Wir haben gute Antennen für echte und unechte Empfindungen anderer und können (nicht immer bewusst) vorgetäuschte Zuneigung, eine unaufrichtige Empfehlung oder halbseidene Behauptungen meist zuverlässig erkennen. Evolutionär betrachtet brachte authentisches Verhalten über Jahrtausende die notwendige Verlässlichkeit, Aufrichtigkeit und Kalkulierbarkeit mit sich und stellte eine belastbare Grundlage für soziale Strukturen dar.

Im digitalen Umfeld wird Authenticity als permanente Mangelware wahrgenommen: Es erlaubt ein Vexierspiel aus sämtlichen (tatsächlich vorhandenen und gewünschten) Facetten unserer Persönlichkeit und ermöglicht zielgruppenspezifisches Selbstmarketing. Auf Facebook und Instagram präsentiert man sich als hedonistischer Lebemensch, auf LinkedIn gleichzeitig als seriöser Macher. Angesichts dessen drängt sich permanent die Frage auf: Wie echt ist, was ich hier sehe? Handelt es sich um ein auf meine Vorstellungen optimiertes Abziehbild meines Gegenübers, oder ist es authentisch? Ist eine Darstellung beschreibend oder vermarktend?

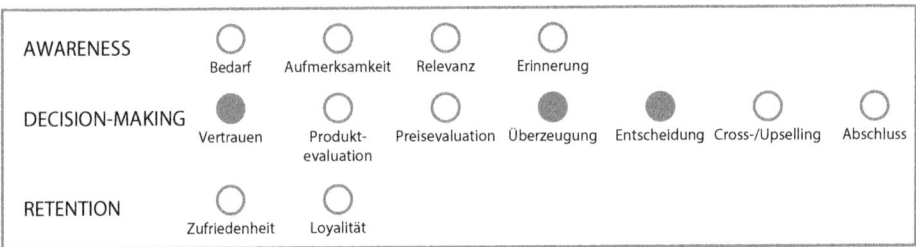

Implementierung im E-Commerce

- Vor diesem Hintergrund kann aus Authenticity ein Plädoyer für mehr Echtheit in der Werbung und der digitalen Kommunikation abgeleitet werden: Vor dem Computer sitzen weder Top-Models noch Superstars. Warum wird dieser Typus also auf dem Bildschirm derartig strapaziert? Ein Indiz für die sinnvolle (auch im Sinne betriebswirtschaftlicher Kennzahlen) Rückkehr zum Normalen liefert zum Beispiel die erfolgreiche Cross-Channel-Kampagne „Natural Beauty" der Kosmetikmarke Dove.
- Echte Fotos haben also meist mehr Überzeugungskraft als generisches Katalog-Material aus Stock-Foto-Börsen. Wichtig ist dabei jedoch auch, keinen Konflikt mit der Aesthetics Heuristic zu erzeugen. Auch authentische Fotos müssen dem ästhetischen Anspruch der Kunden genügen.

WIRKUNGSSTÄRKE

Quelle: Taylor C (1992) The ethics of authenticity. Harvard University Press, Cambridge

Siehe auch: Picture Superiority Effect, Aesthetics Heuristic, Mirroring

Meine Notizen

4.2.1.4 Authority

DECISION-MAKING Vertrauen	Authority

Menschen tendieren dazu, Autoritäten zu vertrauen. Das beginnt bereits im Kindesalter, indem uns Respekt und Gehorsam gegenüber Eltern, Lehrern, Polizisten, etc. beigebracht wird. Später funktionieren berufliche Incentivierungssysteme nach demselben Prinzip: Wer gehorcht, macht Karriere; Erfolg wird an der Zahl der Untergebenen gemessen. Autorität kennt im Alltag viele Gesichter: Expertise, Erfahrung, Popularität, Uniformen, Titel, Reichtum, physische Merkmale oder auch Selbstbewusstsein. Da wir es kognitiv nicht leisten können, alle Informationen bezüglich der Vertrauenswürdigkeit ihrer Quelle zu bewerten, nutzen wir das Autoritätsprinzip als Heuristik.

Das bekannteste Experiment und zugleich ein eindrucksvoller Beleg für die Wirksamkeit von Authority sind die Milgram-Versuche. Hier wurden Probanden in die Rolle eines Lehrers versetzt, der seinen Schüler (einen Schauspieler) für schlechte Leistungen mit Elektroschocks bestrafen sollte. Sobald der Proband von einem weiteren Schauspieler in einem Medizinerkittel (=Autorität) begleitet wurde, folgten die „Lehrer" den Anweisungen des vermeintlichen Mediziners aufgrund der Legitimierung durch eine Autorität weithin unkritisch bis hin zu lebensgefährdenden Stromstößen.

Implementierung im E-Commerce

- Eigener Expertenstatus: „Wir wurden ausgezeichnet für unsere überragende Marktexpertise."
- Empfehlung anerkannter Experten: „Diese Zahnbürste wird von Zahnärzten empfohlen." oder „Dieses Fitness-Produkt wird von Profi-Sportlern bevorzugt."
- Berufsgruppen mit hohem Vertrauen, z. B. Ärzte und Apotheker, werden daher gerne in der Werbung eingesetzt. Ihre Konterfeis schmücken Shampoo-Flaschen und Versicherungsanzeigen, in Fernsehspots für Nahrungsergänzungsmittel schreiten sie bedächtig an Glaswänden vorbei, auf denen unbeschriftete Achsen Kurvenverläufe zeigen. Diese Stilmittel sind zwar eher schlicht und werden in Befragungen

(d. h. System 2-basiert) von Kunden als wenig überzeugend abgelehnt, tatsächlich verfängt sich die Botschaft unterbewusst dennoch (System 1-basiert), was sich mit dem Verlust von Kontextinformationen und dem Mere Exposure Effect erklären lässt.

- Gütesiegel als Autoritätsbeweis (vermeintlich) neutraler Testinstitute und Behörden: Verschiedene Studien zeigen, dass die Heuristik fast unabhängig von dem logischen Bezug des Siegels zum Produkt ist. Es ist also wichtig, dass Siegel verwendet werden; welche das sind, ist dagegen sekundär (innerhalb des Spektrums vertrauenswürdiger Institute).
- Medien: Altbekannte Floskeln wie „bekannt aus Funk und Fernsehen" haben auch heute noch ihre Daseinsberechtigung. So wird angenommen: Was in den Medien Erwähnung findet, hat einen Prüfprozess durchlaufen und wurde von einer Autorität für gut befunden.

WIRKUNGSSTÄRKE

Quellen: Milgram S (1963) Behavioral Study of obedience. The Journal of abnormal and social psychology 67(4):371–378; Cialdini RB (1984) Influence: the psychology of persuasion. Harper Collins: New York

Siehe auch: Trust Bias, Mere Exposure Effect, Social Proof, Commitment and Consistency

Meine Notizen

_____

_____

_____

_____

_____

_____

4.2.1.5 Bandwagon Effect
auch: Herding, Mitläufereffekt

DECISION-MAKING Vertrauen	Bandwagon Effect

Menschen sind eher geneigt, ein Produkt zu kaufen, wenn andere es bereits gekauft haben. Es handelt sich bei dem Bandwagon Effect also um eine kognitive Verzerrung, bei der eine Entscheidung nicht aufgrund funktionaler Nutzenmerkmale getroffen wird, sondern auf Basis der Popularität eines Produkts in der Peergroup sowie aufgrund der wahrgenommenen Konformität und des gewünschten Zugehörigkeitsgefühls zu einer Gruppe. Daneben existiert auch hier ein evolutionärer Erklärungsansatz: Menschen lernen evolutionär bedingt stark durch Beobachtung ihrer Mitmenschen und können so Gefahren vermeiden und Lernprozesse beschleunigen.

Gut zusammengefasst wird der Bandwagon Effect von seinem Entdecker Harvey Leibenstein (1950, S. 184) als „the desire of people to wear, buy, do, consume, and behave like their fellows; the desire to join the crowd, be 'one of the boys'". Kurz gesagt: „Wenn jeder das hat, will ich es auch."

```
AWARENESS        ●      ○      ○      ○
              Bedarf  Aufmerksamkeit  Relevanz  Erinnerung

DECISION-MAKING  ●      ●      ○      ○      ○      ○      ○
              Vertrauen  Produkt-  Preisevaluation  Überzeugung  Entscheidung  Cross-/Upselling  Abschluss
                        evaluation

RETENTION        ○      ○
              Zufriedenheit  Loyalität
```

Implementierung im E-Commerce

- Ähnlich dem Social-Proof-Trigger bieten sich Formulierungen an wie: „Bereits 123 Stück verkauft", „Schon 100.000 begeisterte Kunden", „Wird besonders oft gekauft".
- In Anlehnung an Anchoring-Mechanismen können als Trigger auch kaufunabhängige Kennzahlen verwendet werden, z. B. die Anzahl der Seitenaufrufe oder Video-Zugriffe.
- Der Effekt funktioniert auch stark in Social Media (z. B. ein Bedarf wird empfunden, wenn Produkte von Freunden in der eigenen Timeline auftauchen) und bildet somit die Grundlage von erfolgreichem Influencer-Marketing.

WIRKUNGSSTÄRKE

Quelle: Leibenstein H (1950) Bandwagon, Snob, and Veblen Effects in the Theory of Consumers' Demand. The Quarterly Journal of Economics 64(2):183–207

Siehe auch: Social Proof, Anchoring, Commitment and Consistency, Trust Bias, In-Group Bias

Meine Notizen

4.2.1.6 Cheerleader Effect

DECISION-MAKING Vertrauen	Cheerleader Effect

Der Cheerleader Effect beschreibt, dass Individuen innerhalb einer Gruppe als attraktiver wahrgenommen werden, als jeder für sich allein. Das gilt sowohl für Männer als auch für Frauen. Genauer gesagt: Unattraktive Gesichtsmerkmale einzelner Personen in der Gruppe werden von den (komplementären) Merkmalen der anderen Gruppenmitglieder ausgeglichen. Gruppen werden also als Durchschnittswerte der phänotypischen Merkmale prozessiert – und Durchschnittsgesichter werden allgemeinhin als sympathisch wahrgenommen (siehe: Liking bzw. Langlois und Roggman 1990). Dabei spielen die Größe der Gruppe, die Betrachtungsdauer und der Kontext der Gruppenpräsentation keine Rolle für die Wirkung des Effekts.

Die TV-Serie How I met your mother hat dem Effekt eine breite Bekanntheit verschafft (für Interessierte: Staffel 4, Folge 7).

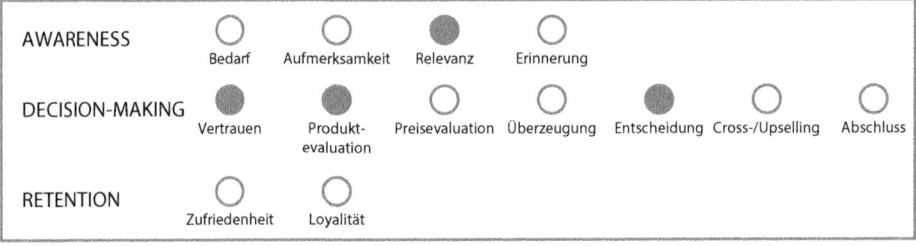

Implementierung im E-Commerce

- Produkte und Testimonials sollten immer in einer Gruppe präsentiert werden, um diese attraktiver wirken zu lassen (unattraktive Merkmale werden vom Durchschnitt geglättet). Zudem besteht bei Gruppen eine höhere Wahrscheinlichkeit, dass sich der Nutzer mit mindestens einer der dargestellten Personen identifizieren kann. In diesem Fall setzt zusätzlich das Pattern Mirroring ein.
- Der Effekt funktioniert besser bei homogenen Gruppen (wie z. B. den namensgebenden Cheerleadern) als bei inhomogenen Gruppen (wie z. B. einer vierköpfigen Familie), die schlechter als Durchschnittswerte verarbeitet werden können. Das sollte bei der Auswahl von Testimonials und Bildern ebenfalls beachtet werden.

WIRKUNGSSTÄRKE

Quelle: Walker D, Vul E (2014) Hierarchical encoding makes individuals in a group seem more attractive. Psychological Science 25(1):230–235

Siehe auch: Liking, Mirroring, Picture Superiority Effect

Meine Notizen

4.2.1.7 Equality Attraction

DECISION-MAKING Vertrauen	Equality Attraction

Unsere Interaktionsbereitschaft erhöht sich signifikant, wenn wir auf jemanden mit demselben Namen treffen. Dabei lässt sich folgende Abstufung der Wirkung erkennen: Gleicher Vorname < gleicher Nachname < gleicher Vor- und Nachnahme. Ähnliche Effekte lassen sich bei Übereinstimmungen des Geburtstags oder der Herkunftsstadt messen. Im Alltag kann man diesen Zusammenhang in dem Sprichwort „Gleich und gleich gesellt sich gern" erkennen.

Erklären lässt sich Equality Attraction wie folgt: Die Namen von Personen, die unserem eigenen Namen ähneln oder sogar gleich sind, kommen uns naturgemäß sofort vertraut vor – schließlich hören wir diesen Namen jeden Tag dutzendfach. Damit überträgt sich die Wirkung des Mere Exposure Effect (wiederholte Darbietung führt zu erhöhter Vertrauenswürdigkeit) auf das Gegenüber. Vertrauen ist ein Indikator für Sicherheit, was wiederum System 2 herunterfährt und die Kontrolle an System 1 abgibt. Bei Frauen ist die Wirkung übrigens gemäß den vorliegenden Studien höher, da sie eher als beziehungsorientiert gelten.

Zu beachten ist allerdings, dass der Effekt bisher überwiegend im anglo-amerikanischen Kulturraum nachgewiesen wurde, in dem die direkte Anrede mit dem Vornamen üblich und gewohnt ist. In Zentraleuropa wird dagegen meist ein distanzierterer Umgangston mit Kunden gepflegt, was die Wirkungsstärke des Effekts negativ beeinflussen könnte.

Implementierung im E-Commerce

- Mithilfe von Personalisierungsansätzen kann ein (Fake-)Mitarbeiter im Call-Center oder Kunden-Service bei eingeloggten Nutzern denselben Namen tragen; Vorsicht jedoch bei gleichem Vor- und Nachname, das kann (besonders bei seltenen Namen) schnell Reaktanz bzw. Verunsicherung erzeugen.

- Angesichts der bislang geringen Nutzung des Effekts im europäischen Kulturraum wird im Hinblick auf mögliche Reaktanz der Kunden oder andere unerwünschte Nebeneffekte exaktes Testing vor der Einführung einmal mehr dringend empfohlen.

WIRKUNGSSTÄRKE

Quelle: Gamer R (2005) What's in a name? Persuasion perhaps. Journal of Consumer Psychology 15(2):108–116

Siehe auch: Liking, Mere Exposure Effect, Reaktanz

Meine Notizen

4.2.1.8 In-Group Bias

DECISION-MAKING Vertrauen	In-Group Bias

Bereits zu Beginn des 20. Jahrhunderts wurde die Erkenntnis gewonnen, dass Menschen sich in sozialen Gruppen sicherer und komfortabler fühlen und dazu neigen, die eigene Gruppe als anderen Gruppen überlegen wahrzunehmen. Unsere soziale Identität und unser Selbstbewusstsein speist sich ganz wesentlich aus der Zugehörigkeit zu Gruppen. Folgerichtig legen wir gesteigerten Wert auf die Meinung von Mitgliedern der eigenen Gruppe, ungeachtet der tatsächlichen Kompetenz dieser Personen.

In seinen Experimenten zeigte Henri Tajfel mit seinen Kollegen in beeindruckender Art und Weise, wie schnell sich solche sozialen Gefüge entwickeln und welche Kraft sie entfalten – selbst dann, wenn sie für alle Beteiligten erkennbar rein zufallsbasiert entstanden sind. So brach im Experiment eine zufällige Einteilung in zwei Gruppen binnen kürzester Zeit die über Jahre aufgebauten freundschaftlichen Beziehungen zwischen 14 Jungen auf. Sie begannen, sich nicht nur für ihre eigene Gruppe einzusetzen, sondern auch gezielt der anderen Gruppe schaden zu wollen, obwohl sich diese (außerhalb des Experiments) ausschließlich aus ihren Freunden zusammensetzte. Der Gedanke an einen Sieg der In-Group motivierte ähnlich stark wie der Gedanke an eine Niederlage der Out-Group.

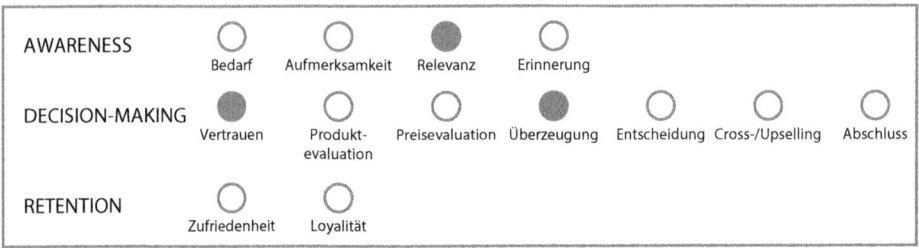

Implementierung im E-Commerce

- Den In-Group Bias findet man häufig bei extrem markenloyalen Kunden („Evangelisten"), wie man sie etwa unter den Käufern von Apple-Produkten findet. Der Besitz der gleichen Produkte stellt eine Gemeinsamkeit her, die die Grundlage für soziale Bindung schafft und eine scharfe Trennlinie zu Nutzern anderer Smartphones zieht.
- Genutzt werden kann der Effekt durch den Einsatz von Testimonials, die die Mitglieder der Zielgruppe gerne in ihrer In-Group wissen möchten und bei denen sich Kunden durch den Kauf die Etablierung einer Gemeinsamkeit erhoffen. Oft wird man zu der Erkenntnis kommen, dass nicht zwangsläufig prominente Testimonials, sondern vielmehr andere Mitglieder der Zielgruppe diesen Zweck erfüllen.

- Verbal lässt sich dieses Gefühl ebenfalls erzeugen. Begriffe wie „wir" und „unser" werden vollkommen unterschätzt: Sie drücken kraftvoll aus, dass es sich bei Nutzern eines Produkts nicht um opportunistische Käufer, sondern um Mitglieder einer Bewegung handelt.

WIRKUNGSSTÄRKE

Quellen: Brewer MB (1979) In-group bias in the minimal intergroup situation: A cognitive-motivational analysis. Psychological Bulletin 86(2):307–324; Tajfel H, Turner JC (1979) An integrative theory of intergroup conflict. In: Austin WG, Worchel S (Hrsg) The social psychology of intergroup relations, Brooks/Cole, Monterrey, S 33–47

Siehe auch: Social Proof, Bandwagon Effect, Not-Invented-Here Syndrome

Meine Notizen

4.2.1.9 Liking

DECISION-MAKING Vertrauen	Liking

Wir neigen dazu, schneller von Menschen überzeugt zu werden, die wir mögen und sympathisch finden. Es gibt vier verschiedene Ansätze, Sympathie zu erzeugen: Ähnlichkeit, Attraktivität/Vertrautheit (siehe: Halo Effect, Attraktivität suggeriert Kompetenz), Kontakt/Kooperation (bei der Erreichung gemeinsamer Ziele) und Lob/Anerkennung (siehe: Reziprozität, wir möchten dem Verkäufer etwas „zurückgeben")

Der Wirkung dieser Mechanismen rund um Liking können wir uns nur schwer entziehen. Selbst wenn die Motive des Gegenübers bekannt sind und selbst bei offensichtlicher Unehrlichkeit empfinden wir Menschen, die uns schmeicheln, als sympathisch und möchten mit ihnen gemeinsam Entscheidungen fällen (siehe: Commitment and Consistency). Wenn diese Menschen auch noch Rapport zu uns aufbauen, indem sie z. B. unsere Körpersprache spiegeln und uns ähnlich werden (siehe: Mirroring), verstärkt sich dieser Eindruck.

Implementierung im E-Commerce

- Das Zielbild des Verkäufers (egal ob virtuell oder physisch auf der Verkaufsfläche) sollte sein, der beste Freund des Kunden zu werden. Dabei helfen Sätze wie „Wir ziehen doch an demselben Strang."
- Zuneigung kann aufgebaut werden, wenn man die Menschen hinter der Plattform bzw. dem Shop zeigt. Die Botschaft ist: „Wir sind echte Menschen, genau wie du. Wir sind uns ähnlich. Wir mögen dich und du magst uns." Bei der Vorstellung von Mitarbeitern (z. B. im Service oder im Call-Center) wäre eine mögliche Anwendung, persönliche Informationen einzustreuen (z. B. „Peter liebt Hunde und hat ein Faible für Sneaker."), die häufig in der Zielgruppe vorkommen, damit von Kunden Ähnlichkeiten erkannt werden können.
- Auch E-Commerce-Marken sollten im echten Leben berührbar gemacht werden, z. B. mit Road-Shows, Kundentreffen, Tag der offenen Tür, Events, etc.

• Letztlich können Ziele hervorgehoben werden, die man mit den Kunden teilt: „Wir haben uns dem perfekten Wickel-Erlebnis verschrieben."

WIRKUNGSSTÄRKE

Quelle: Cialdini RB (1984) Influence: the psychology of persuasion. Harper Collins: New York

Siehe auch: Reziprozität, Equality Attraction, Halo Effect, Commitment and Consistency, Mirroring

Meine Notizen

4.2.1.10 Mere Exposure Effect
auch: Illusion-of-Truth Effect, Wiederholungseffekt

DECISION-MAKING Vertrauen	Mere Exposure Effect

Der Mere Exposure Effect beschreibt, dass wir Informationen, die uns in der Vergangenheit häufiger begegnet sind, mit größerer Wahrscheinlichkeit als wahr einschätzen. Die bloße Wiederholung von Botschaften erzeugt Vertrautheit und reduziert unter Unsicherheit das wahrgenommene Risiko einer Entscheidung. Verantwortlich ist das Bindungshormon Dopamin, das ein Gefühl der Belohnung erzeugt, wenn wir etwas Vertrautes wiedererkennen. Dass wir uns für Alternativen entscheiden, die uns häufiger begegnet sind, lässt sich auch neurologisch belegen. Die Messung von Hirnströmen zeigt, dass das Gehirn in den ersten Sekundenbruchteilen zunächst bewertet, welche Alternative ihm am bekanntesten vorkommt. Mit diesem Abgleich lässt sich sogar die spätere Entscheidung voraussagen (Rosburg et al. 2011).

Dabei spielt es überraschenderweise keine besonders große Rolle, wie die Informationen eingebettet ist: Das Langzeitgedächtnis verbindet komplexe Informationen nämlich mit ähnlichen vorherigen Informationen. Bei diesem Assoziationsprozess gehen der Kontext (z. B. eine Verbraucherschutzwarnung) und die spezifischen Charakteristika (z. B. eine geringe Vertrauenswürdigkeit der Quelle) der Information allerdings meist verloren, sodass nur die Basisinformation übrigbleibt.

Die Entscheidung auf Basis von Vertrautheit kann jedoch leicht irreführen. Aktien bekannterer Firmen werden etwa lediglich aufgrund ihrer hohen medialen Verbreitung stärker nachgefragt – selbstverständlich ohne den tatsächlichen Wert der Aktie zu berücksichtigen.

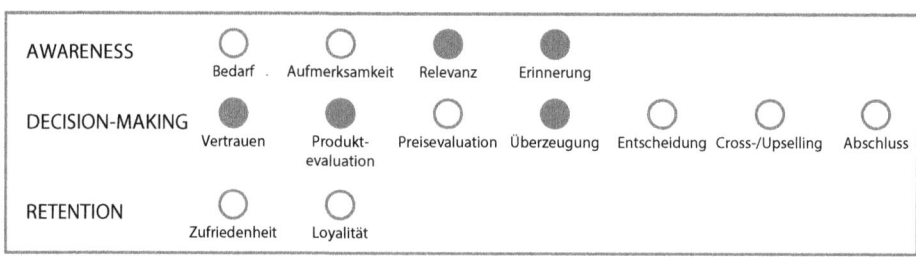

Implementierung im E-Commerce

- Anwenden lässt sich der Mere Exposure Effect zum Beispiel im Kontext des Retargetings. Bei diesem Marketinginstrument werden interessierte Nutzer nach einem Besuch im Onlineshop (Cookie-basiert) wiederholt mit Werbebotschaften konfrontiert, bis sich diese verfangen. Die tatsächliche Wirkung lässt sich allerdings technisch bedingt oft nicht eindeutig messen, da der Mere Exposure Effect einen langen Wirkungszyklus hat, der häufig über das im Retargeting übliche Capping (d. h. Botschaften werden nur mit einer begrenzten Häufigkeit ausgespielt) hinausgeht.

- Im Kundenservice kann über eine lange Zeit ein und derselbe Mitarbeiter als Gesicht des Anbieters positioniert werden: Durch die häufige Begegnung mit dieser Person (oder auch einem Unternehmen oder einem Objekt) finden wir diese zunehmend sympathischer und vertrauenswürdiger. Beispiel: „Marcel Davis" von dem Telekommunikationsunternehmen 1&1.

- Setzen Unternehmen in der Darstellung nach außen auf prominente Testimonials, kommt es in der Regel zu Spill-Over-Effekten: Die Prominenz führt zu einer grundlegenden Vertrautheit gegenüber der Person, die sich dann im Rahmen der Werbung auf die beworbene Marke überträgt.

- Call-to-Actions werden leichter geklickt, wenn sie mehrfach mit derselben Bezeichnung auf der Seite platziert werden.

WIRKUNGSSTÄRKE

Quelle: Zajonc RB (1968) Attitudinal effects of mere exposure. Journal of Personality and Social Psychology 9(2, Pt.2):1–27

Siehe auch: Liking, Availability Heuristic

Meine Notizen

4.2.1.11 Smalltalk-Technik

DECISION-MAKING Vertrauen	Smalltalk-Technik

Eine besondere Form des Framings wird durch Smalltalk erreicht. Das bedeutet (allen Verkaufszielen zum Trotz), nicht gleich mit der Tür ins Haus zu fallen, sondern zunächst abseits des Themas ins Gespräch einzusteigen. In den Experimenten, die die Wirkung von Smalltalk wissenschaftlich untersuchten, wurden Smalltalk-Floskeln zur Befindlichkeit, Meinung oder Frage nach dem Weg genutzt. Weitere empirisch belegte gut geeignete Themen sind Sport, Film und Kultur, Essen oder Hobbys.

Jetzt stellt sich die Frage, was die Smalltalk-Technik mit Conversion-Optimierung und Usability im E-Commerce zu tun hat. Der Effekt solcher Ansätze funktioniert tatsächlich in allen (auch unpersönlichen) Kontaktkanälen ähnlich: Smalltalk verhindert zum einen sofortiges Abblocken beim Kunden, zum anderen aktiviert es ein Verhaltensskript, das normalerweise im Umgang mit Freunden verwendet wird. Es kann sich also lohnen, über Transferansätze in die digitale Welt nachzudenken.

Implementierung im E-Commerce

- Bei telefonischer Interaktion oder Chats kann sich der (virtuelle) Agent zunächst für die Kontaktaufnahme bedanken und fragen, wie es dem Kunden geht. Das kann sogar von Chatbots übernommen werden, zu denen damit ebenfalls eine oberflächlich freundschaftliche Beziehung etabliert wird.
- Damit Smalltalk wirkt, wird gar kein echter Interaktionsprozess benötigt. Entscheidend ist, dass das entsprechende Skript aktiviert wird. Das kann zum Beispiel auch erreicht werden, indem zu Beginn des Abschlussprozesses ein Mitarbeiter vorgestellt wird, der sich um die jeweilige Bestellung kümmert. Die Vorstellung beinhaltet in diesem Fall eine Reihe persönlicher Angaben (z. B. Familie, Hobbies, Lieblingsfilm). Verstärkt werden kann der Effekt, wenn er mit dem Unity Pattern kombiniert wird, z. B. wenn der Mitarbeiter eine sehr persönliche Cross-Selling-Empfehlung abgibt („Das hier habe ich meiner Familie auch empfohlen.").

WIRKUNGSSTÄRKE

Quelle: Dolinski D, Nawrat M, Rudak I (2001) Dialogue involvement as a social influence technique. Personality and Social Psychology Bulletin 27(11):1395–1406

Siehe auch: Framing, Liking, Unity, Mere Agreement, Foot-in-the-Door-Technik

Meine Notizen

_____

_____

_____

_____

_____

_____

_____

_____

_____

_____

_____

_____

4.2.1.12 Social Proof

DECISION-MAKING Vertrauen	Social Proof

Wenn wir nicht wissen, wie wir uns entscheiden sollen, orientieren wir uns an den Handlungen anderer Menschen. In solchen Unsicherheitssituationen glauben wir, dass andere Personen (die bereits eine Entscheidung gefällt haben) mehr spezifisches Wissen über die Situation besitzen und aufgrund dessen fundiert entscheiden konnten. Das senkt das wahrgenommene Risiko der eigenen Entscheidung. Hier lässt sich zusätzlich eine Parallele zum Commitment and Consistency Pattern erkennen: Wir versuchen also nicht nur, uns selbst treu zu bleiben, sondern auch konform mit unserer Peergroup zu entscheiden.

Implementierung im E-Commerce

- Individuen (Experten, Influencer, Testimonials): Wichtig bei der Darstellung individueller Kunden-Fürsprecher sind neben einem echten Foto und dem Namen vor allem authentische Details (z. B. Beruf, gekaufte Produktkonfiguration, Wohnort). Aber auch Mitglieder des Teams des Anbieters kommen als Social Proof infrage. Sie zeigen, dass der Shop real und vertrauenswürdig ist.
- Kollektive (andere User oder Kunden): Beweise für die kollektive Wertschätzung des Unternehmens oder eines Produkts sollten mit der Anzahl von Interaktionen (Likes, Views, Tweets, Subscribers, etc.) belegt und mit Social Sharing Buttons weiter eingefordert werden. Daneben hat sich das Highlighten eines „beliebtesten Produkts" oder „Bestsellers" bewährt. Auch prozessuale Einsparungen lassen sich damit erreichen: So kann die für den Anbieter günstigste Zahlungsweise verstärkt werden („Wie wollen Sie bezahlen? 72 % unserer Kunden nutzen PayPal.").
- Institutionen (Test-Anstalten, Behörden): Eine besondere Form des Social Proofs, die ausführlicher bei dem Pattern „Authority" behandelt wird.
- Zur Platzierung aller Social-Proof-Elemente haben sich die Nähe zum Call-to-Action und unter der Produktvorstellung bewährt. Ganz oben auf der Seite werden sie nur in Sonderfällen (z. B. bei einem noch jungen Anbieter mit einem Seriositätsproblem) benötigt.

WIRKUNGSSTÄRKE	▬ ▬ ▬ ▬ ▬ ▬ ░ ░ ░ ░

Quellen: Sherif M (1935) The psychology of social norms. Harper & Row: New York; Cialdini RB (1984) Influence: the psychology of persuasion. Harper Collins: New York

Siehe auch: Authority, Commitment and Consistency, Trust Bias

Meine Notizen

_____

_____

_____

_____

_____

_____

_____

_____

_____

_____

_____

_____

4.2.1.13 Trust Bias

DECISION-MAKING Vertrauen	Trust Bias

Vertrauen ist die Grundlage, den Einkauf in einem Shop überhaupt in Betracht zu ziehen. Hier existiert in Deutschland eine kulturell bedingte besondere Situation: Wir gehören statistisch zu den ängstlichsten und vorsichtigsten Online-Nutzern weltweit. Das unterstreicht die Bedeutung vertrauensbildender Elemente entlang der ganzen Customer Journey und damit auch des Trust Bias an sich. Besonders kritische Stellen sind die Online-Werbung (da z. B. bei Display-Bannern das genaue Linkziel meist nicht vor dem Klick bekannt ist), die Start- und Produktseiten (da hier die Kaufentscheidung grundsätzlich gefällt wird) und die Antragsstrecke bzw. der Bestellprozess (da hier sensible Daten wie Adresse und Bankverbindung angegeben werden müssen).

Übergeordnet gilt die hohe Bedeutung von Trust-Elementen ebenso für den Aufbau einer nachhaltigen Kundenbeziehung als Ganzes. Das verdeutlicht, welcher Zeithorizont beim Einsatz von Behavior Patterns angelegt werden sollte: Neben der kurzfristigen Conversion-Optimierung existiert immer auch eine langfristige Beziehungsebene. Vertrauen lässt sich durch Verwendung von „Beruhigungspillen" für System 2 aufbauen: Die Seite sollte ausreichend Signale senden, die Stress reduzieren und die Ratio abschalten. Hier greift die alte Usability-Weisheit von Steve Krug (2014): „Don't make me [d. h. den Kunden] think."

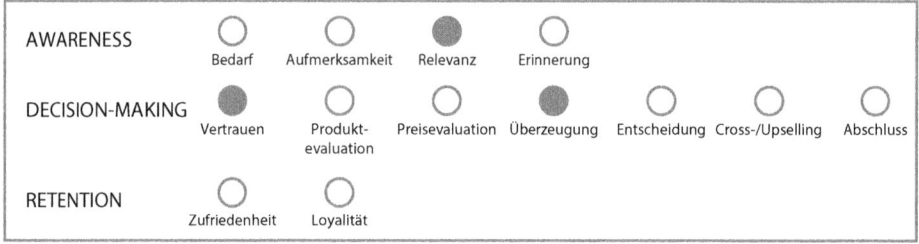

Implementierung im E-Commerce

- Vertrauensbildende Elemente dienen als Heuristiken für die Bewertung der Vertrauenswürdigkeit des Shops selbst.
- Das wohl bekannteste Beispiel von Trust-Elementen sind Gütesiegel wie eKomi, Trusted Shops, EHI, TÜV Süd und viele weitere. Für eine vergleichende Wirkungsanalyse siehe den Shopsiegel-Monitor von Rothhaar et al. (2017).
- Soziales und ökologisches Engagement des Unternehmens eignen sich für eine prominente Darstellung: Hier greift die Repräsentativitätsheuristik und deutet die Förderung von Nachhaltigkeit um in „Wer gut zur Welt ist, wird auch gut zu mir sein."

- Technisches Trust-Marketing ist ein weiterer Umsetzungsansatz: Gängige Beispiele sind das Whitelisting bei Tools wie „Web of Trust" (WOT), SSL-Verschlüsselung, von Benutzernamen getrennter Versand von Passwörtern, eine 2-Faktor-Authentifizierung, Double-Opt-In bei Newsletter-Abonnements und der Verzicht auf intransparente Ausleitungen.

WIRKUNGSSTÄRKE	▮ ▮ ▮ ▮ ▮ ▯ ▯ ▯ ▯ ▯

Quelle: McCornack SA, Parks MR (1986) Deception detection and relationship development: The other side of trust. Annals of the International Communication Association 9(1):377–389

Siehe auch: Social Proof, Authority, Bandwagon Effect

Meine Notizen

_____

_____

_____

_____

_____

_____

_____

_____

_____

4.2.1.14 Uncanny Valley Effect

DECISION-MAKING Vertrauen	**Uncanny Valley Effect**

Der Uncanny Valley Effect lässt sich simpel mit „unheimlich realistisch" umreißen. Er bezeichnet das Paradoxon, dass künstliche bzw. simulierte Figuren (z. B. Avatare und Roboter) von uns nicht zwangsläufig stärker akzeptiert werden, wenn sie menschenähnlicher werden. Zunächst existiert genau dieser Zusammenhang jedoch: Bis zu einem gewissen Grad mögen wir Ähnlichkeit bei künstlichen Figuren. Ab einem gewissen Punkt erzeugt die zunehmende Ähnlichkeit jedoch Unbehagen und die Akzeptanz dieser Figuren sinkt bzw. schlägt in Ablehnung um.

Die Akzeptanzlücke zwischen einem relativ menschenähnlichen Roboter und einem echten Menschen wird als „uncanny valley" bezeichnet (deutsch: unheimliches Tal). In diesem Tal der Ablehnung befinden sich beispielsweise extrem humanoide Roboter. Häufig wird der Effekt auch herangezogen, um zu erklären, warum wir mit stark schönheitsoperierten Menschen (prominentes Beispiel in der Literatur ist Michael Jackson zum Ende seines Lebens) Akzeptanzprobleme haben. Diese bewegen sich aufgrund eingeschränkter Mimik und dem Fehlen typisch menschlicher Merkmale (wie Falten oder Muttermale) als roboterartige Menschen in demselben Areal wie menschenartige Roboter.

Erklären lässt sich der Zusammenhang mit der ungewünschten Beseelung nicht-lebendiger Figuren. Wir fürchten, den Unterschied zwischen einem Menschen und einem Roboter in naher Zukunft nicht mehr erkennen zu können, sehen uns Menschen aber naturgemäß als Teil einer anderen Gruppe. Um unsere Gruppe (In-Group) aufzuwerten, werten wir die Gruppe der humanoiden Roboter (Out-Group) systematisch ab.

Implementierung im E-Commerce

• Sollen digitale Helfer auf der Website eingesetzt werden, müssen diese Befunde beachtet werden. Sympathisch sind uns nicht perfekt animierte Alter Egos, sondern eher nicht-menschlich aussehende Figuren mit menschlichen Zügen. Gute Beispiele sind der Roboter „Wall-E" aus dem bekannten Disney-Film oder einer der aktuell kommerziell erfolgreichsten Roboter „Pepper" von SoftBank (zu dessen Akzeptanz siehe Volland und Meyer 2018). Beide spielen mit menschlicher Optik (z. B.

Kindchenschema) und menschlichem Verhalten (z. B. Emotionen wie Erstaunen und Freude).

- Dasselbe gilt für Multi-Channel-Anbieter, die Roboter auf der Verkaufsfläche einsetzen wollen.
- Der Effekt kann sich auch einstellen, ohne dass ein menschlicher Roboter visuell in Erscheinung tritt: So hat Google lange Zeit mit der Akzeptanz vieler seiner personalisierten Angebote zu kämpfen gehabt (z. B. ungefragt erstellte Slideshows und Video-Animationen von eigenen Urlaubsfotos, Auswertung von Bewegungs- und Fitnessdaten mit Ableitung von Handlungsempfehlungen). Die Grenze zwischen Mensch und Maschine soll bei aller Leistung moderner Automatisierungsalgorithmen nie verschwimmen. Kunden müssen immer nachvollziehen können, wie personalisierte Services entstehen und diese im Idealfall explizit anfordern.

WIRKUNGSSTÄRKE

Quelle: Seyama JI, Nagayama RS (2007) The uncanny valley: Effect of realism on the impression of artificial human faces. Presence: Teleoperators and virtual environments 16(4):337–351

Siehe auch: Not-Invented-Here Syndrome, Unity, Illusion of Control

Meine Notizen

4.2.2 Produkt-Evaluation

4.2.2.1 Aesthetics Heuristic

DECISION-MAKING Produkt-Evaluation	Aesthetics Heuristic

Gutes visuelles Design erhöht signifikant die wahrgenommene Überzeugungskraft funktioneller Aspekte von Produkten. Zu diesem Ergebnis kommt die „PsyConversion"-Studie von elaboratum (Klein et al. 2018). Zudem werden Erfahrungen mit einem ästhetischen Produkt als aufregender beschrieben und es entwickelt sich in gesteigertem Maße ein Stolz, das Produkt zu besitzen. Die Schönheit und Anmutung fungiert bei dieser Heuristik also als Ersatzgröße des funktionalen Nutzens. Wichtig: Auch die Zahlungsbereitschaft steigt deutlich an.

Ästhetik ist ein fließender Begriff. Das wird deutlich, wenn man die Schönheitsideale vergangener Jahrzehnte oder gar Jahrhunderte betrachtet. Die einst beliebten Rubensfiguren haben mit heutigen Zero-Size-Models so viel zu tun wie Pommes mit Sellerie. Übertragen auf den E-Commerce bedeutet das: All die Schlagschatten, Verläufe und 3D-Effekte von vor der Jahrtausendwende wirken im Vergleich zu heutigem Flat bzw. Material Design nicht ohne Grund völlig aus der Zeit gefallen. Und auch dieser Design-Trend wird zeitnah vorübergehen. Die Aesthetics Heuristic erfordert also (wie übrigens fast alle anderen Patterns auch) die kontinuierliche Anpassung entlang des aktuellen Zeitgeists.

Mittlerweile gilt als wissenschaftliches Gemeingut, dass es trotz starker zeitlicher und regionaler Unterschiede einige universelle Bewertungsmaßstäbe für Schönheit gibt, die der Forschungszweig der Neuroästhetik zu finden versucht. In Hirnscans wurde festgestellt, dass die Darbietung schöner Inhalte den medialen orbitofrontalen Kortex aktiviert, während hässliche Inhalte zu einer Aktivierung der Amygdala führten (Ishizu und Zeki 2011). Beispiele für universell als schön wahrgenommene Motive sind etwa spielende Kinder oder bläulich eingefärbte Landschaften. Auch Darstellungen, die einen mystischen Aspekt haben und die Interpretation teilweise der Fantasie des Betrachters überlassen, funktionieren universell. Was Porträts anbelangt, lassen sich ebenfalls allgemeingültige Empfehlungen aussprechen: Gesichter sollten symmetrisch, durchschnittlich, mit prototypischen Formen und eher kurvigen Konturen ausgestattet sein, um als ästhetisch wahrgenommen zu werden.

Implementierung im E-Commerce

- Hochwertiges Webdesign ist keineswegs nur optische Liebhaberei, sondern Maßstab für die Produktbewertung und die Begehrlichkeit. Oft stellt es sich als bedeutend günstiger heraus, die Ästhetik der virtuellen Produktpräsentation zu verbessern, als das Produkt selbst zu überarbeiten – mit vergleichbaren Wirkungseffekten. Entscheidend dabei ist die Orientierung an objektiven und messbaren Designkriterien und gängigen UX-Konventionen. Die Orientierung an etablierten Design-Guidelines ist damit auch eine Maßnahme, betriebswirtschaftliche Risiken zu reduzieren.
- Symmetrie ist für die Wahrnehmung von Ästhetik entscheidend. Das lässt sich mithilfe einer evolutionsbiologischen Heuristik erklären: Ein symmetrisches Gesicht konnte als verlässliches Indiz für intaktes Gen-Material herangezogen werden und half somit bei der Wahl des Fortpflanzungspartners. Auch eine Website sollte daher symmetrisch anlegt sein. Erreicht werden kann das zum Beispiel, indem man bei allen Seiten-Templates ein symmetrisches Grid hinterlegt, an dem die Content-Objekte ausgerichtet werden.
- Bei der Bilderauswahl sollten die o. a. universellen Ästhetikstandards berücksichtigt werden (z. B. symmetrische Gesichter, spielende Kinder, bläuliche Landschaften).

WIRKUNGSSTÄRKE	▪ ▪ ▪ ▪ ▫ ▫ ▫ ▫ ▫ ▫

Quelle: Chitturi R (2015) Good Aesthetics is Great Business: Do We Know Why? In: Batra R, Seifert CM, Brei DE (Hrsg) The Psychology of Design: Creating Consumer Appeal. Taylor & Francis Group, Routledge, S 252–262

Siehe auch: Joy and Fun, Halo Effect, Unity, Rhyme-as-Reason Effect, Affektheuristik

Meine Notizen

_____

_____

_____

_____

_____

4.2.2.2 Decoy Effect

DECISION-MAKING Produkt-Evaluation	Decoy Effect

Der Decoy Effect bezeichnet das Phänomen, dass viele Menschen sich zwischen zwei Optionen A und B nicht entscheiden können (oder die günstigere Alternative A wählen). Wenn man allerdings eine dritte „asymmetrisch dominierte Option" C hinzufügt, fällt die Entscheidung plötzlich ganz leicht. Der Grund ist, dass eine Entscheidung zwischen einer attraktiven (B) und einer unattraktiven Option (= Decoy/C) deutlich einfacher ist. Die Option, die sich in diesem Vergleich durchgesetzt hat (B), wird dann auch gegenüber dem ursprünglichen Vergleichswert (A) als besser wahrgenommen und überwiegend gewählt.

Im Experiment wurde dies z. B. anhand des Autokaufs belegt. Kunden standen vor der Entscheidung zwischen einem einfachen Auto zu einem geringen Preis (A) und einem gut ausgestatteten Auto zu einem höheren Preis (B). Der Decoy Effect kommt ins Spiel, wenn der Verkäufer eine dritte Option (C) hinzufügt: Diese hat eine geringfügig bessere Ausstattung als A (allerdings deutlich weniger Features als B) und ist fast genauso teuer wie B. Durch den Vergleich dieser drei Optionen erscheint B als die mit Abstand beste Wahl. Die ursprüngliche Wahlentscheidung war deswegen so schwer zu fällen, weil wir nicht in absoluten Nutzenwerten denken und entscheiden können. Die beiden Optionen A und B bieten völlig unterschiedliche Nutzendimensionen (A: Preis; B: Leistung), die nur sehr schwer vergleichbar gemacht werden können. Es wird dann eine Option bevorzugt gewählt, wenn ihr eine gut vergleichbare unattraktive Option gegenübergestellt wird.

Das Behavior Pattern widerspricht nicht den Annahmen des Paradox of Choice oder dem Hobson's +1 Choice Effect, da die zusätzliche Alternative nicht tatsächlich in Erwägung gezogen wird, sondern sich nur die Anzahl der theoretischen Alternativen erhöht hat. Dennoch sollte darauf geachtet werden, die Anzahl der Vergleichsoptionen mit einem Decoy nicht zu groß (d. h. > 5) werden zu lassen.

Implementierung im E-Commerce

- Produktvergleichstabellen: Werden zwei Produkte (z. B. Smartphones oder Versicherungen) gegenübergestellt, gibt es eine Tendenz zum günstigeren Produkt. Fügt man dem Vergleich nun einen Decoy („Köder") hinzu, der noch teurer als das teurere Produkt ist, aber nicht unbedingt besser (also ökonomisch für die meisten Kunden keinen Sinn macht), wird tendenziell eher das mittlere Produkt bevorzugt. Ähnlich wie im obigen KFZ-Beispiel lässt sich ein Decoy auch als mittleres Produkt konstruieren.
- Eingesetzt wird der Decoy Effect auch gerne im Rahmen von Immobilienbesichtigungen: Viele Makler präsentieren erst eine akzeptable günstige Option, dann eine unattraktive teure und zum Schluss eine attraktive teure Option, die in den meisten Fällen auch gewählt wird. Nach demselben Prinzip können im E-Commerce Newsletter gestaltet werden: Bei drei vorgestellten Produkten sollte der Decoy in der Mitte und das margenstarke (meist teuerste) Produkt am Ende stehen.

WIRKUNGSSTÄRKE	▬ ▬ ▬ ▬ ▬ ▬ ▬ ▬

Quelle: Huber J, Payne JW, Puto C (1982) Adding asymmetrically dominated alternatives: Violations of regularity and the similarity hypothesis. Journal of Consumer Research 9(1):90–98

Siehe auch: Extremeness Aversion, Paradox of Choice, Hobson's +1 Choice Effect

Meine Notizen

_____

_____

_____

_____

_____

_____

_____

4.2.2.3 Extremeness Aversion

DECISION-MAKING Produkt-Evaluation	Extremeness Aversion

In Situationen, die von Unsicherheit geprägt sind, neigen Menschen dazu, extreme Ent-scheidungsalternativen zu vermeiden und stattdessen einen Kompromiss (häufig in Form einer mittleren Alternative) zu bevorzugen. In Situationen mit drei Produkten erscheint das günstigste als ungeeignet, da es mit schlechter Qualität assoziiert wird (siehe: Price-Quality-Illusion); das teuerste scheint dagegen überflüssige oder unwesent-liche Features zu haben. In der Konsequenz wird das mittlere als Kompromiss mit hin-reichender Qualität und akzeptablem Preis gewählt. Das Premium-Produkt dient also als Referenzwert der Wahlentscheidung und betont die Vorteile der mittleren gegenüber der günstigen Alternative.

Aufgrund der Loss Aversion erscheint der Verlust einzelner Features bei der Wahl der günstigen Alternative dann als schwerwiegend und vermeidenswert. Dabei existiert auch eine soziale Komponente: Bei Unsicherheit lässt sich die mittlere Position am besten gegenüber einem selbst und Dritten rechtfertigen, wenn nötig.

Implementierung im E-Commerce

- Der Einsatz ist bei jeder Wahlentscheidung mit einer Gegenüberstellung von Alter-nativen möglich. Besonders stark ist die Tendenz zum mittleren Produkt, wenn das Premium-Produkt in einem Merkmal nur geringfügig besser ist, aber unverhältnismä-ßig teurer (siehe: Decoy Effect). Typische Anwendungskontexte sind
  - Gestaltung von Produktvergleichstabellen
  - Produktfinder-Tools
  - Bei nicht-physischen Produkten: Vertragsstufen (z. B. Bronze, Silber, Gold)
- Daraus folgt, dass das Produktportfolio nicht anhand der Absatzzahlen einzelner Produkte isoliert optimiert werden darf, sondern dies explizit auch Nachfrage-Ver-schiebungen einbeziehen muss: Auch ein vermeintlicher Poor Dog mit geringem Deckungsbeitrag und geringer Rotations- bzw. Absatzgeschwindigkeit kann für das Portfolio ein elementarer Bestandteil sein, wenn er als „Decoy" (Köder) eine

Kompromisstendenz zur Mitte auslöst, während ohne dieses Produkt die günstige
Alternative bevorzugt werden würde.

• Zusätzlich kann das mittlere Produkt grafisch hervorgehoben werden. Dann verstärkt
  zusätzlich die Loss Aversion den Hebel der Extremeness Aversion und erhöht die
  Wahrscheinlichkeit, dass Kunden der Empfehlung folgen.

Quelle: Simonson I, Tversky A (1992) Choice in context: Tradeoff contrast and extremeness aversion. Journal of Marketing Research 29(3):281–295

Siehe auch: Decoy Effect, Loss Aversion, Anchoring, Price-Quality-Illusion

Meine Notizen

4.2.2.4 Framing

DECISION-MAKING Produkt-Evaluation	Framing

Framing besagt, dass die Formulierung eines Problems einen Einfluss auf die Entscheidung hat, auch bei identischer logischer Aussage. Bei Gültigkeit der Annahmen der klassischen ökonomischen Theorie wäre dies ausgeschlossen. Framing ist daher ein gerne zitiertes Beispiel für die Abkehr vom Homo Oeconomicus.

Grundsätzlich wirkt positives Framing eher aktivierend (da es vorhandene Risiken relativiert) und negatives Framing eher handlungshemmend (da es vorhandene Risiken hervorhebt). Daher wird negatives Framing im E-Commerce selten verwendet, außer bei der Darstellung der schlimmen möglichen Folgen des Nicht-Kaufs (z. B. bei Versicherungen oder Altersvorsorgeprodukten). Mittlerweile ist bekannt, dass wir auf positives Framing stärker reagieren als auf negatives, weil es positive Gedanken auslöst und eine mentale Synergie mit dem Absender der Nachricht entstehen lässt.

Bekannte Beispiele sind Margarine (75 % fettfrei vs. 25 % Fettgehalt), Fleisch (25 % mager vs. 75 % fett), Krankheiten (10 % sterben vs. 90 % überleben), Getränke (halb voll vs. halb leer). Diese Beispiele werden als attributives Framing bezeichnet. Daneben existiert noch das Handlungs-Framing, das die positiven Folgen einer Handlung den negativen Folgen einer Nicht-Handlung gegenüberstellt (z. B. bei der Bewerbung von Vorsorgeuntersuchungen).

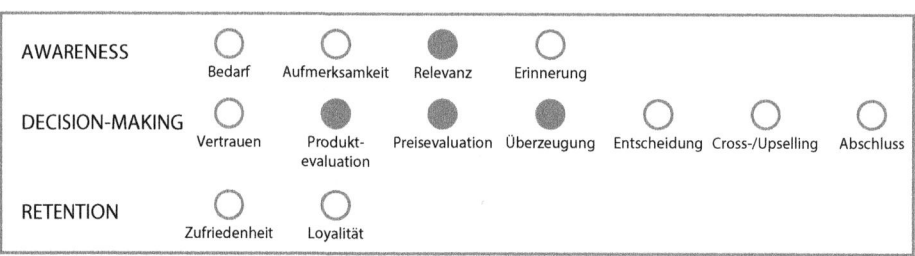

Implementierung im E-Commerce

- Sprache ist bei der Produktbeschreibung ein mächtiges Instrument: Um Überzeugungskraft zu entfalten, sollten alle quantitativen Merkmale positivistisch formuliert werden (z. B. bei Fitness- oder Diätprodukten: „90 % Erfolgsquote" statt „nur 10 % Misserfolge").
- Starke Händlermarken können den Rahmen für die Wahrnehmung von Produktmarken und Produkten definieren, wenn diese im Umfeld der Produktbeschreibung nochmal platziert werden (Spill-Over).

- In Out-of-Stock-Situationen sollte man besser von „bald wieder verfügbar" (positiv) als von „ausverkauft" (negativ) sprechen. Amazon verwendet bei knappen Beständen etwa den Zusatz „Mehr ist unterwegs".
- Ersparnisse (bei gegebenem Fit zum Produkt) können versinnbildlicht werden, indem man sie in alltägliche Einheiten übersetzt (z. B. „Kaufen Sie dieses Produkt und sparen Sie genug für drei leckere Kaffees!").
- Framing findet immer statt, ob beabsichtigt oder nicht. Es ist deswegen dringend empfohlen, die eigene Website auf ungewünschte Framing-Effekte zu untersuchen, um das Conversion-Potenzial durch richtiges Framing zu heben.

WIRKUNGSSTÄRKE

Quelle: Tversky A, Kahneman D (1986) Rational choice and the framing of decisions. Journal of Business 59(4):251–278

Siehe auch: Anchoring, External Reference

Meine Notizen

4.2.2.5 Having vs. Using Effect

DECISION-MAKING Produkt-Evaluation	Having vs. Using Effect

Menschen tendieren dazu, Dinge zu bevorzugen, die eine breite Palette von Funktionen bieten – völlig unabhängig davon, ob sie diese in Anspruch nehmen oder nicht. Der Having vs. Using Effect erklärt beispielsweise den Siegeszug von Mobilfunkverträgen gegenüber von Prepaid-Angeboten: Bei der Kaufentscheidung gewichten wir umfangreiches zugesichertes Datenvolumen, Telefoniepakete und Services über ein rationales Maß hinaus und ungeachtet unseres tatsächlichen Nutzungsverhaltens. Bei Vertragsverlängerungen kommt verstärkend noch der Effekt der Loss Aversion hinzu, die uns dazu bringt, an den Funktionen (trotz nachweislicher Überflüssigkeit) weiter festzuhalten.

Je technisch komplexer die Funktionen sind und je weniger Vorwissen man in der Produktkategorie hat, umso stärker ist der Effekt. Der Grund: Eine hohe Anzahl von Funktionen wird heuristisch als Indikator für ein hochwertiges Produkt verwendet (System 1), wenn man unfähig ist, den tatsächlichen Bedarf zu formulieren und mit den verfügbaren Alternativen abzugleichen (System 2). Das Pattern drückt gut sichtbar auch den Materialismus und die Konsumorientierung unserer Gesellschaft aus, der Effekt hat also auch eine soziale Wirkungskomponente: Sozialer Status definiert sich eher über den Besitz des größten Produkts als über den Anteil der aktiv genutzten Funktionen bzw. die Übereinstimmung von tatsächlichem Bedarf und gekauftem Funktionsumfang. Gut sichtbar ist das in teuren Vierteln aller Großstädte, in denen gerne gezielt offroad-taugliche SUVs zum Einkaufen genutzt werden.

Implementierung im E-Commerce

- Eine Tendenz zum höherwertigen Produkt kann ausgelöst werden, wenn ganz trivial die Anzahl der Funktionen von Produktalternativen gegenübergestellt wird. Eine deutlich höhere Zahl von Funktionen wird tendenziell die Bevorzugung des Premium-Produkts fördern.
- Die Überlegenheit des Top-Produkts kann auch durch Aggregation dargestellt werden. Mit Attributen wie „leistungsstärkster seiner Klasse" oder schlicht „neu und noch besser" wird der Effekt global genutzt, ohne auf die einzelnen Funktionen einzugehen.

Gut umgesetzt ist der Effekt beim aktuellen iPhone X. Dieses wurde schlicht als „new, must-have iPhone" eingeführt, ohne das „must-have" näher zu begründen.

- Auf Produktseiten sollten alle Funktionalitäten eines Produkts gezeigt werden, Bedenken hinsichtlich eines „Information Overload" der Nutzer sind hier eher nicht angebracht. Voraussetzung ist aber eine einfach konsumierbare Darstellung und Gruppierung gleicher Elemente innerhalb der Seite (z. B. durch Paginierung, horizontale Slider oder abschnittsweise Darstellung mit Akkordeon-Menüs).

WIRKUNGSSTÄRKE ▮ ▮ ▮

Quelle: Goodman JK, Irmak C (2013) Having versus consuming: failure to estimate usage frequency makes consumers prefer multifeature products. Journal of Marketing Research 50(1):44–54

Siehe auch: Price-Quality-Illusion, Loss Aversion, Decoy Effect

Meine Notizen

_____

_____

_____

_____

_____

_____

_____

_____

_____

4.2.2.6 Inner Dialogue

DECISION-MAKING Produkt-Evaluation	Inner Dialogue

Nutzer befinden sich ständig in einem inneren Dialog, der einem Selbstgespräch ähnelt. Jeder einzelne Schritt des Entscheidungsprozesses lässt sich als ein Gespräch mit einer stringenten Syntax codieren („Soll ich mir dieses Produkt kaufen? Was spricht dafür? Was spricht dagegen?"). Der Ablauf dieses Inner Dialogue ist entscheidend für die Ausbildung der späteren Handlungsabsicht. Erhält das Gehirn etwa negativ eingefärbte Impulse aus dem inneren Dialog heraus, sucht es im „Archiv" (dem Gedächtnis) nach Belegen für diesen Impuls (siehe: Confirmation Bias). Die gefundenen Belege werden postwendend zurückgespielt und verstärken die entsprechende Grundhaltung.

Ein positives Framing wichtiger Gedankenprozesse (z. B. „Kann ich mir das leisten?") ist daher entscheidend für die Überzeugungskraft einer Botschaft. Der innere Dialog ist als selbsterfüllende Prophezeiung angelegt, diesen Dialog zu steuern ist also ein wirksames Conversion-Instrument.

Implementierung im E-Commerce

- Denkprozesse gezielt zu initiieren und in Dialogpfade zu leiten, die zur Überzeugung bzw. Conversion führen, kann man erreichen, indem dem Nutzer im Content Fragen gestellt werden.
- Relevante (d. h. häufige und bedeutungsschwere) Fragen sollten als FAQs aufgegriffen und prominent platziert werden. So eingesetzt wird aus einer klassischen Content-Sackgasse ein wirkungsstarkes Überzeugungsinstrument.
- Szenarien können beschrieben werden, um innere Dialog-Prozesse zu „externalisieren" und explizit zu verstärken.
- Positive Verstärkung an Stellen mit hoher Abbruchquote, z. B. beim Einstieg in eine Antragsstrecke eines komplexen Produkts (bspw. Finanzprodukte, Versicherungen, Customization) wirken wie ein Motivator: „Keine Angst, du schaffst das."
- Sprache sollte im Präsens genutzt und Konjunktive sollten vermieden werden (erzeugt Unsicherheit): Dasselbe gilt für unkonkrete Begriffe wie „vielleicht",

„möglicherweise", „eventuell" und auch Verneinungen sind zu vermeiden, da sie mental oft fehlerhaft eingeordnet werden. Eindeutige Anweisungen stoßen dagegen zielgerichtete innere Dialoge an.

Quelle: Schulz von Thun F (1998) Miteinander reden 3 – Das 'innere Team' und situationsgerechte Kommunikation. Rowohlt, Reinbek

Siehe auch: Confirmation Bias, Framing, Post-Purchase Rationalization

Meine Notizen

4.2.2.7 Not-Invented-Here Syndrome
auch: Self-Generation Affect Effect

DECISION-MAKING Produkt-Evaluation	Not-invented-here Syndrome

Was nicht innerhalb der eigenen (erweiterten) Peergroup erdacht oder erzeugt wurde, wird als minderwertig abgetan. Stattdessen werden die eigenen Ideen überhöht und in einem irrationalen Maß gegenüber anderen Alternativen bevorzugt. Der Effekt gewinnt mit der Entwicklung von einer Industrie- zu einer Wissensgesellschaft massiv an Bedeutung: Wer sich heute dagegen verwehrt, vorhandenes Wissen in anderen Teilen der Welt oder anderen Branchen zu nutzen, realisiert nie sein ganzes Potenzial und lädt sich einen massiven Wettbewerbsnachteil auf.

Der Effekt rührt evolutionär von der (einst überlebenswichtigen) Skepsis gegenüber allem Fremden und ist Teil des Gruppendenkens: Durch Abgrenzung von der Out-Group wird die In-Group aufgewertet. Daher schwingt hier heute immer auch eine gehörige Portion Eitelkeit, Statusdenken, Ignoranz, Protektionismus, Selbstsucht und Entscheidungsschwäche mit.

Implementierung im E-Commerce

- Vor dem Not-Invented-Here Syndrome sind auch E-Commerce-Organisationen nicht gefeit: Bei einer Make-or-Buy-Entscheidung (z. B. bei der Einführung eines Shopsystems oder der Entwicklung einer Eigenmarke) bewirkt es, dass die Make-Option systematisch überschätzt wird und mitunter hohe Folgekosten erzeugt. Und auch innerhalb von Organisationen lässt sich der Zusammenhang sehr häufig erkennen, etwa wenn gute Ideen grundsätzlich ignoriert und verworfen werden, sobald sie aus anderen Abteilungen kommen („Warum mischt sich Controlling in unsere Marketing-Strategie ein? Die haben doch keine Ahnung!").
- Durchbrechen lässt sich dies nur mühsam mit intensiver Arbeit an der Unternehmenskultur. Gute erste Ansatzpunkte sind Incentivierungssysteme (die Idee sollte nie mehr belohnt werden als die Umsetzung) und die Brainstorming-Kultur (gezielt fach- und abteilungsfremde Kollegen um Input bitten). Der ehemalige Innovationsdirektor von

Procter & Gamble, Chris Thoen beschreibt das Zielbild mit einem einfachen Label, das er in seinem Unternehmen gerne öfter sehen würde: „Proudly found elsewhere" (Kelley 2009).

- Richtet man den Blick wieder auf Kunden im E-Commerce, liegt es nahe, etwas Patriotismus und Lokalkolorit in die Präsentation des Unternehmens und seiner Produkte zu bringen. Apple setzt das mit „Designed in the USA" bereits seit Jahren um und profitiert von einem erhöhten Commitment auf dem Heimatmarkt. In einer zunehmend globalisierten E-Commerce-Welt, in der asiatische Anbieter (allen voran das omnipräsente Alibaba und der aufstrebende eBay-Klon Taobao) beginnen, die europäischen Märkte durchzurütteln, wird dieses Pattern perspektivisch an Bedeutung gewinnen.

WIRKUNGSSTÄRKE

Quelle: Katz R, Allen TJ (1982) Investigating the Not Invented Here (NIH) syndrome: A look at the performance, tenure, and communication patterns of 50 R & D Project Groups. R&D Management 12(1):7–20

Siehe auch: Unity, Labor Love Effect

Meine Notizen

4.2.2.8 Paradox of Choice

DECISION-MAKING Produkt-Evaluation	Paradox of Choice

Es klingt zunächst kontraintuitiv: Je mehr Wahlmöglichkeiten wir haben, umso schlechtere Entscheidungen treffen wir. Eine Vielzahl von Optionen erhöht nicht unsere Entscheidungskapazitäten, sie führt zu Unsicherheit und Angst. Selbst wenn wir glauben, dass uns ein großes Entscheidungsspektrum frei, glücklich und zufrieden macht, ist also das Gegenteil der Fall.

Dieser Effekt hat mehrere Gründe: Je mehr Alternativen zur Verfügung stehen, umso höher ist der Aufwand, diese zu bewerten und abzuwägen. Unser Gehirn ist aber darauf programmiert, mit Heuristiken Aufwände zu reduzieren – so entsteht ein Konflikt. Darüber hinaus blähen viele Optionen unsere Erwartungen unverhältnismäßig auf, sodass das gewählte Produkt in Vergleich zu den Erwartungen oft unterliegen wird – Nachkaufdissonanz (Buyer's Remorse) ist die logische Konsequenz.

Im Ergebnis besagt das Paradox of Choice, dass wir bei vielen Optionen entweder gar keine Entscheidung treffen werden oder eine, mit der wir im Nachhinein nicht zufrieden sein werden.

Implementierung im E-Commerce

- Das Paradox of Choice ist eine große Herausforderung speziell für Online-Shops, die viele Long-Tail-Produkte (die nur sehr selten gekauft werden) anbieten: Ein großes Sortiment ist ein vermeintliches Alleinstellungsmerkmal (USPs), kann aber die Entscheidungsfindung massiv erschweren und dazu führen, dass der Nutzer seinen Einkauf abbricht. Ein breites Sortiment sollte also eher tief organisiert und in kleinere Kategorien aufgeteilt werden.
- Sinnvoll ist weiterhin, die Anzahl der Produkte auf der Startseite zu reduzieren und diese eher im Listenformat als mit einem zweispaltigen Grid darzustellen.
- Bei Produktvergleichstabellen kann man den jeweiligen Optimalwert von Alternativen präsentieren. Dieser ist im hohen Maße kontextabhängig und vielfach branchenbezogen gelernt (z. B. haben Versicherungen und Telekommunikationsunternehmen

meist drei verschiedene Produktalternativen). Je nach der relevantesten KPI wird dann entweder so optimiert, dass Nutzer überhaupt erst im Shop bleiben, oder ein entsprechend kleinerer Teil am Ende eine Kaufentscheidung trifft.

- Auch sollte die Möglichkeit angeboten werden, Produkte mit Checkboxen auszuwählen und direkt miteinander zu vergleichen. So können Nutzer selbst die Anzahl der Optionen bestimmen und erhalten den Vergleich zudem deutlich vereinfacht dargestellt.
- Ein intensiver Einsatz von Filterkriterien und Sortieralgorithmen reduziert die Anzahl der angezeigten Optionen auf die (im A/B-Test identifizierte) Idealmenge.

| WIRKUNGSSTÄRKE |

Quelle: Schwartz B (2004a) The paradox of choice: Why less is more. Ecco, New York

Siehe auch: Hobson's +1 Choice-Effect, Buyer's Remorse, Hick's Law

Meine Notizen

4.2.2.9 Price-Quality-Illusion

DECISION-MAKING Produkt-Evaluation	Price-Quality-Illusion

Der Nutzen, den Menschen in einem Produkt sehen, hängt nicht nur von den primären Eigenschaften (wie Geschmack, Qualität, Design, etc.) ab, sondern auch von den Erwartungen in Bezug auf die Qualität des Produkts. Dabei spielt der Preis eine entscheidende Rolle: Er verändert die Codierung des Nutzens im Gehirn, beeinflusst jedoch nicht die Wahrnehmung der primären Eigenschaften. Einfach gesagt: Der Preis täuscht das Gehirn, aber nicht die Sinne (Beck 2014).

Im Experiment führten die Probanden eine Weinprobe durch. Das Besondere: Der Wein war immer derselbe, nur die Preise unterschieden sich. Der Wein mit der höheren Preisangabe wurde von den Teilnehmern als qualitativ und geschmacklich besser bewertet. Beim Einsatz eines funktionellen Magnetresonanztomografen (fMRI) zeigte sich, dass bei dem Wein mit dem höheren Preis der mediale orbitofrontale Kortex aktiviert wurde, der mit der Bewertung von Geschmack, Geruch und Musik assoziiert wird. Die Erwartung eines besseren Weins führte also zur Aktivierung anderer Gehirnregionen, was wiederum den tatsächlich erfahrenen Nutzen beeinflusste.

Interessant dabei ist, dass Kunden in Befragungen längst angeben, nicht mehr an ein stabiles Verhältnis zwischen dem Preis und der Qualität eines Produkts zu glauben, wie eine GfK-Studie gezeigt hat (GfK 2013). Das verdeutlicht, dass das Pattern eindeutig unterbewusst funktioniert (System 1) und nicht in das Bewusstsein der Käufer (System 2) vordringt.

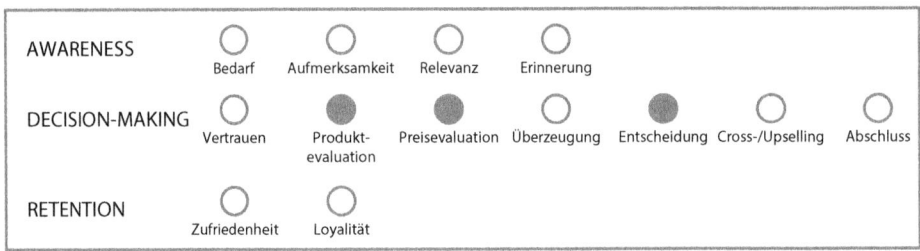

Implementierung im E-Commerce

- Um den wahrgenommenen Nutzen eines Produkts zu erhöhen, muss nicht das Produkt selbst verändert werden. Es kann ausreichen, die Produktattribute wie den Preis anzupassen. Das funktioniert besonders gut bei Produkten, bei denen Kunden keine präzise Vorstellung der Preiswürdigkeit haben bzw. die Qualität nicht eigenständig bewerten können (z. B. Versicherungen, Wein oder Software).

- Die Wirkung der Price-Quality-Illusion unterliegt starken Schwankungen. Es scheint Schwellwerte zu geben, die infolge von Lernprozessen im Bewusstsein der Kunden verankert sind und als Orientierungsgröße herangezogen werden. An diesen Schwellwerten schwächt sich die Wirkung ab, dazwischen wird sie stärker. Anbieter haben meist ein gutes Wissen der Preiselastizitäten ihrer Produkte und sollten dieses in die Konzeption des entsprechenden Triggers einfließen lassen.

WIRKUNGSSTÄRKE

Quelle: Plassmann H, O'Doherty J, Shiv B, Rangel A (2008) Marketing actions can modulate neural representations of experienced pleasantness. Proceedings of the National Academy of Sciences 105(3):1050–1054

Siehe auch: Framing, Anchoring, External Reference

Meine Notizen

4.2.2.10 Time vs. Money Effect

DECISION-MAKING Produkt-Evaluation	Time vs. Money Effect

Der noch recht junge Time vs. Money Effect beschreibt das Phänomen, dass Menschen ihre Kaufentscheidung und die spätere Zufriedenheit davon abhängig machen, ob ein Produkt mit zeit- oder preisorientierten Argumenten angepriesen wurde. Produkte, die vorwiegend über zeitbezogene Größen definiert wurden, schneiden demnach erheblich besser ab als Produkte mit preisbezogener Einordnung. Erklären lässt sich dieser Befund wie folgt: Zeit verstärkt die Gedanken an die positiv besetzte Nutzung des Produkts und erzeugt eine emotionale Bindung zwischen dem Kunden und dem Produkt. Geld fokussiert dagegen auf den transaktionalen Teil der Kaufentscheidung und hebt die Bezahlung hervor (und den damit verbundenen Schmerz; siehe: Pain-of-Paying Principle). Wirksam ist der Effekt auch, weil Zeit (genau wie Geld) nicht nur eine knappe Ressource, sondern im Vergleich zu Geld auch weit weniger ersetzbar ist – einmal investierte Zeit ist verloren ohne jede Möglichkeit, sie zurückzugewinnen.

Aber Vorsicht: Bei Produkten, deren Nutzen sich vorwiegend über den Besitz definiert (z. B. in Form von erhöhtem sozialem Status bzw. in ausgeprägt materialistischen Gruppen), ist die Wirkung genau umgekehrt.

Implementierung im E-Commerce

- Der Effekt bietet die Chance, Präferenzen jenseits finanzieller Argumente zu stimulieren und kann eine wichtige Stütze auf dem Weg aus der Preisdruckfalle sein. Statt also auf finanzielle Vorteile (z. B. Rabatte) zu setzen, kann bei der Vermarktung der Zeitgewinn durch die Nutzung eines Produkts als überzeugendes Argument eingebracht werden.
- Ähnliches gilt für Wertversprechen wie „stundenlang Spaß mit diesem Produkt": Jeder Mensch bewertet seine Freizeit und unterhaltsame Aktivitäten unterschiedlich und kommt dadurch zu einer unterschiedlichen Zahlungsbereitschaft. Gemittelt liegt diese aber meist über universellen Kriterien, die über den Preis ausgedrückt werden.

- Eine Operationalisierungsebene tiefer können mit dem Effekt auch die „Fast Lanes" der Conversion (z. B. Express-Check-Out oder 1-Click-Order) unterstützt werden.

WIRKUNGSSTÄRKE

Quelle: Mogilner C, Aaker J (2009) The time vs. money effect: Shifting product attitudes and decisions through personal connection. Journal of Consumer Research 36(2):277–291

Siehe auch: Framing, Pain-of-Paying Principle

Meine Notizen

4.2.2.11 WYSIATI Effect
auch: Präsenzeffekt

DECISION-MAKING Produkt-Evaluation	WYSIATI Effect

Menschen berücksichtigen bei einer Entscheidungsfindung lediglich die zur Verfügung gestellten bzw. verfügbaren Informationen und kommen daher aufgrund falscher oder unvollständiger Daten oft zu voreiligen bzw. falschen Schlussfolgerungen (WYSIATI = „What You See Is All There Is"). Das ist auch der Fall, wenn wir bewusst oder unbewusst nur einen Teil aus dem Spektrum verfügbarer Informationen abrufen. Dieses Phänomen wird als Aufmerksamkeitsillusion bezeichnet: Wir glauben nichts zu verpassen, wenn wir alles in unserem Sichtbereich betrachten. Doch tatsächlich sehen wir nur das, worauf wir uns konzentrieren. Die Aufmerksamkeit reicht für unerwartete Ereignisse nicht mehr aus. Anders ausgedrückt: Was da ist (Präsenz), kann viel einfacher bewertet werden als das, was nicht da ist (Absenz). Beispiel: Wenn wir gesund sind, halten wir es für unwahrscheinlich, dass wir auch krank werden können.

System 1 ist völlig unempfindlich gegenüber der Qualität und Quantität der Informationen, eine kritische Prüfung findet nicht statt. Das kann extreme Folgen haben: Menschen lassen eine Information auch dann ungefiltert in ihre Entscheidung einfließen, wenn man explizit auf die geringe Belastbarkeit der Quelle hinweist.

Mit dem WYSIATI Effect lassen sich Effekte wie Framing, Selbstüberschätzung (siehe: Overconfidence)und der Basisratenfehler (d. h. die Ausblendung aller Informationen über die Häufigkeit eines Merkmals innerhalb der Grundgesamtheit; siehe: Base Rate Fallacy) erklären.

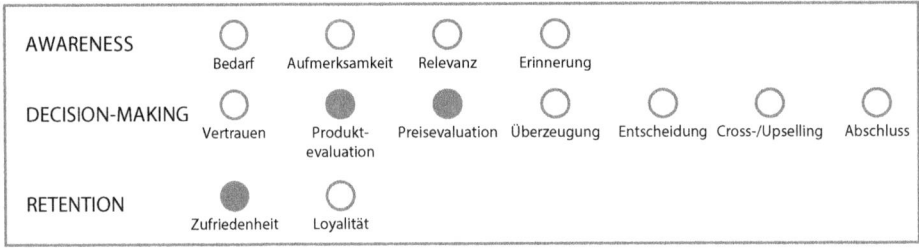

Implementierung im E-Commerce

- Hierzu gibt es kein explizites To-Do, da der Effekt immer auf Basis der verfügbaren Informationen wirkt bzw. seine Wirkung nicht an explizite Trigger geknüpft ist.
- Dennoch sei zur Reduzierung der Retourenquote empfohlen, auf Basis der Kernzielgruppen/Personas kritisch zu prüfen, ob Nutzer immer sinnvolle Entscheidungen treffen können.

WIRKUNGSSTÄRKE

Quelle: Kahneman D (2011) Schnelles Denken, langsames Denken. Siedler Verlag, München

Siehe auch: Framing, Inattentional Blindness Effect, Base Rate Fallacy, Availability Heuristic

Meine Notizen

4.2.3 Preis-Evaluation

4.2.3.1 Anchoring
auch: Contrast Principle

DECISION-MAKING Preis-Evaluation	Anchoring

Anchoring lässt sich gut bildlich erläutern: Wenn ein Schiff den Anker (= „anchor") geworfen hat, kann es sich von diesem Punkt nicht mehr weit wegbewegen und kommt im Radius der Ankerkette zum Stehen. Ähnlich funktionieren Preisanker: Ein einmal wahrgenommener Zahlenwert (egal ob sinnvoll und hilfreich oder nicht) wird bei der Verarbeitung eines Preises immer als Referenzwert herangezogen. Dieser Vergleich verzerrt die Preiswahrnehmung in Richtung des Ankerwerts.

Und so wurde der Effekt erstmalig belegt: Die Teilnehmer des Experiments wurden gebeten, an einem manipulierten Glücksrad mit 100 Abschnitten zu drehen. Aufgrund der Manipulation blieb es entweder bei 10 oder bei 65 stehen. Anschließend fragte man die Probanden, ob der Prozentsatz afrikanischer Länder in der UNO über oder unter dem Wert des Glücksrads (also 10 oder 65) liege. Im zweiten Schritt sollte der konkrete Anteil als Zahl geschätzt werden. Das Ergebnis: Zeigte das Glücksrad den Wert 10, lagen die Schätzungen im Mittel bei 25 %. Stoppte das Glücksrad dagegen bei 65, lag der Schätzwert lag bei erstaunlichen 45 %. Das Glücksrad hat als Referenz- bzw. Ankerpunkt also die Schätzung deutlich beeinflusst – und das, obwohl das eine völlig offensichtlich nichts mit dem anderen zu tun hat.

Für den Mechanismus gibt es verschiedene Erklärungsansätze: So kann ein Anker als sozialer Orientierungswert funktionieren, aber auch aufgrund unzureichender Adjustierung der Schätzung wirken (je weiter man die eigene Schätzung vom Ankerwert wegadjustiert, desto sicherer muss man sich sein). Daneben gibt es Vermutungen, die von einer numerischen Prägung und einer besonders hohen Zugänglichkeit (siehe: Availability Heuristic) der ankerbildenden Information ausgehen.

Dieser Effekt ist so stark, dass weder hohe finanzielle Anreize für eine besonders präzise Schätzung (mit dem Ziel, System 2 zu aktivieren) noch der explizite Hinweis, dass vermutlich eine Verzerrung durch den Anker stattfindet wird, zu besseren Schätzungen führten (Chapman und Johnson 2002). Anchoring gehört damit zu den „Superstars" der Behavior Patterns.

AWARENESS	Bedarf	Aufmerksamkeit	Relevanz	Erinnerung			
DECISION-MAKING	Vertrauen	Produkt-evaluation	Preisevaluation	Überzeugung	Entscheidung	Cross-/Upselling	Abschluss
RETENTION	Zufriedenheit	Loyalität					

Implementierung im E-Commerce

- Allgemein können auf Produktseiten hohe Werte (d. h. über dem absoluten Ziffern-niveau des Preises) gestreut werden, z. B. bei der Anzahl verfügbarer Produkte, zufriedener Kunden, eingeloggter Besucher, erreichbarer Mitarbeiter, etc.
- Im Kontext von Start- oder Kategorieseiten sollten hochpreisige Premium-Produkte zuerst platziert werden (statt Sonderangebote und günstige Bestseller).
- Bei der Kommunikation der unverbindlichen Preisempfehlung muss der alte (Streich-)Preis zuerst abgebildet werden, dann folgt erst der aktuelle Preis, um einen Anchoring-Effekt auszulösen.
- Neben dem Produkt lassen sich (z. B. im Cross-Selling-Bereich) teurere Produkte anzeigen. Das nutzt Amazon intensiv bei der Darstellung von Marketplace-Angeboten.
- Darüber hinaus kann eine begrenzte Abgabemenge pro Person definiert werden, was dazu führt, dass Kunden ihren Bedarf in der Größenordnung der Höchstabgabemenge platzieren.
- Bei Vertragsprodukten bietet es sich gelegentlich an, den monatlichen (statt jähr-lichen) Preis darzustellen, um im Vergleich zu einem höheren Anchor ein geringes Preisniveau zu suggerieren.
- Bearbeitungs- oder Versandkosten sollten immer erst nach der Kaufentscheidung aufgeschlagen und der Produktpreis im Warenkorb größer als die Versandkosten dar-gestellt werden.
- Es klingt paradox, ist aber wirksam: Die Preise veralteter Produkte sollten nicht gesenkt, sondern erhöht werden. Kunden bewerten Preise meist nicht anhand der Preiswürdigkeit (weil der absolute Wert von Produkten kaum zu ermitteln ist), son-dern als Referenzwerte zueinander. Aktuelle Bestseller werden so gefördert, wäh-rend eine Abwertung der alten Produkte (die sowieso kaum mehr gekauft werden) unproblematisch ist.

WIRKUNGSSTÄRKE	▆ ▆ ▆ ▆ ▆ ▆ ▆ ▆ ▆ ▭

Quelle: Tversky A, Kahneman D (1974) Judgment under uncertainty: Heuristics and biases. Science 185(4157):1124–1131

Siehe auch: Availability Heuristic, Framing, External Reference

Meine Notizen

4.2.3.2 Charm Price Effect
auch: Odd Price Effect, Left-Digit Effect

DECISION-MAKING Preis-Evaluation	Charm Price Effect

Gebrochene Preise mit der Ziffer „9" am Ende werden als günstiger wahrgenommen als glatte bzw. gerundete Preise. Das gilt allerdings nur, wenn sich bei der Erhöhung um einen Cent auch die erste Ziffer des Preises verändert (z. B. beim Sprung von 1,99 € auf 2,00 €) und der Vergleich mit einem Alternativprodukt stark davon beeinflusst wird, ob die erste Ziffer um den Wert 1 höher oder geringer ausfällt (Thomas und Morwitz 2005). Untersuchungen von Scannerdaten belegen diese Hypothese auf Basis tatsächlicher Käufe. Hierzu gibt es jedoch eine spannende Differenzierung: Bei hedonistischen Käufen hat sich ein glatter Preis bewährt (die Entscheidung fühlt sich dann im wahrsten Sinne des Wortes „rund" an), bei funktionalen Käufen bestätigt sich der Charm Price Effect dagegen (Wadhwa und Zhang 2015).

Es existieren zwei grundlegende Erklärungsansätze für dieses Phänomen. Eine neurowissenschaftliche Betrachtung legt nahe, dass unser Gehirn Zahleninformationen von links nach rechts (in Leserichtung) verarbeitet und die erste Ziffer einen mentalen Referenzwert definiert (siehe: Anchoring und Primacy Effect). Dagegen wird aus soziologischer Sicht vermutet, dass wir zu einer assoziativen Verknüpfung von 99er-Preisen mit einer günstigen Preiswahrnehmung erzogen wurden.

Implementierung im E-Commerce

- Bei Preisen (egal ob im Rahmen von Promotions bzw. Streichpreisen oder regulären UVPs) sollte man gebrochene 99er-Preise verwenden, wenn ein Produkt nicht überwiegend hedonistisch bzw. emotional gekauft wird.
- Bei Gutscheinen und Rabatten dagegen sollte man auf ganze Werte aufrunden, da diese gerade nicht als gering wahrgenommen werden sollen bzw. der Charm Price Effect nicht gewünscht ist.
- Wichtig: Aufgrund der hohen Folgekosten einer Preisumstellung sollte man diese vor der breiten Anwendung quantitativ testen, da der Effekt nicht in allen Branchen

gefunden wurde und auch andere Einflussfaktoren auf das Preiswürdigkeitsurteils existieren (siehe: Smart Syllabication).

WIRKUNGSSTÄRKE

Quellen: Bader L, Weinland JD (1932) Do Odd Prices Earn Money? Journal of Retailing 8:102–114; Blattberg RC, Neslin SA (1990) Sales Promotion: Concepts, Methods and Strategies. Englewood Cliffs, Prentice Hall, S 349–350

Siehe auch: Smart Syllabication, Anchoring, Primacy-Effect, House Money Effect, Dollar Eyes Effect

Meine Notizen

4.2.3.3 Dollar Eyes Effect

DECISION-MAKING Preis-Evaluation	Dollar Eyes Effect

Neurowissenschaftlich betrachtet stiftet Geld für sich bereits einen starken Eigennutzen und aktiviert dieselben Areale wie Essen, Kokain oder Sportwagen. Damit lassen sich Ökonomen widerlegen, die davon ausgehen, dass Geld lediglich eine funktionale Tauschfunktion hat, aber keinen eigenständigen Nutzen erzeugt.

Das geht so weit, dass bereits der Anblick von Geld („Dollar Eyes") unser Verhalten beeinflussen kann. Vohs et al. (2006) fanden heraus, dass Menschen dadurch in einen eher marktorientierten Entscheidungsmodus wechselten, in dem konkrete Anreize und Leistungsgerechtigkeit (bzw. Preiswürdigkeit) die Entscheidung prägen. Mental auf diese Weise geprägte Menschen verhalten sich weniger sozial, bauen Distanz auf, lassen sich weniger helfen und sind weniger hilfsbereit. Sie denken verstärkt in Kategorien wie „Geschäft" oder „Gewinn". Auf der anderen Seite bringt der marktorientierte Entscheidungsmodus auch eine erhöhte Konzentrationsfähigkeit, Motivation und Fokussierung mit sich. Neuere Studien zum Dollar Eyes Effect haben gezeigt, dass sogar allein der Gedanke an Geld genügen kann, um sich unethisch zu verhalten bzw. im Experiment zu schummeln (Kouchaki et al. 2013).

Implementierung im E-Commerce

- Klassische kaufpsychologische Verstärker (z. B. Rabatte, zeitliche oder quantitative Verknappung, Dreingaben, etc.) wirken nicht bei allen Zielgruppen gleichermaßen. Mit der simplen Abbildung von Geld-assoziierten Motiven (z. B. Sparschwein, Bündel von Scheinen, Münzenstapel) lassen sich diese Verstärker noch einmal effektiver einsetzen. Jemand, der solche Trigger erhalten hat, sucht anschließend vielleicht direkt nach Gutschein-Codes, um seinen „Deal" noch einmal zu verbessern. Als Anbieter sollte man dieses Bedürfnis befriedigen und dafür z. B. ein Newsletter-Abonnement offerieren.
- Ohne preisliche Rabatte wirkt sich die Abbildung von Geld aber eher negativ auf die Shop-Conversion aus, da Nutzer zunehmend knauseriger werden und nicht mehr

bereit sind, finanzielle Risiken einzugehen. Auch die Bereitschaft, anderen Nutzern altruistisch zu helfen (z. B. durch das Verfassen von Rezensionen oder Produktbewertungen), wird durch die Darstellung von Geldmotiven ohne finanziellen Anreiz gesenkt.

WIRKUNGSSTÄRKE

Quelle: Vohs KD, Mead NL, Goode MR (2006) The psychological consequences of money. Science 314(5802):1154–1156

Siehe auch: Pain-of-Paying Principle

Meine Notizen

4.2.3.4 External Reference
auch: Adaptionsleveltheorie, Context

DECISION-MAKING Preis-Evaluation	External Reference

Die Adaptionsleveltheorie von Helson ist einer der wichtigen Bezugspunkte der späteren Arbeiten von Kahneman und Tversky zum Anchoring. Sie besagt, dass Menschen bei der Bewertung von Preisen nicht nur den Preis des jeweils relevanten Produkts betrachten, sondern unterbewusst auch die Preise im Umfeld einfließen lassen. Diese wirken als „External Reference" wie ein Urteilsanker. Das heißt, der Preis wird mit den umliegenden Preisen ins Verhältnis gesetzt und in Abhängigkeit davon verarbeitet. Die Umgebungsinformationen ergeben zusammen mit dem Preiswissen aus früheren Kauferfahrungen das Adaptionsniveau. Höhere Preise führen zu einem höheren Adaptionsniveau und zu einer entsprechend höheren Zahlungsbereitschaft.

Derselbe Zusammenhang wird manchmal ohne den Preisbezug als eigenständiges Behavior Pattern „Context" beschrieben.

Implementierung im E-Commerce

- Auf Produktübersichts- bzw. Kategorieseiten bewähren sich einzelne hochpreisige Artikel, die insbesondere bei Kunden mit geringer Markenpräferenz und Produktkenntnis die grundlegende Zahlungsbereitschaft prägen. Dies wird z. B. auch erreicht, indem die Sortierlogik der Produkte per Default auf „nach Relevanz sortiert" gesetzt wird und dieser Algorithmus viele hochpreisige Produkte auf den ersten Plätzen ausspielt.
- Auch im Cross-Selling-Bereich auf Produktseiten lässt sich dieser Effekt nutzen. Entgegen der weitläufigen Annahme, dass hier geringpreisige Artikel zu bevorzugen sind (Mitnahmeeffekt), können hier hohe externe Referenzpreise als Anker verwendet werden. Damit wird der Mitnahmeeffekt zwar eventuell nicht vollends ausgenutzt, jedoch unterstützt dies die relevantere Entscheidung, nämlich ob ein Produkt überhaupt gekauft wird.

WIRKUNGSSTÄRKE

Quelle: Helson H (1964) Adaptation-level theory: an experimental and systematic approach to behavior. Harper and Row, New York

Siehe auch: Anchoring, Framing, Magnitude Priming

Meine Notizen

4.2.3.5 House Money Effect

DECISION-MAKING Preis-Evaluation	House Money Effect

Die Art und Weise, wie man zu Geld (oder einem Äquivalent davon) gekommen ist, beeinflusst den Umgang mit diesem Vermögen. Oft beobachten lässt sich das im Casino: Wer zunächst Geld gewinnt, geht anschließend leichtfertiger damit um. Das gewonnene Geld wird als „Geld des Hauses" betrachtet, daher der Name dieses Behavior Patterns. Der Verlust von solchem fremden Geld erzeugt ungleich geringere Schmerzen. Ähnliche Zusammenhänge wurden bei gefundenem und geerbtem Geld nachgewiesen. Bei spekulativ bzw. passiv erhaltenen Gewinnen besteht also eine höhere Risikobereitschaft als bei hart erarbeitetem Geld. Das lässt sich gut mit dem Labor Love Effect vereinbaren.

Sprichwörtlich findet sich der Effekt ebenfalls in der Alltagssprache wieder: „Wie gewonnen, so zerronnen" sagt man sich, wenn man ohne großen Schmerz den Verlust eines zuvor passiv erhaltenen Werts hinnimmt.

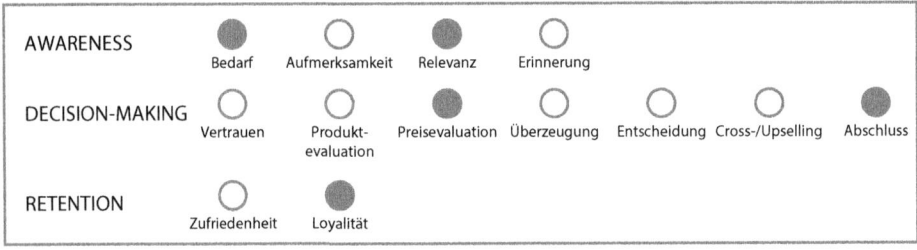

Implementierung im E-Commerce

- Online lässt sich der House Money Effect etwa im Rahmen der Gutschein-Kommunikation nutzen („50 € geschenkt"), was oft bei Online-Casinos oder Wettanbietern verwendet wird. Dieser Betrag wird ohne große Vorbehalte ausgegeben und dient als Einstieg in eine Kundenbeziehung bzw. senkt die Hemmschwelle für einen werthaltigen Kauf.
- Kreditkartenanbieter und Banken bieten im Rahmen ihrer Neukundenakquise gerne ein bereits mit einer Zahlung gefülltes Konto an.
- Kundenbindungsprogramme tun dasselbe mit virtuellen Währungen und bieten bei dem Beitritt zum Loyality-Programm erste Punkte an (z. B. Meilen bei Airlines).
- Eine weitere Anwendungsidee richtet sich vor allem an Nutzer mit Abbruchabsicht: Vermeintlich zufallsgesteuerte Pop-ups spielen für Nutzer „überraschend" zeitlich befristete Gutscheine aus, die aufgrund der höheren Risikobereitschaft meist sofort eingelöst werden.

WIRKUNGSSTÄRKE	███ ███ ███ ███ ███ ░░░ ░░░ ░░░ ░░░ ░░░

Quelle: Thaler RH, Johnson EJ (1990) Gambling with the house money and trying to break even: The effects of prior outcomes on risky choice. Management Science 36(6):643–660

Siehe auch: Labor Love Effect, Mental Accounting, Loss Aversion

Meine Notizen

4.2.3.6 Magnitude Priming

DECISION-MAKING Preis-Evaluation	Magnitude Priming

Menschen werden bei ihrer Urteilsbildung durch Referenzwerte im Umfeld des Bewertungsobjekts beeinflusst. Das kennen wir schon von den Patterns Anchoring und External Reference: Ein hoher Streichpreis fungiert als Referenzwert für den reduzierten Preis und lässt diesen überaus günstig erscheinen. Das Forscherteam um Daniel Oppenheimer konnte nun zeigen, dass nicht nur Zahlenwerte einen Anchoring-Effekt auslösen, sondern dies auch physischen oder visuellen Einflüssen gelingt. Menschen können sich also nicht davon freimachen, von allen vorhandenen Einflüssen bei der Entscheidung geprägt zu werden.

Numerische Ausdrücke werden im Gehirn als Größenrepräsentationen verarbeitet und codiert, also in Abhängigkeit ihrer relativen Größe bewertet. Im Experiment zeigte sich, dass Probanden, die im Rahmen einer ersten Aufgabe kurze Linien zeichnen sollten, die Länge des Mississippi (oder die mittlere Temperatur auf Hawaii) deutlich geringer einschätzten als Probanden, die lange Linien gezeichnet hatten. Magnitude Priming belegt damit, dass visuelle Stimuli einen vergleichbaren Anker-Effekt wie Zahlenwerte haben.

Implementierung im E-Commerce

- Der zentrale Anwendungsfall dieses Patterns ist die Darstellung von Preisen: Sollen Preise gering wahrgenommen werden, wird empfohlen, die Schriftgröße und Linienstärke des Zahlenwerts gering zu halten. Auch ein Grauton anstelle einer tiefschwarzen Schriftfarbe kann diesen Effekt auslösen.
- Auf den ersten Blick erscheint folgende Umsetzung des Effekts ungewöhnlich: Der Preis sollte am unteren linken Rand der Seite platziert werden. In Experimenten hat sich diese Platzierung als fast durchweg überlegen herausgestellt, weil Menschen Zahlenwerte als horizontale Linien verarbeiten, die von links nach rechts aufsteigen (ähnlich wie ein Zeitstrahl). Der untere linke Wert wird damit stets als unteres Ende einer fiktiven Skala wahrgenommen.

- Bei Reduzierungen sollten die Streichpreise (z. B. unverbindliche Preisempfehlungen) entsprechend größer dargestellt werden als die neuen Preise. Grundvoraussetzung für die Wirkung jedes Anchoring-Effekts ist, dass der Anker zeitlich vor dem Zahlenwert wahrgenommen wird, dessen Wahrnehmung beeinflusst werden soll.

WIRKUNGSSTÄRKE ▬ ▬ ▬ ▬ ▬ ▬ ▬ ░ ░ ░ ░

Quelle: Oppenheimer DM, LeBoeuf RA, Brewer NT (2008) Anchors aweigh: A demonstration of cross-modality anchoring and magnitude priming. Cognition 106(1):13–26

Siehe auch: Anchoring, Priming, Smart Syllabication, External Reference

Meine Notizen

_____

_____

_____

_____

_____

_____

_____

_____

_____

4.2.3.7 Money Illusion

DECISION-MAKING Preis-Evaluation	Money Illusion

Die Money Illusion beschreibt den kognitiven Fehler der Nicht-Wahrnehmung von Inflation. Menschen unterliegen bei ihren Entscheidungen der Illusion, dass Geld immer
denselben Wert hat. Bei langfristigen Geldanlageprodukten oder vermögensbildenden
Versicherungsprodukten kann dies ein massives Risiko in Form von Geldentwertung mit
sich bringen. Auch bei Immobilienfinanzierungen gehen Menschen gedanklich meist
nicht von ihrem realen Einkommen aus, sondern von ihrem numerischen und unter-
schätzen damit die Wirkung der Inflation.

Die Money Illusion greift noch in einem zweiten artverwandten Kontext: Menschen
nehmen Geldbeträge entsprechend ihrer absoluten Höhe wahr. In Folge der Umstellung
auf den Euro kurz nach der Jahrtausendwende fühlten sich die Menschen im Euro-
Raum subjektiv ärmer als vorher (in Deutschland wurde alsbald nur noch vom „Teuro"
gesprochen). Der Grund ist der um etwa die Hälfte geringere nominale Wert des Euro
im Vergleich zur D-Mark. In diesem Zuge wurde die Inflation massiv überschätzt: Statt
der tatsächlichen 2 % wurde sie im Mittel als 9 % empfunden (Wertenbroch et al. 2007).
Dieser Befund relativiert Teile der Forschung zur Money Illusion und muss bei der Nutzung des Patterns berücksichtigt werden.

Implementierung im E-Commerce

- Kosten sollten in Prozent dargestellt werden, Erträge dagegen als absolute Beträge.
  Ein Beispiel: Die Verwaltungskosten für einen Altersvorsorgevertrag kann man
  mit „effektiv 2 %" kommunizieren, was viel erträglicher klingt, als die Kosten über
  die Laufzeit von 35 Jahren absolut darzustellen („Kosten über die Laufzeit: ca.
  100.000 €").
- Das Pattern greift vor allem beim Abschluss von Vertragsprodukten, z. B. Strom,
  Gas, Telekommunikation, Pay-TV, Streaming-Dienste, Versicherungen, Finanzdienst-
  leistungen und Bankprodukte.

WIRKUNGSSTÄRKE									

Quellen: Simon HA (1986) Rationality in psychology and economics. Journal of Business 59(4):209–224; Shafir E, Diamond P, Tversky A (1997) Money illusion. Quarterly Journal of Economics 112(2):341–374

Siehe auch: Hyperbolic Discounting, Zeitinkonsistenz

Meine Notizen

4.2.3.8 Smart Syllabication

DECISION-MAKING Preis-Evaluation	Smart Syllabication

Die Anzahl der Silben eines Preises hat einen Einfluss auf die Wahrnehmung der Preishöhe. Je mehr Silben ein Preis besitzt, desto höher wird er wahrgenommen. Ein Preis von 7,79 € („sie-ben neun-und-sieb-zig" = sechs Silben) würde demnach als teurer eingeordnet als ein Preis von 8,12 € („acht zwölf" = zwei Silben), obwohl er tatsächlich günstiger ist.

Der Erklärungsansatz von Smart Syllabication lautet: Das Gehirn verarbeitet die Zahleninformationen in einem auditiv-sprachlichen Format. Visuelle Reize werden übersetzt und im Gehirn gewissermaßen „vorgelesen". Je mehr Silben ein Preis hat, desto länger dauert der cerebrale Verarbeitungsprozess bzw. desto mehr Ressourcen werden verbraucht. Die Menge der verbrauchten Ressourcen wird dann als Bewertungsmaßstab der Preishöhe herangezogen.

Derselbe Effekt stellt sich ein (jedoch eher durch eine visuelle Prozessierung), wenn bei einem vierstelligen Preis das Tausender-Trennzeichen entfernt wird.

Implementierung im E-Commerce

- Erst einmal testen: Die Entdeckung ist noch relativ jung und noch nicht außerhalb eines experimentellen Rahmens eindeutig belegt worden. Damit ist der Effekt eine vielversprechende Grundlage für eine A/B-Testing-Hypothese, aber noch kein hinreichender Beleg für eine Umstellung der Preisstruktur, die meist hohe administrative Folgekosten mit sich bringt.
- Eine verhältnismäßig risikolose Anwendung ist das Entfernen des Tausender-Trennzeichens bei allen Preisen.
- In mehreren eigenen A/B-Tests im Kontext Finanzprodukte konnte der Effekt nicht eindeutig isoliert werden. Mit hoher Wahrscheinlichkeit existieren Interaktionseffekte mit anderen preisbezogenen Behavior Patterns, wie z. B. dem Charm Price Effect, die weitere Untersuchungen nötig machen.

WIRKUNGSSTÄRKE

Quelle: Coulter KS, Choi P, Monroe KB (2012) Comma N'cents in pricing: The effects of auditory representation encoding on price magnitude perceptions. Journal of Consumer Psychology 22(3):395–407

Siehe auch: Charm Price Effect, House Money Effect, Money Illusion, Dollar Eyes Effect, Anchoring

Meine Notizen

4.2.4 Überzeugung

4.2.4.1 Base Rate Fallacy
auch: Prävalenzfehler

DECISION-MAKING Überzeugung	Base Rate Fallacy

Wir treffen unsere Entscheidungen häufig auf Basis mangelhafter Berücksichtigung von Basisraten, schätzen Wahrscheinlichkeiten also losgelöst von der Anzahl des Vorkommens eines Merkmals in der Grundgesamtheit ein. Was abstrakt klingt, veranschaulichen Tversky und Kahneman mit einem einfachen Beispiel: In einer Stadt mit 85 % grünen Taxis und 15 % blauen Taxis passiert ein Unfall. Ein Zeuge sieht daraufhin ein blaues Taxi fliehen. Seine Zuverlässigkeit wird von der Polizei mit 80 % angegeben. Wie hoch ist die Wahrscheinlichkeit, dass tatsächlich ein blaues Taxi am Unfall beteiligt war? Die meisten Teilnehmer in diesem Experiment gaben diese Wahrscheinlichkeit mit 80 % an – und ignorierten dabei die Basisrate. Tatsächlich lässt sich das Problem mit der Bayes-Formel lösen: So wird der Zeuge in 20 % die Farbe falsch erkennen, identifiziert also bei 85 grünen Taxis 17 als blau. Umgekehrt wird er bei 15 blauen Taxis drei als grün wahrnehmen. In weiteren zwölf Fällen erkennt er richtigerweise ein Taxi als blau. Das bedeutet, der Zeuge wird $17 + 12 = 29$ Mal ein blaues Taxi sehen, davon aber nur in 12 Fällen richtigliegen. Die Antwort auf die Frage nach der Wahrscheinlichkeit einer korrekten Aussage liegt also lediglich bei $12/29 = 41$ %.

Bei der Base Rate Fallacy verführt uns System 1 also wieder zu einer schnellen, aber falschen Einschätzung. Dabei kommt (gemäß dem Recency Effect) der letzten Informationen eine besonders hohe Bedeutung zu. Die Art und Weise, dieses Problem zu beschreiben, hat also einen Einfluss auf das Ergebnis (siehe: Framing).

Implementierung im E-Commerce

- Dass die Basisrate nicht hinreichend wahrgenommen und verarbeitet wird, kann man sich bei der Präsentation von Statistiken zunutze machen, indem man die Bezugsgröße ändert. So lassen sich Zufriedenheitswerte oder Weiterempfehlungsraten statt mit „85 % unserer Kunden" mit „99 % unserer aktiven Kunden" angeben. Der höhere Wert prägt dabei die Wahrnehmung, während die kleinere Basisrate als Gegeneffekt vollkommen vernachlässigt wird.

- Umgekehrt verhält es sich bei negativen Zusammenhängen: „0 % unserer aktiven Kunden haben das Produkt zurückgeschickt" wirkt deutlich besser als „18 % unserer Kunden haben das Produkt zurückgeschickt".

WIRKUNGSSTÄRKE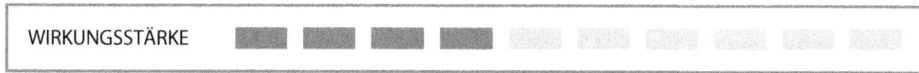

Quelle: Tversky A, Kahneman D (1982) Evidential impact of base rates. In: Kahneman D, Slovic P, Tversky A (Hrsg) Judgment under uncertainty. Cambridge University Press, Cambridge, S 153–160

Siehe auch: Repräsentativität, Recency Effect, Framing, Barnum Effect

Meine Notizen

_____

_____

_____

_____

_____

_____

_____

_____

4.2.4.2 Belief Bias

DECISION-MAKING Überzeugung	Belief Bias

Ähnlich wie der Confirmation Bias beschreibt der Belief Bias die Tendenz von Menschen, Informationen eher zu glauben als anzuzweifeln. Dabei wird die Authentizität (siehe: Authenticity) und Validität der Quelle meist nicht angemessen in Betracht gezogen. Argumente werden ausschließlich auf Basis ihrer Plausibilität (massiv beeinflusst durch die eigene Meinung, siehe: Confirmation Bias) statt auf Basis ihrer Wahrhaftigkeit bewertet und bei der Entscheidungsfindung berücksichtigt.

Oft findet eine Rückkoppelung statt, bei der die Methode bzw. Quelle der Information im Nachhinein als zuverlässig eingestuft wird, wenn die Information in das eigene Glaubensmuster passt.

Implementierung im E-Commerce

- Informationen können trotz eingeschränkter statistischer Validität für die Entscheidungsfindung bzw. Überzeugung von Nutzern sinnvoll sein. Harte Anforderung ist aber stets, dass damit keine Irreführung betrieben wird. Ein anschauliches Beispiel ist die Darstellung von Produktbewertungen auf Basis nur weniger Meinungen. Eine 5-Sterne-Bewertung auf Basis einer Kundenmeinung hat eine vergleichbare Wirkung wie dieselbe Bewertung auf Basis hunderter Stimmen. Es sei empfohlen, den Belief Bias nur übergangsweise einzusetzen, etwa wenn sich die Validität von Argumenten (z. B. Kundenbewertungen) noch im Aufbau befindet.
- Es kann auch sinnvoll sein zu beschreiben, wie ein Produkt den Nutzern im Leben hilft. Die positiven Effekte werden als gewünscht klassifiziert, das Argument damit stärker geglaubt und der Absender (= der Shop) als glaubwürdig eingestuft.

WIRKUNGSSTÄRKE	▬ ▬ ▬ ▬ ░ ░ ░ ░ ░ ░

Quelle: Wilkins MC (1928) The effect of changed material on ability to do formal syllogistic reasoning. In: J. Winawer (Hrsg): Archives of Psychology, Band 16, Nr. 102

Siehe auch: Confirmation Bias, False Consensus Effect, Verfügbarkeitsheuristik

Meine Notizen

4.2.4.3 Black-and-White Fallacy
auch: False Dilemma, False Dichotomy, Polarized Thinking

DECISION-MAKING Überzeugung	Black-and-White Fallacy

Wenn der Raum möglicher Lösungsansätze beschrieben werden soll, werden nur die extremen (z. B. die beste und schlechteste) Optionen genannt. Graubereiche existieren nicht bzw. werden systematisch unterschätzt. Erklären lässt sich das zum Beispiel mit der Verfügbarkeitsheuristik (siehe: Availability Heuristic): Wir versuchen, den Lösungsraum mit möglichst wenig kognitivem Aufwand zu beschreiben und mit Optionen zu füllen. Die extremen Positionen erhalten in den Medien weitaus mehr Beachtung als die „normalen" Positionen dazwischen, wodurch uns für diese immer schneller ein Beispiel einfällt.

Ein Beispiel: „In den USA ist man entweder Demokrat oder Republikaner. Wenn man nicht Demokrat ist, muss man Republikaner sein." Der Schluss erscheint logisch und überzeugend – er ist es aber nicht. Schließlich schafft die Aussage eine künstliche Dichotomie von Optionen, die ignoriert, dass man auch Liberaler, Anarchist, Sozialist oder völlig unpolitisch sein kann.

Wir verwenden das Pattern häufig als Redewendung, um Überzeugungskraft und Entscheidungsstärke zu erzeugen: „Wenn du nicht für uns bist, bist du gegen uns.", „Wer kein Gewinner ist, ist ein Verlierer." Differenzierte neutrale Positionen sind kognitiv schwieriger zu erfassen und werden daher als Optionen nicht modelliert.

Implementierung im E-Commerce

- Verschiedene Versicherungsprodukte werden oft mit einer Kombination der Patterns Threat und Black-and-White Fallacy verkauft: So wird mitunter eine Pflegeversicherung mit der Botschaft „Es trifft jeden Zweiten in Deutschland" in den Markt gebracht. Die implizite Schlussfolgerung lautet: „Wenn ich es für mich (aufgrund der hohen Wahrscheinlichkeit) nicht ausschließen kann, wird es mich vermutlich treffen."
- Produktpositionierung: Durch die Fokussierung auf Extrempositionen erscheint ein Produktportfolio erst vollständig, wenn die Extrempositionen abgedeckt sind oder

zumindest deren Namen nach Extrempositionen klingen (z. B. Economy und Premium Gold). Ist das gegeben, besteht keine Notwendigkeit mehr, anderweitig zu recherchieren, weil der aktuelle Anbieter alle relevanten Produkte anzubieten scheint.

- Präferenz für ein Produkt lässt sich in zwei Schritten erzeugen: 1) Vorstellung zweier sehr unterschiedlicher Optionen A und B, von denen A vom Nutzer gewählt werden soll; 2) Darlegung der negativen Konsequenzen der anderen Option B, sodass bei einem vermeintlich logischerweise binären Lösungsraum (A oder B) nur noch eine Lösung A bleibt, die aber sehr plausibel erscheint. Option A könnte in der Praxis zum Beispiel der Kauf eines bestimmten Autos sein, Option B die Aussicht, unglücklich und mit geringem sozialen Status sein Dasein zu fristen.

WIRKUNGSSTÄRKE

Quellen: Ueberweg F (1868) System der Logik und Geschichte der logischen Lehren. Adolph Marcus: Bonn (3. Aufl.); Solove DJ (2011) Nothing to Hide: The False Tradeoff Between Privacy and Security. Yale University Press: New Haven

Siehe auch: Hobson's +1 Choice Effect, Threat, Availability Heuristic

Meine Notizen

4.2.4.4 Disrupt-then-Reframe

DECISION-MAKING Überzeugung	Disrupt-then-Reframe

Das Disrupt-then-Reframe Pattern könnte mit „Erst verwirren, dann erklären" zusammengefasst werden. Die Idee: Der bewusste Geist (System 2) wird mit verwirrenden und unerwarteten Inhalten beschäftigt, damit der Weg zum Unterbewusstsein (System 1) frei wird. Dabei werden gezielt kognitive Ressourcen beansprucht und eine Belastung bzw. Überlastung von System 2 herbeigeführt. Mit dieser (teilweise fragwürdig eingesetzten) Technik ist es außerstande, den plumpen Beeinflussungsversuch zu erkennen und überlässt die Steuerung System 1. Voraussetzung für die Wirkung ist der Dreiklang von DISRUPT (Verwirrung: „Diese Kerze kostet 300 Cent"), REFRAME (Erläuterung: „Das sind 3 €") und SUGGESTION (suggestive Einordnung: „Das ist ein sehr gutes Angebot").

Ein spannendes Experiment dazu wurde in den 1990er Jahren an der Universität Standford durchgeführt: Die Probanden mussten sich unterschiedlich viele Ziffern merken – mal zwei, mal sieben. Dann wurden sie wie zufällig an einem Buffet vorbeigeführt, auf dem Obst und Torte standen. Die Teilnehmer griffen deutlich häufiger zur Torte, wenn sie sich viele Ziffern merken mussten. Die Erklärung der Wissenschaftler: Ist der Verstand ausgelastet, hat das Gefühl freies Spiel und man gibt seinen unüberlegten Impulsen eher nach.

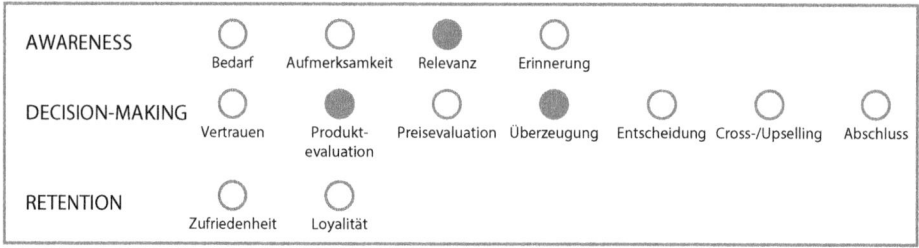

Implementierung im E-Commerce

- Bei der Produktpräsentation sollte man erst komplexes technisches Kauderwelsch präsentieren (Disrupt), dann die daraus entstehenden Vorteile für Kunden erläutern (Reframe) und anschließend eine empfehlende Bewertung (Suggestion) abgeben.
- Abgrenzung vom Wettbewerb: „So komplex machen es die anderen (Disrupt), so einfach machen wir es (Reframe), deswegen sollten Sie bei uns kaufen (Suggestion)." Nach diesem Prinzip positionieren sich Start-ups mit disruptivem Anspruch gerne, etwa Digital-Versicherer und Insurtechs, um eine klare Differenzierung zu traditionellen Versicherungen herzustellen.

- Die initiale Verwirrung (Disrupt) kann auch mit überraschenden sprachlichen Abwandlungen eingesetzt werden, was sich im E-Commerce anbietet. In einem Experiment wurden Cupcakes etwa als „Halfcakes" bezeichnet; diese ungewöhnliche und kontraintuitive Bezeichnung reichte bereits aus, um bei den Kunden die Offenheit für die Erläuterung (Reframe) herzustellen.
- Die Disrupt-then-Reframe-Technik gehört zu den stärksten (im Durchschnitt aller publizierter Studien liegt der Uplift bei etwa 100 %), aber auch zu den riskantesten. Sie wurde über Jahre hinweg massiv von der Spam-Industrie eingesetzt und ist hinsichtlich der Seriosität bei Kunden eindeutig negativ belegt. Um keinen negativen Impact zu erzeugen, muss der Ansatz daher äußerst durchdacht und gut vertestet eingesetzt werden.

WIRKUNGSSTÄRKE ▭ ▭ ▭ ▭ ▭ ▭ ▭ ▭ ▭ ▭ ▭

Quelle: Carpenter CJ, Boster FJ (2009) A meta-analysis of the effectiveness of the disrupt-then-reframe compliance gaining technique. Communication Reports 22(2):55–62

Siehe auch: Framing, Inattentional Blindness Effect

Meine Notizen

4.2.4.5 Door-in-the-Face-Technik

DECISION-MAKING Überzeugung	Door-in-the-Face-Technik

Statt einen großen Gefallen mit einem kleinen Gefallen vorzubereiten (Foot-in-the-Door-Technik), geht die Door-in-the-Face-Technik den umgekehrten Weg: Man platziert eine große Eingangsbitte, die aller Voraussicht nach abgelehnt wird. Diese provozierte Ablehnung erhöht jedoch die Bereitschaft, einer anschließenden zweiten Bitte (also dem eigentlich gewünschten Ergebnis) zuzustimmen. Dabei ist wichtig, dass die sprichwörtliche Tür erst vor der Nase zugeschlagen wird: Werden beide Bitten gleichzeitig vorgetragen, statt aufeinander folgend, sinkt die Zustimmungsbereitschaft zur zweiten Bitte deutlich.

Erklären lässt sich das zum einen mit dem latenten Schuldgefühl des Ablehnenden und der Wahrnehmung der zweiten Bitte als kooperatives Entgegenkommen des Fragenden. Dies triggert das Reziprozität-Pattern und verlangt die Zustimmung, die es ermöglicht, seinem Selbstbild als hilfsbereiter Mensch weiter zu entsprechen (siehe: Commitment and Consistency). Zum anderen „ankert" das erste Angebot das zweite und wirkt als Referenzwert, sodass die „Kosten" des zweiten Angebots dann entsprechend geringer wirken. Dies wird auch als „Kontrastprinzip" bezeichnet. Gleichzeitig besteht bei der Technik stets das Risiko, dass das erste Angebot als maßlos übertrieben wahrgenommen wird und die persönliche Beziehung zwischen den Verhandlungspartnern zerstört – die Tür schlägt man schließlich niemandem gern ins Gesicht.

AWARENESS	○	○	○	○			
	Bedarf	Aufmerksamkeit	Relevanz	Erinnerung			
DECISION-MAKING	○	●	○	●	○	○	●
	Vertrauen	Produkt- evaluation	Preisevaluation	Überzeugung	Entscheidung	Cross-/Upselling	Abschluss
RETENTION	○	○					
	Zufriedenheit	Loyalität					

Implementierung im E-Commerce

- Anwendung findet das Prinzip zum Beispiel bei der Bewerbung von „Shop the Look"-Ansätzen. Hier wird ein vollständiges Outfit angeboten, das von Kunden meist abgelehnt wird (mindestens ein Teil gefällt nicht, ähnliche Schuhe sind bereits vorhanden, etc.). Ein darunter platziertes Angebot, einzelne Produkte aus dem Look zu kaufen, wird im Rahmen der Technik dann bevorzugt in Anspruch genommen.
- Auch bei der Vermarktung von Zeitschriften-Abonnements und Vertragsprodukten kann der Effekt eingesetzt werden, indem erst lange Vertragslaufzeiten bei teuren

Produkten angeboten und eine Ablehnung provoziert wird. Anschließend können Probe-Abonnements oder Verträge mit kurzer Laufzeit einfacher vermarktet werden, die sich als Einstiegsprodukte in eine langfristige Kundenbeziehung (Companionship) eignen.

WIRKUNGSSTÄRKE

Quelle: Cialdini RB, Vincent JE, Lewis SK, Catalan J, Wheeler D, Darby BL (1975) Reciprocal concessions procedure for inducing compliance: The door-in-the-face technique. Journal of Personality and Social Psychology 31(2):206–215

Siehe auch: Reziprozität, Anchoring, Commitment and Consistency, Foot-in-the-Door-Technik

Meine Notizen

_____

_____

_____

_____

_____

_____

_____

_____

_____

4.2.4.6 Evoking Freedom

DECISION-MAKING Überzeugung	Evoking Freedom

Ein Angebot oder eine Bitte (ein Verkaufsangebot ist faktisch nichts anderes als die Bitte, ein Produkt zu kaufen) wird formuliert mit dem Zusatz „Aber Sie können frei entscheiden, ob Sie das kaufen möchten oder nicht" oder dem Vermerk „Aber fühlen Sie sich nicht verpflichtet". Die Wirkungsweise dieser auf den ersten Blick banalen Technik fußt auf zwei Effekten: Zum einen kommt man der Reaktanz-Reaktion der Interessenten zuvor und vermeidet ein Gefühl der Bedrängung, auf das Interessenten normalerweise mit einer Trotzreaktion (Ablehnung oder Nachkaufdissonanz; siehe: Buyer's Remorse) reagieren würden, um ihre eigene Freiheit wieder herzustellen. Zum anderen dokumentiert man ein gesteigertes Maß an Freundlichkeit, Höflichkeit und Unterwürfigkeit, das den Anbieter sympathischer erscheinen lässt (siehe: Liking).

Belegt wurde der Evoking-Freedom-Effekt im Rahmen diverser Kontexte (z. B. Gebäck verkaufen, Zigaretten schnorren, Geld für einen Bus von Fremden bekommen, Teilnehmer für Studien akquirieren, etc.). Die Technik funktioniert am besten im Rahmen von Face-to-Face-Interaktionen, wurde aber auch im Rahmen von Online-Kommunikation bereits nachgewiesen (Guéguen et al. 2013).

Implementierung im E-Commerce

- In regelmäßigen Abständen lässt sich diese Technik bei den Fundraising-Aktivitäten von Wikipedia beobachten (siehe den kommentierten Screenshot in Abschn. 3.1). Das stark auf freiwillige Kollaboration setzende Online-Wörterbuch adressiert damit erfolgreich den Altruismus seiner aktiven Nutzer.
- Im Rahmen von Produktpräsentationen bewähren sich Textzusätze wie „Ihre freie Entscheidung" oder „Entscheiden Sie selbst (z. B. welchen Tarif von uns Sie wählen)". Auch die Aufforderung, Vergleiche mit Wettbewerbern anzustellen, arbeitet mit Evoking Freedom. Die unterschwellige Botschaft ist hier: „Sie können uns ruhig vergleichen und werden dann auch feststellen, dass wir die Besten sind."

- Im Bestellprozess ist die Wahl, ein Kundenkonto anzulegen oder als Gast zu bestellen, eine sinnvolle Umsetzung. Ähnlich dem Hobson's +1 Choice Effect wird die Entscheidung dabei verschoben – von „Will ich wirklich hier bestellen?" hin zu „Soll ich bei der Bestellung ein Kundenkonto anlegen oder nicht?".

WIRKUNGSSTÄRKE

Quelle: Gueguen N, Pascual A (2000) Evocation of freedom and compliance: The 'but you are free of…' technique. Current Research in Social Psychology 5(18):264–270

Siehe auch: Liking, Hobson's +1 Choice Effect, Buyer's Remorse, Reaktanz

Meine Notizen

4.2.4.7 False Consensus

DECISION-MAKING Überzeugung	False Consensus

Wir tendieren dazu, die Übereinstimmung der Meinung anderer mit unserer Meinung zu überschätzen. Dem liegt die egozentrische Annahme zugrunde, dass alle genauso denken, empfinden und präferieren wie wir. Das führt zu einer Rückkopplung, die uns Sicherheit bei der Entscheidung gibt bzw. die eigene Entscheidung bestärkt. Diese (von außen betrachtet offenkundig selbstsichere und fundierte) Entscheidung kann wiederum andere Entscheider mit Unsicherheit animieren, dieselbe Entscheidung wie wir zu treffen (siehe: Social Proof).

Erklären lässt sich das Phänomen mit dem Confirmation Bias, dem Barnum Effect und der Verfügbarkeitsheuristik (siehe: Availability Heuristic): Wir suchen primär nach Bestätigung (nicht nach Widerlegung) und interpretieren Spielräume entsprechend zu unseren Gunsten bzw. zugunsten einer eindeutigen und dissonanzfreien Entscheidung.

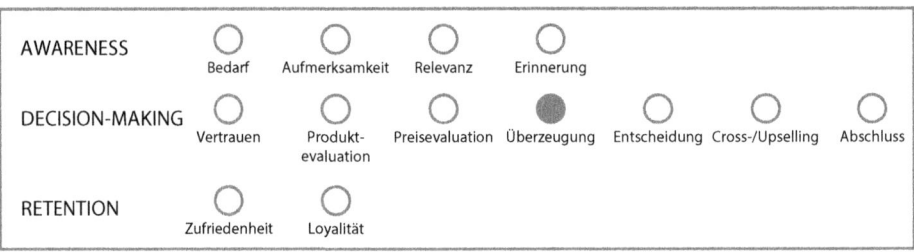

Implementierung im E-Commerce

- Der False-Consensus-Effekt spielt E-Commerce-Unternehmen naturgemäß in die Karten, da Nutzer (mit qualifiziertem Kaufinteresse) sowieso eher nach bestätigenden Elementen ihrer vordefinierten Entscheidung suchen. Diese Tendenz lässt sich durch den Einsatz der Social Proof Toolbox noch verstärken.
- Der Effekt ist bei Personen mit hoher individueller Vertrauensbereitschaft besonders stark. Unter Einsatz des Trust Bias Patterns sollte also an der allgemeinen Vertrauenswürdigkeit der Website gearbeitet werden, um die Wirkung des False-Consensus-Effekts auszulösen.

Quelle: Ross L, Greene D, House P (1977) The "false consensus effect": An egocentric bias in social perception and attribution processes. Journal of experimental social psychology 13(3):279–301

Siehe auch: Social Proof, Confirmation Bias, Barnum Effect, Availability Heuristic, Trust Bias

Meine Notizen

4.2.4.8 Foot-in-the-Door-Technik

auch: Ben Franklin Effect

DECISION-MAKING Überzeugung	Foot-in-the-Door-Technik

Die Foot-in-the-Door-Technik zerlegt den Überzeugungsaufwand in mehrere kleine Teile: Man bittet sein Gegenüber zunächst um einen kleinen Gefallen, den er oder sie praktisch nicht ausschlagen kann. Mit der Zustimmung hat man dann den sprichwörtlichen Fuß in der Tür und offenbart wenig später das eigentliche Anliegen. Mit der Zusage zur ersten kleinen Bitte erstellt der Zusagende ein Selbstbild von sich und demonstriert dem Anfragenden gegenüber Gewogenheit. Aufgrund des eigenen Konsistenzstrebens (siehe: Commitment and Consistency) wird man mit hoher Wahrscheinlichkeit weiteren Gefallen zustimmen. Zudem erzeugt die Tatsache, dass man jemandem schon einmal vertraut und einen Gefallen getan hat, eine bestätigende Rückkopplung, die sogar zu einer Sympathiesteigerung des Profiteurs führt, die wiederum die Grundlage für den nächsten Gefallen darstellt. Die jeweilige Bitte muss dabei keineswegs explizit formuliert sein, sondern kann sich auch implizit aus dem Kontext ergeben.

Die Technik wird auch als „Ben Franklin Effect" bezeichnet, der in seiner Biografie folgende treffende Maxime beschrieb: „He that has done you a kindness will be more ready to do you another, than he whom you yourself have obliged." Besser kann man nicht zusammenfassen, was Psychologen knapp 200 Jahre später herausfanden.

Implementierung im E-Commerce

- Die Customer Journey sollte als Sales-Funnel aufgebaut sein, der von breit (unverbindlicher Gefallen) zu spitz (verbindlicher Gefallen) führt. Vom ersten Klick auf der Seite über das Lesen kostenfreier Inhalte und die Bereitstellung der Mailadresse bis hin zu Kauf kann man die Kundenbeziehung sukzessive von einer sehr kleinen Bitte bis zum Abschluss entwickeln.
- Auch die Aufforderung zur Nutzung von Filtern, um passende Produkte (z. B. Sneakers in Größe 44) anzuzeigen, kann als kleine Bitte den späteren Kauf vorbereiten.
- Im Cross-Selling-Kontext kann der Effekt ebenfalls eingesetzt werden. Statt „andere Kunden kauften auch" kann der Hinweis aktivierender als „Look vervollständigen"

formuliert werden. Da diese Aufforderung allerdings nicht immer im klaren Bezug zum Ursprungsprodukt steht, wirkt das Pattern auch nicht in demselben Maße.

- Besonders häufig findet man die kleine Bitte um Facebook-Likes oder das Abschließen eines Newsletter-Abonnements, um die große Bitte (den Kauf) vorzubereiten.
- Die Technik wird bei fast allen Freemium-Modellen eingesetzt: Ein kostenloses Trial fungiert als kleine Bitte, der Kauf der Vollversion als große. Ähnliches gilt bei Musik: Die Single (kleine Bitte) ist schnell gekauft, anschließend steigt die Wahrscheinlichkeit, das ganze Album zu kaufen (große Bitte).
- Auch das im E-Commerce gängige und erfolgreiche Kundenentwicklungsparadigma „Companionship" (das Unternehmen als Kompagnon des Kunden) basiert in weiten Teilen auf dieser Technik.

WIRKUNGSSTÄRKE

Quelle: Freedman JL, Fraser SC (1966) Compliance without pressure: the foot-in-the-door technique. Journal of Personality and Social Psychology 4(2):195–202

Siehe auch: Commitment and Consistency, Reziprozität, Foot-in-the-Face-Technik, Smalltalk-Technik

Meine Notizen

4.2.4.9 Foot-in-the-Face-Technik

DECISION-MAKING Überzeugung	Foot-in-the-Face-Technik

Nachdem dargelegt wurde, dass sowohl die Abfolge kleine Bitte/große Bitte (Foot-in-the-Door) als auch die Abfolge große Bitte/kleine Bitte (Door-in-the-Face) einen positiven Einfluss auf die Zustimmung haben kann, stellte sich den Wissenschaftlern die Frage, wie es sich mit der Abfolge mittelgroße Bitte/mittelgroße Bitte verhält. Zielsetzung der beteiligten Psychologen war, eine Überzeugungsmethode zu entwickeln, die weniger sozialen Sprengstoff bzw. ein geringeres Ablehnungsrisiko besaß als die Door-in-the-Face-Technik. Überraschenderweise wurde in den Experimenten von Dolinski auch für Situationen, in denen zwei etwa gleich komplexe Bitten formuliert wurden, eine Steigerung der Teilnahmebereitschaft festgestellt – die Foot-in-the-Face-Technik war entdeckt.

Die Wirkung ist am höchsten, wenn zwischen den beiden Anfragen zwei bis drei Tage vergehen. Allerdings ist die Effektstärke in den meisten Experimenten auch dann nicht so hoch wie bei der Foot-in-the-Door-Technik und der Door-in-the-Face-Technik.

Implementierung im E-Commerce

- Effektiv basieren weite Teile der Bestandskunden-Marketing-Toolbox auf dem Prinzip. Die Bereitschaft, einen Folgekauf zu tätigen, ist meist höher als bei einem Erstkauf. Mit anderen Worten: Bestandskunden konvertieren besser als Neukunden. Das ist allerdings keine große Neuigkeit, sondern praktisches Allgemeingut im E-Commerce. Da die Technik sich in den meisten vergleichenden Untersuchungen (allerdings alle außerhalb des E-Commerce-Kontexts) als weniger effektiv als die beiden zuvor dargestellten Ansätze (Foot-in-the-Door und Door-in-the-Face) herausgestellt hat, sollte sie überwiegend dann eingesetzt werden, wenn z. B. aus Imagegründen diese Alternativen nicht angewendet werden können.

WIRKUNGSSTÄRKE

Quelle: Dolinski D (2011) A Rock or a Hard Place: The Foot-in-the-Face Technique for Inducing Compliance Without Pressure. Journal of Applied Social Psychology 41(6):1514–1537

Siehe auch: Foot-in-the-Door-Technik, Door-in-the-Face-Technik, Mere Agreement

Meine Notizen

_____

_____

_____

_____

_____

_____

_____

_____

_____

_____

_____

4.2.4.10 Hyperbolic Discounting
auch: Immediacy Effect, Present Focus Bias

DECISION-MAKING Überzeugung	Hyperbolic Discounting

Menschen bewerten Ereignisse nicht konsistent, sondern immer abhängig vom aktuellen Zeitpunkt. Ein Beispiel: Wer heute die Wahl hat zwischen 50 € in sechs Monaten und 60 € in sieben Monaten, wird sich mit hoher Wahrscheinlichkeit für die 60 € in sieben Monaten entscheiden. Wenn man diese Person nach sechs Monaten noch einmal fragt, ob sie nun sofort 50 € bekommen möchte oder lieber 60 € in einem Monat, fällt die Entscheidung jedoch meist zugunsten der sofortigen Belohnung (50 €) aus. Obwohl die beiden Optionen identisch sind und nur der Zeitpunkt verschoben wurde, hat sich die Präferenz verändert. Menschen verhalten sich also zeitinkonsistent (siehe: Zeitinkonsistenz).

Hyperbolic Discounting beschreibt damit das Phänomen, dass Menschen auf kurze Sicht sehr ungeduldig sind und auf eine sofortige Belohnung nur für eine hohe Prämie verzichten. Auf lange Sicht sind sie dagegen geduldig und verlangen weitaus niedrigere Verzichtsprämien. Wir diskontieren also mathematisch gesehen in Form einer Hyperbel – daher der Name des Patterns.

So lässt sich erklären, warum sich viele Menschen eine Diät vornehmen (der künftige Nutzen scheint hoch, der Verzicht ist noch nicht spürbar), aber nur wenige sie auch erfolgreich durchsetzen (im Moment der Konfrontation mit einer Belohnung wie einem kalorienreichen Nachtisch erscheint der Nutzen nicht mehr so hoch und der Verzicht ist schmerzhaft).

Implementierung im E-Commerce

- Menschen reagieren also auf sofortige Belohnungen viel stärker als auf perspektivische Incentivierungen, selbst wenn diese größer sind. Bewährt haben sich daher Mechanismen wie „Jetzt kaufen, später zahlen".

- Auch Kundenbindungsinstrumente können so unterstützt werden: „Jetzt dem Kunden-club beitreten und sofort Vorteile sichern."
- Schnelle Versandoptionen (Overnight, Same-Day-Delivery) verkürzen die Wartezeit auf das Produkt und entsprechen ebenfalls einer zeitnahen Belohnung. Sie sollten daher angeboten werden, auch wenn sie deutlich mehr kosten.
- Lieferengpässe und Out-of-Stock-Situationen sollten nicht als „derzeit nicht verfüg-bar" kommuniziert werden, sondern eher als „mehr ist bereits unterwegs, jetzt schon bestellen". So wird der zeitliche Fokus der Betrachtung von der Zukunft, die hyper-bolisch diskontiert würde, in die Gegenwart verschoben.
- Verschiebungen des Zahlungszeitpunkts setzen ebenfalls auf Hyperbolic Discounting (z. B. Zahlung auf Rechnung mit 30 Tagen Zahlungsziel). Wenn der „Schmerz" der Bezahlung zu einem späteren Zeitpunkt anfällt, wird er in seiner Intensität ent-sprechend abgezinst.

WIRKUNGSSTÄRKE

Quelle: Laibson D (1997) Golden eggs and hyperbolic discounting. The Quarterly Jour-nal of Economics 112(2):443–478

Siehe auch: Zeitinkonsistenz, Money Illusion

Meine Notizen

4.2.4.11 Mere Agreement
auch: Ja-Straße

DECISION-MAKING Überzeugung	Mere Agreement

Wenn uns jemand hintereinander mehrere Fragen stellt, die wir alle mit „Ja" beantworten (so unbedeutend oder offensichtlich sie auch sein mögen), erzeugt dies ein Gefühl von Ähnlichkeit bzw. Rapport zum Fragesteller und lässt uns zunehmend hilfsbereiter werden (im Kontext von Verkauf also kaufwilliger). Diese Wirkung basiert auf dem Liking Pattern. Als Bausteine kommen allgemein unterstützte Aussagen wie „Ich finde Tierquälerei sollte verboten sein, du auch?" (Common Sense) infrage, aber auch Floskeln wie „Ein wunderbarer Tag, findest du auch?".

Die Foot-in-the-Door-Technik (bzw. auch die Smalltalk-Technik) legt nahe, dass auch Fragen die mit „Nein" beantwortet werden, diesen Effekt haben. Das ist zwar richtig, allerdings fällt der Effekt bei einer Serie von „Ja"-Antworten (Mere Agreement) noch höher aus. Das liegt daran, dass bei einer „Ja-Straße" zusätzlich das Konsistenz-Pattern greift (siehe: Commitment and Consistency).

Implementierung im E-Commerce

- Bei der Hinführung des Kunden können auf Produktseiten oder in Newslettern im oberen Drittel solche Aussagen platziert werden, denen Kunden intuitiv zustimmen. Wenn anschließend der entscheidende Call-to-Action folgt, führt das Ähnlichkeitsempfinden infolge des Mere-Agreement-Effekts zu einer erhöhten Klickrate auf den Button.
- Dieses Pattern wurde für das persönliche Verkaufsgespräch entwickelt und funktioniert dort auch am besten. Im E-Commerce kommt dieser Echtzeitinteraktion ein Dialog mit einem Chat(-Bot) am nächsten. Auch hier sollte der Mitarbeiter im Chat bzw. Bot nicht sofort mit der Tür ins Haus fallen, sondern zunächst einige Smalltalk-Floskeln platzieren, denen der Kunde leicht zustimmen kann.

WIRKUNGSSTÄRKE	▆ ▆ ▆ ▆ ▢ ▢ ▢ ▢ ▢ ▢

Quelle: Pandelaere M, Briers B, Dewitte S, Warlop L (2010) Better think before agreeing twice: Mere agreement: A similarity-based persuasion mechanism. International Journal of Research in Marketing 27(2):133–141

Siehe auch: Foot-in-the-Face-Technik, Liking, Unity, Commitment and Consistency, Smalltalk-Technik

Meine Notizen

4.2.4.12 Mirroring

DECISION-MAKING Überzeugung	Mirroring

Mirroring ist eine Überzeugungstechnik, bei der das Verhalten des Gegenübers gespiegelt wird, um selbst überzeugender zu wirken. In der neurolinguistischen Programmierung (NLP) wird auch von „Pacing" gesprochen. Dies meint – genau wie Mirroring – ein Angleichen von Körpersprache, Mimik, Stimme, Sprache und Strategien. Der Ausdruck von Emotionen, die das Gefühlsleben des Gegenübers widerspiegeln, verstärkt die Überzeugungskraft einer Botschaft. Die Grundidee von Mirroring (auch: Behavioral Mimicry) ist also der künstliche Aufbau eines Gefühls von emotionaler Verbundenheit (siehe: Affektheuristik, Liking).

AWARENESS ○ Bedarf ○ Aufmerksamkeit ○ Relevanz ○ Erinnerung

DECISION-MAKING ● Vertrauen ○ Produktevaluation ○ Preisevaluation ● Überzeugung ○ Entscheidung ○ Cross-/Upselling ○ Abschluss

RETENTION ○ Zufriedenheit ○ Loyalität

Implementierung im E-Commerce

- Da im E-Commerce die direkte Face-to-Face-Interaktion fehlt, lassen sich nur Teile des Mirroring einsetzen, was den Effekt insgesamt im Vergleich zu anderen Einsatzkontexten abschwächt.
- Eine dennoch häufige Anwendung lässt sich bei der Bilderauswahl finden: Die Bildsprache sollte der Emotionswelt der Nutzer entsprechen. Ein krasses Beispiel: Beim Verkauf von Trauerbedarf sollten sicher keine kitschigen Vignetten-Fotos von glücklichen Teenagern am Strand verwendet werden. Im Idealfall präsentiert man Darstellungen, die geringfügig positiver sind als die (mit nutzerzentrierten qualitativen Methoden ermittelte) Gefühlswelt der Nutzer.

WIRKUNGSSTÄRKE

Quelle: DeSteno D, Petty RE, Rucker DD, Wegener DT, Braverman J (2004) Discrete emotions and persuasion: the role of emotion-induced expectancies. Journal of Personality and Social Psychology 86(1):43–56

Siehe auch: Barnum Effect, Authenticity, Affektheuristik, Liking

Meine Notizen

4.2.4.13 Money Omission

DECISION-MAKING Überzeugung	Money Omission

Grundsätzlich gibt es zwei Formen von Incentivierungen: monetäre und soziale, die beide vollkommen unterschiedlich funktionieren und nicht miteinander kombinierbar sind. Während soziale Incentivierungen stark System 1-basiert arbeiten (z. B. Reziprozität, Unity, Inequity Aversion), wirken monetäre Incentivierungen stark System 2-basiert. Letztere führen eine Kaufentscheidung auf eine vertragsähnliche Situation zu, in der die überwiegende Mehrheit aller Behavior Patterns durch den rationalen Ablauf des Entscheidungsprozesses außer Kraft gesetzt werden. Ein Bespiel des Psychologen Bart Schutz: Wenn ein Kindergarten beschließt, eine Strafe für zu spätes Abholen der Kinder einzuführen (z. B. 10 US$ für jede Viertelstunde Verspätung), wird aus einem sozialen Paradigma eine Vertragsbeziehung. Verspätet ankommende Eltern leiten aus der Regelung ein Recht ab, ihre Kinder zu jedem Zeitpunkt abzuholen („Ich bezahle Sie schließlich dafür!") und legen damit sozial etablierte Verhaltensweisen ab. Die Strafe würde dann genau das Gegenteil der beabsichtigten Wirkung auslösen: Eltern würden ihre Kinder verstärkt verspätet abholen.

Im ursprünglichen Experiment der Entdecker von Money Omission stellten Heyman und Ariely (2004) den Teilnehmern folgende Frage: „Stell dir vor, du brauchst Hilfe, um deine Couch ins Auto zu tragen. Welche Option würdest du wählen?"

1. einfach jemanden fragen
2. jemanden fragen UND eine Süßigkeit anbieten
3. jemanden fragen UND eine Süßigkeit anbieten UND erwähnen, dass diese 0,50 US$ wert ist
4. jemanden fragen UND 0,50 US$ anbieten

Es zeigte sich, dass die ersten beiden Optionen am besten funktionierten (zwischen ihnen gab es keinen signifikanten Unterschied). Sobald Geld ins Spiel kommt, verhielten sich die Probanden weniger sozial bzw. waren weniger hilfsbereit. Dieser Effekt wurde später anhand diverser anderer Situationen repliziert.

Implementierung im E-Commerce

- Wenn Kunden ein Geschenk (z. B. als Dreingabe) erhalten, sollte also – überraschenderweise – nicht der monetäre Gegenwert des Geschenks in den Vordergrund
  gestellt werden. Dennoch funktionieren so nahezu alle entsprechenden Vermarktungs-
  aktivitäten („Erhalten Sie zusätzlich… im Wert von…!"), was demzufolge zu hinterfragen wäre.
- Beim Einwerben von Kundenbewertungen haben sich finanzielle Incentives nicht
  bewährt und sind heute kaum noch im E-Commerce zu finden. Weitaus effektiver sind
  soziale Appelle an den Altruismus und die Hilfsbereitschaft der Kunden. Diese sollten
  dabei mit einem Verweis auf die sozialen Werte und Normen der Kunden („Sind Sie
  ein hilfsbereiter Mensch?") und in persönlicher Form (siehe: Bystander Effect) formuliert werden.

WIRKUNGSSTÄRKE

Quellen: Heyman J, Ariely D (2004) Effort for payment: A tale of two markets. Psychological science 15(11):787–793; Ariely D (2016) Payoff: The Hidden Logic that Shapes
Our Motivations. Simon & Schuster, New York

Siehe auch: Reziprozität, Commitment and Consistency, Social Proof, Bystander Effect,
Unity, Inequity Aversion

Meine Notizen

_____

_____

_____

_____

_____

_____

4.2.4.14 Pseudo Justification

auch: Pseudo Math, Nonsense Math

DECISION-MAKING Überzeugung	Pseudo Justification

Einer Bitte wird weitaus häufiger zugestimmt, wenn man eine Begründung für die Notwendigkeit liefert. Dabei spielt es jedoch überraschenderweise kaum eine Rolle, wie plausibel diese Begründung ist. Im Experiment von Key et al. (2009) wurden Probanden gefragt, ob man sie am Kopierer vorlassen würde. Eine Begründung erhöhte die Bereitschaft der Befragten deutlich. Allerdings zeigte sich zwischen den Begründungen „weil ich es eilig habe" (plausible Begründung) und „weil ich Kopien machen muss" (unplausible Begründung) kaum ein Unterschied.

Die Wirkungsweise der Pseudo Justification lässt sich wie folgt beschreiben: Unser Gehirn hinterfragt (gerade bei kleinen Bitten) die Sinnhaftigkeit der Begründung kaum. Es registriert lediglich „Würden Sie mich am Kopierer vorlassen, weil blablabla". Die Heuristik ist, dass in der Vergangenheit fast alle Menschen nach dem Schlüsselwort „weil" eine plausible Begründung geliefert haben. System 1 geht davon aus, dass das vermutlich in diesem Fall auch so sein wird. System 2 wird nur aktiviert, wenn die Bitte so groß ist, dass die Zustimmung substanzielle negative Konsequenzen hätte (z. B. lange Wartezeit, wenn man jemanden vorlassen soll, der mehrere Tausend Kopien machen möchte).

Implementierung im E-Commerce

- Der Effekt wird teilweise auch als eigenes Pattern „Pseudo Math" oder auch (inhaltlich nicht ganz treffend) „Nonsense Math" beschrieben. Demnach führt jedwede Form einer statistischen oder mathematischen Begründung dazu, dass das Produkt als relevant erachtet und gekauft wird. Besonders beliebt sind Kurven auf unbezeichneten Achsen oder Histogramme mit verzerrenden Ausschnitten der Datenmenge. Dieser Zusammenhang ist im Experiment übrigens umso stärker, je weniger mathematische Vorbildung die Nutzer haben.

- Eine wichtige Ergänzung: Damit sich der Effekt einstellt, muss die gezeigte Statistik ausdrücklich nicht notwendigerweise unsinnig („pseudo" bzw. „nonsense") sein. Es ist lediglich so, dass umgekehrt die Sinnhaftigkeit keine notwendige Voraussetzung ist.
- Das Pattern belegt, dass Begründungen in Form von Vorteilsargumentationen im E-Commerce ein Muss sind, um Wahlverhalten zu triggern.
- Call-to-Actions sollten stets mit einer Begründung versehen werden, selbst wenn diese inhaltlich nicht mehrwerthaltig sein sollte („Klicken Sie jetzt, damit Sie das Produkt kaufen können" oder „Klicken, um zu Schritt 2 zu kommen").

WIRKUNGSSTÄRKE	▰ ▰ ▰ ▰ ▱ ▱ ▱ ▱ ▱ ▱

Quellen: Langer EJ, Blank A, Chanowitz B (1978) The mindlessness of ostensibly thoughtful action: The role of "placebic" information in interpersonal interaction. Journal of Personality and Social Psychology 36(6):635–642; Key MS, Edlund JE, Sagarin BJ, Bizer GY (2009) Individual differences in susceptibility to mindlessness. Personality and Individual Differences 46(3):261–264

Siehe auch: Availability Heuristic, Post-Purchase Rationalization, Confirmation Bias

Meine Notizen

_____

_____

_____

_____

_____

_____

_____

_____

4.2.4.15 Reaktanz

DECISION-MAKING Überzeugung	Reaktanz

Reaktanz ist eine psychologische Verteidigungsstrategie, die angewendet wird, wenn Menschen unter Druck gesetzt werden, eine bestimmte Handlung zu vollziehen. Sie ist eine Reaktion auf den Versuch der Begrenzung der persönlichen Freiheit (siehe: Evoking Freedom) und besitzt oft extreme Ausprägungen, z. B. den sofortigen Abbruch eines Bestellprozesses. Damit wirkt sie wie ein Bumerang der Nonkonformität: Um unsere Freiheit zurückzugewinnen, vertreten wir genau die Position, von der wir abgebracht werden sollen bzw. nehmen die exakte Gegenposition ein. Der Prozess läuft weitgehend unbewusst ab; wahrnehmbar wird erst das Ergebnis, meist in Form einer schlagartigen Ablehnung.

Bei der professionellen Arbeit mit Behavior Patterns – meist getrieben von dem Ziel, Menschen zu einer bestimmten Handlung zu motivieren – ist das Reaktanz-Pattern sicherlich eines der wichtigsten. Es zeigt die Grenzen der Beeinflussung auf und unterstreicht, dass Menschen auch bei der Aktivierung unbewusster Verhaltensmuster keine einfach manipulierbaren Geschöpfe sind, sondern hierfür evolutionär bewährte Abwehrstrategien besitzen. Daraus lässt sich das folgende Gebot ableiten: Reaktanz kann nur vermieden werden, wenn man bei der Conversion-Optimierung die Bedürfnisse der Kunden nie aus den Augen verliert.

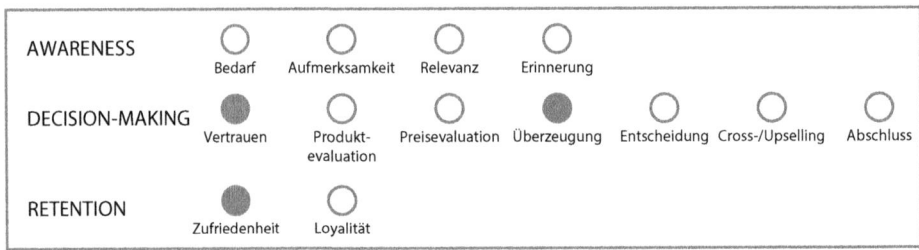

Implementierung im E-Commerce

- Nutzern sollte nie nur eine Entscheidungsmöglichkeit angeboten werden. Solche Pseudo-Entscheidungen ohne Wahlfreiheit erzeugen Reaktanz und zudem eine Abwägung zwischen Kauf und Nicht-Kauf, wie der Hobson's +1 Choice Effect gezeigt hat. Stattdessen sollte stets eine zweite Option angeboten werden, wodurch die Abwägung zu „Kauf von A vs. Kauf von B" verschoben wird.
- Auch (gemäßigt) kritische Kundenrezensionen dürfen zugelassen werden, um darzulegen, dass es sich um echte Meinungen handelt und keine regulierende Zensurinstanz die Freischaltung von Rezensionen überwacht.

WIRKUNGSSTÄRKE										

Quelle: Brehm JW (1966) A theory of psychological reactance. Academic Press, Oxford

Siehe auch: Evoking Freedom, Hobson's +1 Choice Effect

Meine Notizen

4.2.4.16 Reziprozität

DECISION-MAKING Überzeugung	Reziprozität

Reziprozität ist das Prinzip der moralischen Verpflichtung: Tut jemand uns etwas Gutes, fühlen wir uns verpflichtet, uns zu revanchieren – frei nach dem Motto „geben und nehmen".

Dieses Gefühl des Verpflichtetseins gilt jedoch in beide Richtungen. Verletzt jemand die Normen der Kooperation oder verweigert sich, tendieren wir dazu, ihn dafür zu bestrafen. In sozialen Gefügen führt der Einsatz von Reziprozität dazu, dass Egoisten sich der gemeinsamen Sache zuwenden und ihr unkooperatives Verhalten einstellen – allerdings nicht aus Altruismus, sondern weil sich so auch für den Einzelnen bessere Ergebnisse erzielen lassen.

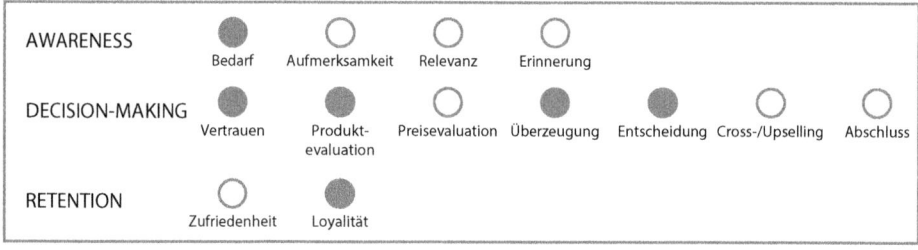

Implementierung im E-Commerce

- Geschenke, Gratisproben und kostenlose Downloads anzubieten, kann die Kaufbereitschaft als reziproke Handlung triggern. Der Effekt lässt sich unter bestimmten Rahmenbedingungen (z. B. bei hedonistisch gekauften Produkten) noch mit dem Curiosity Pattern koppeln und als Überraschungsgeschenk vermarkten.
- Jenseits einer bestimmten Umsatzschwelle kann Kunden der kostenlose Versand bei Bestellungen angeboten werden.
- Produkt-Upgrade: Hotels bieten ein kostenloses Upgrade in ein größeres Zimmer, Autovermietungen wollen mit einer höheren Fahrzeugklasse überzeugen. Häufig werden diese Upgrades erst mit einem Exit-Intent-Pop-up-Fenster ausgespielt, erscheinen also erst, wenn ein Nutzer die Maus in Richtung des „Tab schließen"-Buttons oder der Browser-Eingabezeile bewegt und damit eine Abbruchintention signalisiert.
- Freemium-Modelle, bei denen Unternehmen den Kunden zunächst einen Teil der Leistung kostenlos überlassen und bei Kunden auf das Gefühl setzen, sich mit der Nutzung zum späteren Kauf als Revanche verpflichtet zu haben, basieren ebenfalls auf Reziprozität.

- Zur Weihnachtszeit können Kalender fürs neue Jahr oder kleine Geschenke mit dem Bestellkatalog zusammen versendet werden, was die Bestellwahrscheinlichkeit im Katalog oder im Online-Shop erhöht.

WIRKUNGSSTÄRKE

Quellen: Gouldner AW (1960) The norm of reciprocity: A preliminary statement. American sociological review 25:161–178; Cialdini RB (1984) Influence: the psychology of persuasion. Harper Collins: New York

Siehe auch: Curiosity, Liking, Money Omission, Foot-in-the-Door-Technik, That's-Not-All-Technik

Meine Notizen

4.2.4.17 That's-Not-All-Technik

DECISION-MAKING Überzeugung	That's-not-all-Technik

Dieses Pattern beginnt wie die wirksame, aber oft sozial problematische Door-in-the-Face-Technik: Eine große Bitte (bzw. ein teures Angebot) wird präsentiert, das mit hoher Wahrscheinlichkeit abgelehnt werden würde. Der Ablehnung durch den Kunden kommt man mit der That's-Not-All-Technik allerdings zuvor und bessert das Angebot stetig nach. Durch die schrittweise Verbesserung des Deals wird also Akzeptanz aufgebaut.

Bei der Wirkung kommen zwei Aspekte zusammen: Zunächst triggert man die Reziprozitätsnorm und bringt Menschen in eine Situation, in der sie sich mit einem Kauf für das freundliche Entgegenkommen des Verkäufers revanchieren wollen (siehe: Reziprozität). Darüber hinaus funktioniert das Anfangsangebot als Preisanker und ruft den Kontrasteffekt hervor: Im Vergleich zum hohen Ausgangspreis wirken Produkte mit dem neuen Preis (bzw. einem erweiterten Leistungsbündel) relativ günstig (siehe: Anchoring).

Implementierung im E-Commerce

- Der Ansatz ist bekannt aus dem Teleshopping, lässt sich aber auch im E-Commerce einsetzen, z. B. mit anders kommunizierten Preisreduktionen: „Heute nicht 100 €, nicht 90 €, nicht 80 €, sondern nur 60 €" (statt „UVP 100 €, jetzt 60 €").
- Auch eine Erweiterung des Leistungsportfolios eignet sich: „Das ist noch nicht alles: Zusätzlich erhalten Sie [Dreingabe 1] dazu. Und das ist immer noch nicht alles: Zusätzlich erhalten Sie [Dreingabe 2] dazu."
- Auch 2-für-1-Aktionen und Bundling-Ansätze setzen auf dieses Prinzip und relativieren den Ausgangspreis durch eine Verbesserung der Leistungsseite.
- Vielversprechend erscheint das Prinzip auch im Versicherungskontext. Bisher werden hier Produkte von der Baseline ausgehend aufgebaut und mit jeder Angabe des Kunden teurer. So kostet z. B. eine KFZ-Versicherung „ab 89 € im Jahr" und wird mit jedem geänderten Parameter teurer (das versicherte Fahrzeug ist nicht aus der kleinsten Kategorie, die Selbstbeteiligung soll nicht auf dem Maximalwert liegen, die Kilometerleistung ist höher, man hat nicht die geringste Schadensfreiheitsklasse, etc.).

Dieses Vorgehen erzeugt kontinuierlich Frust-Momente und Unsicherheit beim Kunden. Erstaunlicherweise wurde das Prinzip noch nie umgekehrt: Die That's-Not-All-Technik legt nahe, dass Produkte nicht von der Baseline, sondern von der Topline ausgehend aufgebaut werden sollten und mit jeder Angabe des Nutzers günstiger werden. Statt Bestrafungen würde dieser Ansatz mit Belohnungen arbeiten, was im Kontext dieses Buchs als weitaus sinnvoller erscheint.

WIRKUNGSSTÄRKE ▓ ▓ ▓ ▓ ▓ ░ ░ ░ ░ ░

Quelle: Burger JM (1986) Increasing compliance by improving the deal: The that's-not-all technique. Journal of Personality and Social Psychology 51(2):277–283

Siehe auch: Door-in-the-Face-Technik, Anchoring, Reziprozität

Meine Notizen

4.2.4.18 Unity

DECISION-MAKING Überzeugung	Unity

2016 kam Persuasion-Papst Robert Cialdini zu dem Ergebnis, dass seine etablierten sechs Überzeugungsprinzipien – nachdem sie sich rund 30 Jahre lang harter Kritik
widersetzen konnten – tatsächlich eine Lücke besitzen. Um diese zu schließen, fügte er
ein siebtes Prinzip hinzu: Unity.

Unity ist die Überschneidung identitätsstiftender Merkmale, die sowohl bei dem
Beeinflussenden als auch bei dem Beeinflussten das Gefühl von Gruppenzugehörigkeit
bewirkt. Je eher wir Menschen als Teil von „uns" (als soziale Gruppe) wahrnehmen,
umso eher lassen wir uns von ihnen beeinflussen und überzeugen. Gruppenzugehörigkeit wird evolutionär bedingt als erstrebenswert empfunden. Sie gibt uns Halt und
Sicherheit, erzeugt ein Gefühl von Verbundenheit und vereinfacht als Heuristik unsere
Entscheidungen (siehe: Social Proof). Extremes Beispiel ist die Zugehörigkeit zu einer
Familie bzw. zu demselben Gen-Pool, die uns sogar das eigene Leben in Gefahr bringen
lässt, um anderen Gruppenzugehörigen zu helfen. Etwas weniger drastisch: Bei Experimenten zum Ausfüllen von Fragebögen lag die Response-Rate bei Nicht-Familien-
mitgliedern bei 20 %, bei Familienmitgliedern dagegen bei 97 %. Unity ist umso stärker,
je mehr Merkmalsüberschneidungen wir erkennen. Bei hoher Überschneidung akzeptieren wir die Person als „einen von uns", der sich für unsere Interessen einsetzt und für uns
spricht.

Implementierung im E-Commerce

- Im Rahmen von Influencer-Marketing und Social Media wird mithilfe des Unity-Patterns
  eine Massen- oder Mehrheitsmeinung mit Fürsprechern aus der Gruppe des Kunden suggeriert. Dies birgt die Gefahr einer Realitätsverzerrung („Filter Bubble"). Kombiniert
  mit modernen Targeting-Möglichkeiten kann das Gefühl, der Mehrheitsmeinung anzu-
  gehören, zu starken Konflikten führen und wird – abseits des Webmarketing-Kontexts –
  für das Erstarken populistischer Parteien mitverantwortlich gemacht.

- Die Verwendung der Sprache der Nutzer ist ebenfalls eine Unity-Anwendung: Bestimmte Gruppen erkennen die Zugehörigkeit ihrer Mitglieder an der Verwendung eines speziellen Vokabulars (z. B. Jugend-Slang, Star-Trek-Zitate, etc.).
- Man sollte familiäre Assoziationen nutzen: „Diese Empfehlung habe ich auch meiner Familie gegeben."
- Customer Co-Creation: Kunden und Anbieter werden zum gemeinsamen Hersteller eines Produkts oder einer Idee (siehe: Labor Love Effect). Dabei ist entscheidend, welche Begriffe verwendet werden: „Beteiligung" oder „Rat" aktivieren das Pattern deutlich stärker als „Meinung" oder „Erwartungen", weil sie den gemeinsamen Aspekt betonen.

WIRKUNGSSTÄRKE

Quelle: Cialdini R (2016) Pre-Suasion: A Revolutionary Way to Influence and Persuade. Simon & Schuster: New York

Siehe auch: Not-Invented-Here Syndrome, Authority, Social Proof, Labor Love Effect, Aesthetics Heuristic

Meine Notizen

_____

_____

_____

_____

_____

_____

_____

_____

4.2.4.19 Zeitinkonsistenz

DECISION-MAKING Überzeugung	Zeitinkonsistenz

Menschen bewerten Zeiträume im Hinblick auf Verzichts- oder Kaufentscheidungen nicht einheitlich. Ein gutes Beispiel begegnet vielen von uns alljährlich im Dezember: die guten Neujahrsvorsätze. Langfristig (also in einigen Wochen bzw. im neuen Jahr) nehmen wir uns vor, gesünder zu leben, mehr Sport zu machen, auf Tabak und Alkohol zu verzichten. Kurzfristig (jetzt im Dezember) liegt es aber näher, sich die schnelle Belohnung in Form eines Fernsehabends auf der Couch mit einer Tüte Chips zu gönnen. Bricht das neue Jahr nun an, sind die kurzfristigen Versuchungen oft immer noch zu stark. Unsere Entscheidungen im Hinblick auf den Zeitpunkt erster Januar haben sich abhängig vom zeitlichen Abstand verändert, sind also inkonsistent.

Ein Erklärungsansatz der Zeitinkonsistenz lautet, dass Menschen unterschiedliche Zinssätze für unterschiedliches Verhalten verlangen. Im Experiment von Thaler (1981) wurden Studenten gefragt, was man ihnen bieten müsste, um heute auf 15 US$ zu verzichten. Die Antworten offenbaren stark unterschiedliche Zinsforderungen, je nachdem für welchen Zeitraum der Verzicht verlangt wurde: Bei einem Monat wurden 20 US$ verlangt (was einem jährlichen Zins von 345 % entspricht), bei einem Jahr 50 US$ (120 % jährlicher Zins) und bei 10 Jahren schließlich 100 US$ (19 % jährlicher Zins). Je länger die Zeitspanne also ist, desto geringer fällt der Verzichtzins aus. Darum fällt es uns so leicht, gute Vorsätze für einen weit entfernten Zeitraum zu beschließen (niedriger Zins), während der zeitlich unmittelbare Verzicht (heute keine Couch, sondern Sport) mit einem erheblich höheren Zins belegt ist. Neben Neujahrsvorsätzen funktioniert z. B. auch der Bank-Dispo-Zins nach diesem Prinzip, der ökonomisch betrachtet absurd hoch ist und dennoch von Bankkunden mit inkonsistentem Zeitverhalten in Anspruch genommen wird. Ein ähnlicher Ansatz zur Erklärung dieses Effekts lautet, dass impulsive Einflüsse wie Hunger, Gier, Lust oder Schmerz unsere Entscheidungen beeinflussen. Einfach gesagt, menschliche Ungeduld führt zu inkonsistentem Zeitverhalten. Wer einmal mit Kindern an einer Supermarktkasse stand und sich durch die berüchtigte Quengelzone kämpfen musste, wird das bestätigen können.

Wunderbar illustriert wird der Effekt durch den berühmten Marshmallow-Test (Mischel et al. 1972), der auch in der Werbung mehrfach als vermeintlicher Beleg für besonders unwiderstehliche Produkte herangezogen wird.

Dass Menschen eher bei kleinen Beträgen absurd hohe Zinsforderungen stellen bzw. sich hier irrational verhalten, kann ein Indiz dafür sein, dass in diesen Fällen frei aus dem Bauch heraus entschieden wird (also rein System 1-basiert), während bei größeren Summen das Gewicht der Entscheidung entsprechend höher ist. Demzufolge wird System 2 aktiviert und wir stellen deutlich realistischere Forderungen.

AWARENESS	○	○	○	○			
	Bedarf	Aufmerksamkeit	Relevanz	Erinnerung			
DECISION-MAKING	○	○	○	●	○	●	●
	Vertrauen	Produkt- evaluation	Preisevaluation	Überzeugung	Entscheidung	Cross-/Upselling	Abschluss
RETENTION	○	○					
	Zufriedenheit	Loyalität					

Implementierung im E-Commerce

- Wenn der Wert kleiner, schneller Belohnungen systematisch überschätzt wird, sollte die Leistungsfähigkeit des Fulfillments als Kaufargument ins Feld geführt werden: „Bis 12 Uhr bestellt, heute noch verschickt."
- Gegebenenfalls sollte zusätzlich Same-Day-Delivery als Lieferoption angeboten werden, da dies ebenfalls als schnelle Belohnung mit einem hohen Zins bedacht wird.
- Bei digitalen Produkten kann zudem mit „bestellen und sofort nutzen" geworben werden. Bei Produkten, die sowohl digital als auch physisch existieren, kann bei einer Bestellung der physischen Variante (z. B. Buch, CD, Blu-Ray) die digitale Variante in Auszügen oder vollständig sofort bereitgestellt werden.

WIRKUNGSSTÄRKE

Quelle: Thaler R (1981) Some empirical evidence on dynamic inconsistency. Economics Letters 8(3):201–207

Siehe auch: Hyperbolic Discounting, Money Illusion

Meine Notizen

4.2.5   Entscheidung

4.2.5.1 Cognitive Ease
auch: Fluency

DECISION-MAKING Entscheidung	Cognitive Ease

Cognitive Ease beschreibt einen Zustand, der sich gut anfühlt, in dem man keine Sorgen kennt und die vor einem liegenden Aufgaben für einfach machbar hält. In diesem Zustand ist System 1 ist klar erkennbar das führende Entscheidungssystem. Informationen werden demzufolge eher oberflächlich auf intuitive Plausibilität geprüft und Entscheidungen auf Basis von Heuristiken gefällt.

Cognitive Ease kann diverse Ursachen haben, z. B. die anstehende Aufgabe ist tatsächlich einfach, wir kennen vergleichbare Situationen gut, wir wurden auf die Einfachheit geprimt oder sind schlicht gut gelaunt. Von der Ausprägung dieses Zustands hängt ab, wie viel Zeit und Aufwand man bereit ist, in eine Aufgabe zu investieren. Sinkt das Niveau der Cognitive Ease ab (etwa weil eine Aufgabe zunehmend komplexer wird und mehr mentale Ressourcen anfordert), wird System 2 aktiviert. In der Folge verschiebt sich die Wahrnehmung der Aufgabe: Wir werden rationaler, wachsamer und kritischer, was wiederum zur Folge hat, dass das Vertrauen in die Website, die eigene Zuversicht und der Spaß an der Nutzung sinken. Es ist deswegen absolut wünschenswert, dass Nutzer ein hohes Maß an Cognitive Ease haben, da sie dann empfänglicher für den Einsatz von Behavior Patterns sind.

AWARENESS   Bedarf   Aufmerksamkeit   Relevanz   Erinnerung

DECISION-MAKING   Vertrauen   Produkt-evaluation   Preisevaluation   Überzeugung   Entscheidung   Cross-/Upselling   Abschluss

RETENTION   Zufriedenheit   Loyalität

Implementierung im E-Commerce

- Ganz einfache Grundlage für Cognitive Ease ist die stringente Einhaltung von UX-Konventionen und erlernten Abläufen: Bekannte Prozesse erzeugen eine wahrgenommene Einfachheit und Flüssigkeit der Interaktion. System 1 bleibt das dominierenden System.
- Folgerichtig muss sichergestellt werden, dass keine Usability-Hindernisse die Cognitive Ease bremsen. Das gilt in besonderem Maße vor dem Go-Live neuer Seiten und

Funktionen. Zu diesen Zeitpunkten sollten umfassende Usability-Labs und Bugability-Analysen durchgeführt werden. Aber auch im Live-Betrieb lohnt es sich, regelmäßig zu verproben, ob die wichtigsten Seiten flüssig und barrierefrei genutzt werden können.

- Beim Einsatz von Rabatten sollten gewohnte Darstellungen verwendet werden. Gewohnt sind leicht zu verarbeitende Preisinformationen wie etwa „- 50 %" oder „nur noch 9,99 €" – nicht aber „12,4 % auf den alten Preis von 21,79 €", der als komplexe Rechenoperation wahrgenommen wird und umgehend System 2 aktiviert.
- Namen von Produkten sollten einfach zu merken und auszusprechen sein bzw. möglichst keine Fragen hinsichtlich ihrer Bedeutung aufwerfen (siehe: Availability Heuristic).

WIRKUNGSSTÄRKE

Quelle: Tversky A, Kahneman D (1974) Judgment under uncertainty: Heuristics and biases. Science 185(4157):1124–1131

Siehe auch: Availability Heuristic, Joy and Fun

Meine Notizen

4.2.5.2 Halo Effect
auch: Salience Effect

DECISION-MAKING Entscheidung	Halo Effect

Der Halo Effect beschreibt, wie ein dominierendes Merkmal die Wahrnehmung aller anderen Merkmale überstrahlen kann. Der Klassiker: Schöne Menschen werden auch als kompetent eingeschätzt, obwohl diese Attribute natürlich in keiner Weise korreliert sind. Bedingt ist die Wirkung durch die Unfähigkeit des Gehirns, allen Reizen dieselbe Aufmerksamkeit zukommen zu lassen. „Unfähigkeit" bedeutet an dieser Stelle nichts anderes, als dass eine energiesparende Heuristik zum Einsatz kommt. Konkreter existiert einerseits ein Einfluss des Primacy Effects (d. h. das aufgrund seiner Dominanz zu Beginn wahrgenommene Merkmal prägt die weitere Bewertung) und andererseits ein Zusammenhang mit dem Confirmation Bias (d. h. wir suchen gezielt nach Indizien, die unsere erste Einschätzung unterstützen).

Der Halo Effect funktioniert auch negativ und wird dann gelegentlich als „Devil Effect" bezeichnet. Das bedeutet, dass sichergestellt werden muss, dass ein potenzielles Halo-Merkmal bei allen Nutzern positiv besetzt ist. Sonst verbessert sich die Conversion bei einer Zielgruppe, während sie bei einer anderen Zielgruppe sinkt.

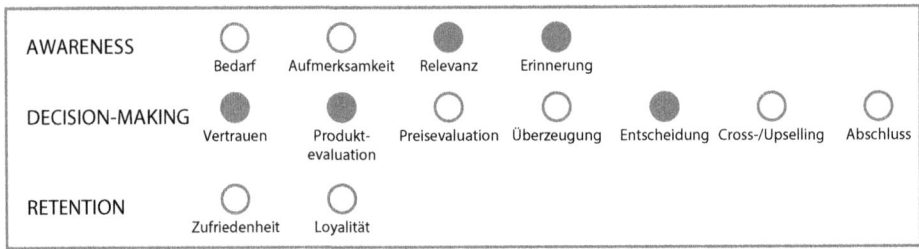

Implementierung im E-Commerce

- Spill-Over-Effekte können mit dem Halo Effect genutzt werden: Positive Erfahrungen mit dem Produkt einer Marke führen dazu, dass diese Eigenschaften ungeprüft auch anderen Produkten derselben Marken zugeschrieben werden. Beispiel: Zufriedene iPhone-Kunden interessieren sich mit hoher Wahrscheinlichkeit auch für die Apple Watch – obwohl das inhärente Interesse an (smarten) Uhren vielleicht gar nicht vorhanden ist.
- Unternehmen können gezielt nach positiven Aspekten suchen, die man als Halo setzen kann: Das können berühmte Bestseller aus der Vergangenheit sein, eine Auszeichnung als Testsieger oder eine allgemein hohe Glaubwürdigkeit in anderen Segmenten. Gut umgesetzt ist das z. B. bei Red Bull, bei denen das klar besetzte Thema „Action und Energie" die möglichen Gesundheitsrisiken und geschmack-

lichen Defizite des Produkts dominiert. Ein weiteres Beispiel liefert Nespresso: Die Kaffee-Marke hat in ihrer Werbung jahrelang kaum die Attribute des eigentlichen Produkts präsentiert, sondern mithilfe des Halo Effects von der Attraktivität des Testimonials (in Person des mehrfach als „Sexiest Man Alive" ausgezeichneten George Clooney) profitiert und Begehrtheit erzeugt.

- Wenn es dem Kontext angemessen ist, sollten gut aussehende Menschen auf der Website gezeigt werden. Das kann wie oben beschrieben die Glaubwürdigkeit der Seite steigern. Wichtig dabei ist es, keinen Konflikt mit dem Authenticity Pattern zu erzeugen, d. h. die Bilder müssen nach wie vor glaubwürdig und echt wirken.

WIRKUNGSSTÄRKE ▬ ▬ ▬ ▬ ▬ ▬ ▬ ▭ ▭ ▭

Quelle: Asch SE (1946) Forming impressions of personality. The Journal of Abnormal and Social Psychology 41(3):258–290

Siehe auch: Confirmation Bias, Primacy Effect, Authenticity, Aesthetics Heuristic

Meine Notizen

_____

_____

_____

_____

_____

_____

_____

4.2.5.3 Hick's Law

DECISION-MAKING Entscheidung	Hick's Law

Es besteht ein enger Zusammenhang zwischen der Anzahl der Wahlmöglichkeiten und der Reaktionszeit. Jede zusätzliche Alternative muss bewertet und gegenüber den anderen Optionen abgewogen werden, das kostet wertvolle kognitive Ressourcen und Zeit. Als Faustformel lässt sich annehmen, dass sich bei einer Verdoppelung der Wahlmöglichkeiten die Reaktionszeit um 150 ms erhöht (Kent 1998). Andere Modellierungen gehen von einem logarithmischen Zusammenhang aus. Anders als man im ersten Moment annehmen könnte, greift dieser Zusammenhang nicht nur bei System 2-dominierten Prozessen, sondern der Entscheidungsaufwand steigt auch bei intuitiven Abwägungen (System 1).

Das Hick's Law ist unabhängig davon so stabil, dass es auch als Intelligenztest herangezogen wird. Dabei wird angenommen: Je geringer die Reaktionszeit bei einer steigenden Anzahl von Wahlmöglichkeiten ist, umso intelligenter ist eine Testperson. Wichtig: Das Hick's Law hat bei komplexen Entscheidungsprozessen, die das Lesen von viel Text erfordern, nur eine eingeschränkte Anwendbarkeit und eignet sich nicht als Prognosemaß für die Entscheidungsgeschwindigkeit.

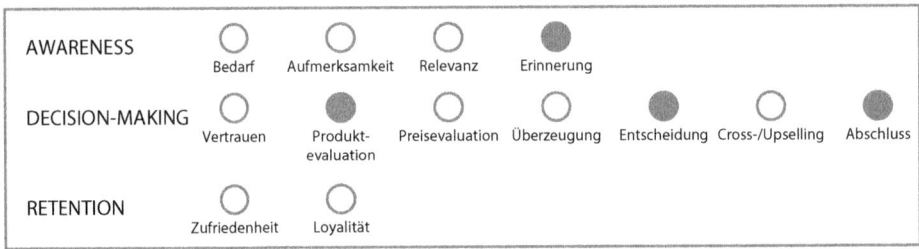

Implementierung im E-Commerce

- Das Hick's Law ist eines der Grundgesetze der User-Experience-Optimierung. Eine geringe Reaktionszeit wird als Bewertungsmaßstab für eine gute UX verwendet. Auf dem Gesetz setzt auch das Gestaltungsprinzip KISS („keep it short and simple") auf, das bis heute nicht an Gültigkeit verloren hat. Wichtig zu verstehen ist, dass es bei KISS nicht darum geht, Prozesse zu eliminieren, sondern so zu zerlegen und gestalten, dass sie mit minimalem Aufwand bearbeitet werden können. Andernfalls wären weder das Hick's Law noch das KISS-Prinzip bei komplexen Anwendungsfällen nutzbar.

- Größere Entscheidungen und Aufgaben werden besser in kleine Einheiten („Decision Chunks") aufgeteilt. So kann sich eine mehrstufige Primärnavigation eher anbieten als ein Mega-Flyout, in dem Hunderte Navigationspunkte in einer Ebene gezeigt werden. Dasselbe gilt für die Bezahlung und viele andere Auswahlprozesse wie den Identifikationsprozess bei Vertragsprodukten.

| WIRKUNGSSTÄRKE | ■ | ■ | ■ | ■ | ■ | □ | □ | □ | □ | □ |

Quelle: Hick WE (1952) On the rate of gain of information. Quarterly Journal of Experimental Psychology 4(1):11–26

Siehe auch: Paradox of Choice, Hobson's +1 Choice Effect

Meine Notizen

_____

_____

_____

_____

_____

_____

_____

_____

_____

_____

_____

4.2.5.4 Hobson's +1 Choice Effect

DECISION-MAKING Entscheidung	Hobson's + 1 Choice Effect

Um den Effekt zu verstehen, muss zunächst die Hobson's Choice bekannt sein: Hierbei handelt es sich um eine Wahl mit nur einer Option, die man entweder wählt oder nicht („take it or leave it"). Bei einer Hobson's +1 Choice wird dementsprechend eine zweite Wahloption im Entscheidungsraum ergänzt.

Die Arbeit von Barry Schwartz zum „Paradox of Choice" haben gezeigt, dass eine Entscheidung schlechter wird, je mehr Alternativen es gibt. Dieser Effekt greift jedoch meist erst ab drei verfügbaren Optionen. Bei weniger Optionen lohnt es sich, zusätzliche Alternativen anzubieten, was der Hobson's +1 Choice Effect nutzt.

Warum ist das so? Bei einer Hobson's Choice verwenden wir all unsere mentalen Ressourcen darauf, zu entscheiden, ob wir ein Produkt kaufen wollen. Die Option „Kauf" erhält genauso viel Aufmerksamkeit wie die Option „Nicht-Kauf". Gemäß dem Status quo Bias besteht dann eine Tendenz, ein Produkt nicht zu kaufen. Bei einer Hobson's +1 Choice verwenden wir dieselbe Menge mentaler Ressourcen, um zu evaluieren, ob Option 1 oder Option 2 besser ist. Die (nicht dargestellte) dritte Option „Nicht-Kauf" erhält dementsprechend erheblich weniger Aufmerksamkeit.

Implementierung im E-Commerce

- An kritischen Stellen (d. h. mit hoher Abbruchrate) im Sales-Funnel kann es sich anbieten, zwei Call-to-Actions mit unterschiedlichen Beschriftungen, aber mit demselben Linkziel anzubieten (z. B. „jetzt kaufen" und „in den Warenkorb legen"). Dies wurde im Rahmen vieler A/B-Testings kontextübergreifend als sehr wirksam identifiziert. Idealerweise korrespondieren die Button-Bezeichnungen dabei noch mit den Bedürfnissen der wichtigsten Zielgruppen. Bei einem bekanntermaßen zielorientierten Besucher (z. B. ein wiederkehrender Nutzer) kann es dabei sinnvoll sein, den zusätzlichen Button wieder auszublenden.
- Wer eine „Speichern"- bzw. Merkzettel-Funktion auf seinen Produktseiten anbietet, schafft eine Alternative zum Kaufen-Button, ohne den Nutzer aus dem Sales-Funnel zu führen.

WIRKUNGSSTÄRKE

Quelle: Schwartz B (2004b) The tyranny of choice. Scientific American 290(4):70–75

Siehe auch: Status quo Bias, Decoy Effect, Paradox of Choice, Hick's Law

Meine Notizen

4.2.5.5 Loss Aversion

auch: Verlustaversion

DECISION-MAKING Entscheidung	**Loss Aversion**

Die Loss Aversion leitet sich direkt aus der Prospect Theory von Kahneman und Tversky ab. Sie besagt, dass Menschen sich in Entscheidungssituationen irrational verhalten, wenn Unsicherheiten eine Rolle spielen. Demnach wird der Schmerz, etwas zu verlieren, als doppelt so hoch empfunden wie die Freude, eine Überraschung zu erhalten. Wenn Menschen mit einer 50:50-Wahrscheinlichkeit in einem Spiel entweder 100 € gewinnen oder 100 € verlieren können, möchte die Mehrheit nicht an diesem Spiel teilnehmen, weil der Erwartungswert irrationaler Weise als negativ wahrgenommen wird. Tatsächlich liegt er exakt bei 0, sodass ein rational handelnder Mensch gegenüber der Teilnahme indifferent sein müsste.

Die Loss Aversion führt auch zu dem bekannten Sunk-Costs-Phänomen. Ein Beispiel: Wenn wir im Kino sitzen und versehentlich einen furchtbar schlechten Film ausgesucht haben, bleiben wir doch sitzen, anstatt zu gehen und die Zeit mit einer schöneren Aktivität zu gestalten. Warum? Wir reden uns in solchen Situationen ein, dass der Aufwand (finanziell, zeitlich, körperlich) nicht umsonst gewesen sein soll. Tatsächlich ist dieser aber bereits angefallen und wird uns nicht erstattet. Statt zurückzuschauen, sollten wir nach vorne blicken und die Aktivität mit negativem Grenznutzen sofort beenden. Das Realisieren von Verlusten erzeugt jedoch aufgrund der Loss Aversion Unbehagen und Schmerz, sodass wir den schlechten Film lieber über uns ergehen lassen statt uns einer erquickenderen Beschäftigung zuzuwenden (siehe: Status quo Bias).

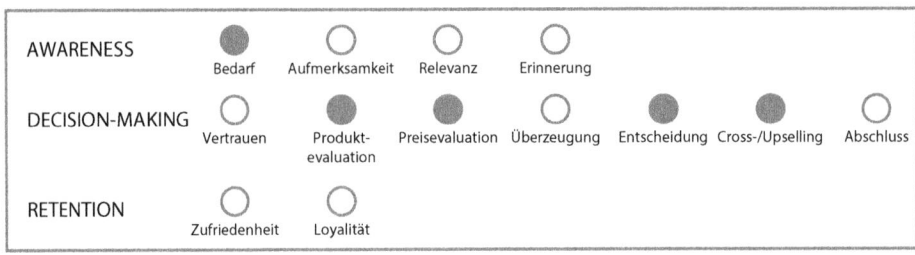

Implementierung im E-Commerce

- Eine wirksame Anwendung ist der Einsatz temporär begrenzter Sonderangebote oder Gutscheine, die zeitig verfallen. Kunden werden Verlustvorkehrungen treffen (d. h. kaufen), um den Zugriff auf das Angebot nicht zu verlieren.
- Kritische Bestandsmeldungen können aktiv kommuniziert werden: „Nur noch 1 Zimmer zu diesem Preis verfügbar!"

- Lieferkosten-Flatrates: Lieferkosten sind Kosten, die keinen physischen Gegen-wert erzeugen und damit besonders ungern gezahlt werden – anders ausgedrückt, sie erzeugen besonders viel Schmerz, weil dem Schmerz kaum ein spürbarer Gewinn gegenübersteht. Als Flatrate werden diese Schmerzen deutlich abgemildert. Nach dem gleichen Prinzip begründet sich die Bevorzugung von Kartenzahlung, Chips im Casino oder Club-Geld im Urlaub (jeweils anstelle von Bargeld).
- Auch die Vorbelegung eines hochwertigen Produkts auf einer Vergleichsseite kommt infrage. Damit vergegenwärtigen sich Kunden den Verlust von Produktbausteinen oder -merkmalen, die in einer günstigeren Alternative nicht enthalten wären. Im Ergebnis werden sich mehr Nutzer für das höherwertige Produkt entscheiden.
- Das Gutschein-Feld sollte eher versteckt bzw. ausblendet werden, um bei Nutzern ohne Gutschein-Code keine Verlustaversion zu erzeugen. Das reduziert zudem den Anteil von Kunden, die frei verfügbare Gutscheine einlösen, nachdem sie erst durch das Gutscheinfeld auf die Ideen gekommen sind, nach einem Code zu suchen.

```
WIRKUNGSSTÄRKE    ▬ ▬ ▬ ▬  ▬ ▬ ▬ ▬  ▬ ▬
```

Quelle: Kahneman D, Tversky A (1979) Prospect theory: An analysis of decision under risk. Econometrica 47(2):263–291

Siehe auch: Scarcity, Status quo Bias, Endowment Effect, House Money Effect

Meine Notizen

_____

_____

_____

_____

_____

_____

_____

4.2.5.6 Mental Accounting

DECISION-MAKING Entscheidung	Mental Accounting

Menschen sortieren finanzielle Transaktionen wie Online-Einkäufe in verschiedene mentale fiktive Konten ein (z. B. Miete, Lebensmittel, Kleidung, Urlaub). Solche mentalen Konten gibt es für alle Einkommens- und Ausgabenposten. Statt also den vollständigen Kontext einer Entscheidung zu betrachten, beziehen wir nur einen kategorisierten Ausschnitt in die Entscheidung ein. Mental Accounting ist damit zunächst eine komplexitätsreduzierende Heuristik: So müssen nicht alle Konsequenzen einer Entscheidung abgeschätzt werden, sondern nur die Einflüsse innerhalb des jeweiligen Mental Accounts. Je nachdem, wie diese Konten aber strukturiert sind, können wir zu völlig unterschiedlichen Entscheidungen gelangen (z. B. Kauf oder Nicht-Kauf). Ist ein mentales Konto noch gut gedeckt, entscheiden wir uns für den Kauf. Wurden in einem Konto dagegen erst kürzlich größere Ausgaben einsortiert, entscheiden wir uns aufgrund der mangelnden Kontodeckung dagegen. Das deutet bereits an, dass die Zuordnung zu mentalen Konten unabhängig davon stattfindet, ob die daraus folgenden Schlüsse ökonomisch rational sind.

Richard Thaler, der „Vater" dieses Behavior Patterns, erzählt gerne folgende Anekdote, um die Funktionsweise mentaler Konten zu verdeutlichen: Zu einem Zeitpunkt, als der Schweizer Franken gegenüber dem Dollar auf einem Höchststand war, hielt Thaler in der Schweiz einen Vortrag. Im Anschluss verbrachte er dort eine Woche mit seiner Frau, um sich die Region anzusehen. Diesen Urlaub versüßten sich die beiden mit dem Gedanken, dass das Vortragshonorar die astronomischen Kosten für den Urlaub gut decken würde. Hätte er dasselbe Honorar eine Woche früher für einen Vortrag in New York erhalten, hätte ihm der Urlaub in der Schweiz bei Weitem nicht so viel Freude gemacht. Die hohen Kosten des Urlaubs und das Vortragshonorar wurden also auf dasselbe mentale Konto geschlüsselt, das damit trotz des ungünstigen Wechselkurses noch ausgeglichen war.

Implementierung im E-Commerce

- E-Commerce-Unternehmen sollten sich bei jedem Produkt fragen: In welches mentale Konto sollen Kunden dieses Produkt einsortieren? Im Idealfall gelingt es entweder, das Produkt in ein sehr breites Konto einzuordnen, das stets ausreichend gedeckt ist, oder es in einer Nische zu platzieren, in der kaum Alternativszenarien (z. B. Wettbewerber) existieren. Dies gelingt etwa, indem das Produkt als Weltneuheit oder echte Innovation präsentiert wird.
- Produkte mit verschiedenen Use-Cases (z. B. Smartphones oder Laptops) können in verschiedene mentale Konten einsortiert werden (z. B. Arbeit und Unterhaltung). Je nachdem, welche Deckung die Konten üblicherweise aufweisen, wird die Zuordnung über die Bewertung der Preiswürdigkeit entscheiden. Dasselbe gilt für Produkte, die in der Schnittmenge zwischen zwei Konten liegen: Eine Tierkrankenversicherung kann etwa in den Konten „Tierbedarf" oder „Versicherungen" platziert werden.
- Ob Rabatte funktionieren (z. B. für ein Newsletter-Abonnement) hängt von dem Mental Account ab, zu dem das jeweilige Produkt zugeordnet wird. Bei vielen Menschen findet sich ein „minimales Konto", das etwa Kleinanschaffungen beinhaltet. Wird ein Produkt hier einsortiert, ist die Wahrscheinlichkeit hoch, dass Rabatte (auch wenn sie mit Aufwand verbunden sind) in Anspruch genommen werden. Im Beispiel sollten Newsletter-Abonnements also eher bei geringpreisigen Produkten beworben werden.

WIRKUNGSSTÄRKE ▬ ▬ ▬ ▬ ▬ ▬ ▬ ▬ ▬ ▬

Quellen: Thaler RH (1985) Mental accounting and consumer choice. Marketing Science 4(3):199–214; Thaler RH (1999) Mental accounting matters. Journal of Behavioral decision making 12(3):183–206

Siehe auch: House Money Effect, Hyperbolic Discounting

Meine Notizen

4.2.5.7 Peak-End Rule

DECISION-MAKING Entscheidung	Peak-End-Rule

Ähnlich wie der Primacy Effect und der Recency Effect geht auch die Peak-End Rule davon aus, dass nicht alle Teilerlebnisse mit demselben Gewicht das Gesamterlebnis prägen, sondern einzelne Eindrücke das große Ganze dominieren. Die Regel zeigt, dass das stärkste und das letzte emotionale Erlebnis (egal ob positiv oder negativ) den Gesamteindruck besonders stark und nachhaltig prägen. Dabei ist der Peak definiert als der Punkt, der am meisten von der Norm bzw. dem Erwartungswert abweicht.

Carmon und Kahneman (1995) führten dazu eine Reihe von Experimenten durch und stellten fest: Teilnehmer, die während eines Erlebnisses die meiste Zeit unzufrieden, am Ende aber kurz zufrieden waren, bewerteten das gesamte Erlebnis als positiv. In einem anderen Experiment hatten die Teilnehmer die Wahl, ihre Hand für 60 s in sehr kaltes Wasser zu halten oder ihre Hand für 60 s in sehr kaltes Wasser zu halten und anschließend noch einmal 30 s in etwas weniger kaltes Wasser. Die Mehrheit entschied sich irrationalerweise für die zweite Option mit kumuliert 90 s Belastung, weil das Ende der Alternative einen positiveren Ausklang hatte.

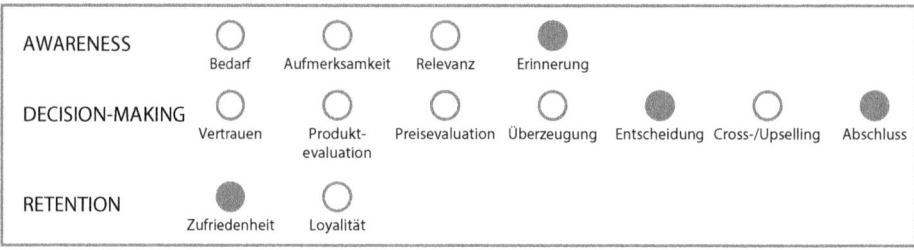

Implementierung im E-Commerce

- Wenn der „Peak" den Gesamteindruck von Kunden maßgeblich definiert, leitet sich daraus die Notwendigkeit ab, positive Überraschungen im Bestellprozess zu erzeugen. Ist dieser Positivmoment nicht gegeben, besteht die latente Gefahr, dass ein nach unten von der Norm abweichendes Teilerlebnis zu einer negativen Gesamtbewertung führt. E-Commerce-Unternehmen haben daher eine stetige Innovationspflicht, um Kunden immer wieder neu zu begeistern. Der Vollständigkeit halber sei erwähnt, dass unter Umständen auch ein lediglich erwartungsgemäßes Erlebnis als positiver Peak funktionieren kann, wenn vergleichbare Erlebnisse in der Vergangenheit meist als negativ empfunden wurden (z. B. ein flüssiger und schlanker Check-Out-Prozess).

- Den prägenden Endpunkt kann man mit schnellem Fulfillment oder einem ansprechenden Packaging sowie kleinen Geschenken als Beigaben im Paket erreichen.

WIRKUNGSSTÄRKE   ▇ ▇ ▇ ▇ ░ ░ ░ ░ ░ ░

Quelle: Carmon Z, Kahneman D (1995) The experienced utility of queuing: experience profiles and retrospective evaluations of simulated queues, Duke University working paper, Durham

Siehe auch: Primacy Effect, Recency Effect, Halo Effect

Meine Notizen

_____

_____

_____

_____

_____

_____

_____

_____

_____

4.2.5.8 Scarcity
auch: Knappheit

DECISION-MAKING Entscheidung	Scarcity

Alles, was knapp ist, hat eine magische Anziehungskraft auf uns. Ist etwas limitiert, haben wir Angst, dass es nicht mehr zur Verfügung stehen könnte, wenn unser Entscheidungsprozess zu lange dauert (siehe: Loss Aversion). Wir entscheiden uns infolge der Verknappung stärker auf Basis von Heuristiken und legen eine deutlich positive Einstellung dem Kauf gegenüber an den Tag. Nicht umsonst endet in den USA fast jeder Werbespot mit „Hurry! Offer will end soon!". Zusätzlich verarbeiten wir die Knappheit eines Produkts als Zeichen seiner Begehrenswertigkeit (siehe: Social Proof).

Ursprünglich belegt wurde das Scarcity-Prinzip anhand eines Experiments, bei dem die Teilnehmer sich einen Keks aus einer von zwei Dosen aussuchen sollten: Einer ganz vollen und einer fast leeren Dose. Die Kekse der leeren Dose waren erheblich begehrter und wurden von den Probanden auch stärker wertgeschätzt – so als hätten sie etwas Besonderes ergattert. Interessant: Die Teilnehmer, die sich für Kekse aus der fast leeren Dose entschieden (also für die Wirkung des Patterns empfänglich waren), fällten ihre Entscheidung deutlich schneller. Die Knappheit des Produkts erzeugte Handlungsdruck und Entscheidungsfreude.

Implementierung im E-Commerce

- Scarcity basiert meist auf der zeitlichen und/oder mengenmäßigen Begrenzung eines Produktes, z. B. in Form von limitierten Auflagen.
- Bestandsmeldungen: „Aufgrund der großen Nachfrage nur noch wenige Exemplare verfügbar" kann gut kombiniert werden mit Patterns aus dem Social-Proof-Instrumentarium: „12 Personen sehen sich dieses Produkt gerade an". Der Effekt lässt sich noch verstärken, wenn hohe Bestandsangaben in einer kleinen Schriftgröße geschrieben werden.
- Kundengruppenexklusive (z. B. für Studenten, Rentner, Facebook-Fans, Twitter-Follower) oder kanalexklusive Angebote („Nur online erhältlich!") sind ebenfalls eine wirksame Anwendung.

- Terminangebote können zu Beginn nur für die entfernte Zukunft angeboten werden. Termine erscheinen dann als knappes Gut und das Geschäft dadurch besonders begehrenswert (gerne genutzt von Promi-Friseuren).
- In Lehrbuchform wird Scarcity auch im Rahmen der Flash-Sales von Amazon (Cyber Monday, Black Friday, Prime Day etc.) angewendet. Hier kommen stündlich neue Produkte mit einer begrenzten Stückzahl auf den Markt, die Verknappung erfolgt quantitativ und zeitlich. So werden (mit vermeintlich hohen Rabatten) Tagesumsätze generiert, die sonst in mehreren Wochen anfallen.
- Apple setzt den Effekt bei nahezu jedem Produktlaunch ein und hat seine Kunden bereits dahin gehend erzogen, dass immer von einem Ausverkauf innerhalb von wenigen Stunden auszugehen ist. Kunden reagieren darauf mit Vorbestellungen, Camping vor den Filialen und überzogenen Preisen auf dem Sekundärmarkt (z. B. eBay). Dass die initial verfügbare Stückzahl bewusst niedrig gehalten sein könnte, vermutet kaum einer von ihnen.

WIRKUNGSSTÄRKE   ▪ ▪ ▪ ▪ ▪ ▪ ▪ ▪ ▪ ▫

Quelle: Worchel S, Lee J, Adewole A (1975) Effects of supply and demand on ratings of object value. Journal of personality and social psychology 32(5):906–914

Siehe auch: Loss Aversion, Social Proof

Meine Notizen

_____

_____

_____

_____

_____

_____

4.2.6 Cross-/Up-Selling

4.2.6.1 Diderot Effect

DECISION-MAKING Cross-/Upselling	Diderot Effect

Der Diderot Effect beschreibt, wie Menschen nach dem Kauf eines Gegenstands unter Druck geraten können, weitere Folgekäufe zu tätigen, um ein stimmiges Gesamtbild zu schaffen. Der Name des Effekts geht zurück auf ein Essay des französischen Schriftstellers Denis Diderot, der 1772 beschrieb, warum er seinem alten Morgenmantel nachtrauere: Seine Einrichtung passe nun überhaupt nicht mehr zu dem neuen Mantel, er würde wohl alles andere auch neu kaufen müssen. So stürzt er sich in Schulden, renoviert sein Haus, erneuert sämtliche Möbel – um dann irritiert festzustellen, dass er zwar der Meister seines alten Hausmantels war, jetzt aber der Sklave seines neuen Hausmantels ist.

Der Effekt beschreibt damit die Verzerrung, dass wir die Bedeutung neuer Dinge überhöhen (siehe: Recency Effect) und irrationaler Weise in der Folge weitaus schwerwiegendere Entscheidungen fällen, statt die initiale Entscheidung zu revidieren (siehe: Confirmation Bias). Kauft jemand zum Beispiel ein Paar neue Schuhe für 100 €, könnte er im Anschluss einen Zwang empfinden, nun auch einen dazu passenden Mantel, einen Gürtel, eine Tasche und Hose (für zusammen 1000 €) zu kaufen. Eine sehr große Entscheidung bzw. Investition wird also im Rahmen des Konsistenzstrebens von einer kleinen Entscheidung ausgelöst (siehe: Commitment and Consistency)

Ähnlich gelagert ist die bekannte „Sunk-Costs Fallacy", d. h. Menschen haben den Drang, ein Projekt fortzuführen, um die initialen Startkosten zu rechtfertigen (bzw. nicht abschreiben zu müssen). Das gilt selbst dann, wenn sich das Projekt längst nicht mehr rentiert. Beispiel: Zubehör zu einer Drohne wird weiter gekauft, obwohl man mit dem Gerät nach anfänglicher Euphorie nie wieder geflogen ist. So kann man den Eindruck aufrechterhalten, dass die initiale Entscheidung (Kauf der Drohne) kein Fehler war und somit Dissonanz vermeiden.

Implementierung im E-Commerce

- Für Handelsunternehmen sind Produkte wie Diderots Morgenmantel wahre Heilsbringer. Sie eigenen sich perfekt als Einstieg in eine langfristige und einträgliche Kundenbeziehung. Im E-Commerce können mit Warenkorbanalysen solche Artikel identifiziert werden, die häufig im Verbund mit anderen gekauft werden und eine erhöhte Folgekaufwahrscheinlichkeit besitzen. Sehr häufig sind Erstkäufe Bedarfskäufe. Sinnvolle Maßnahmen sind also die Stärkung des Sortimentszusammenhangs rund um diese Artikel und auf Bundling ausgerichtetes Cross-Selling.
- Das Einstiegsprodukt sollte attraktiv bepreist sein und kann in Ausnahmefällen sogar unter den Selbstkosten verkauft werden. Voraussetzung ist neben einer geeigneten „Ergänzungsproduktwelt" auch eine direkte Möglichkeit zur Kundenansprache nach dem initialen Kauf.

WIRKUNGSSTÄRKE

Quelle: McCracken F (1988) Diderot unities and the Diderot effect. In: McCracken G (Hrsg) Culture and Consumption: New Approaches to the Symbolic Character of Consumer Goods and Activities. Indiana University Press, Bloomington/Indianapolis, S 118–129

Siehe auch: Recency Effect, Endowed Progress Effect, Confirmation Bias, Commitment and Consistency

Meine Notizen

4.2.6.2 Low Ball Effect

DECISION-MAKING Cross-/Upselling	Low Ball Effect

Der Low Ball Effect startet ähnlich wie die Foot-in-the-Door-Technik: Eine kleine Bitte wird formuliert, die von den meisten nicht abgelehnt wird. Nachdem die prinzipielle Zustimmung gegeben wurde, werden hier allerdings weitere Zusatzkosten offenbart. Das können finanzielle (z. B. Versandkosten, Bearbeitungsgebühren) oder nicht-finanzielle Kosten sein (z. B. lange Lieferzeit, obligatorische Abholung in der Filiale). Trotz dieser unangenehmen Überraschung werden die Kosten deutlich öfter akzeptiert, wenn man zu Beginn eine Zustimmung gegeben hat, als wenn die unangenehmen Nebenbedingungen von vorn herein klar kommuniziert worden wären.

Ein weiterer Unterschied zur Foot-in-the-Door-Technik ist der fehlende zeitliche Versatz zwischen den beiden Anliegen: Die zweite Bitte wird unmittelbar nach der Zustimmung zur ersten Bitte kommuniziert. Damit triggert man das Commitment and Consistency Pattern („Wer A sagt, muss auch B sagen.").

Implementierung im E-Commerce

- Im E-Commerce sollten gemäß dem Pattern unangenehme Nebenbedingungen erst dann kommuniziert werden, wenn Nutzer schon das Commitment (etwa in Form eines signifikanten Workloads) zur Erreichung des Ziels abgegeben haben. Ein bekanntes Beispiel ist das Fotobuch für nur 10 €. Nach der aufwendigen Gestaltung durch den Nutzer werden Versandkosten von 9,99 € oder Bildbearbeitungsgebühren angezeigt. Erstaunlicherweise gelingt bei Nutzern, die die Nebenbedingung akzeptieren, danach das Cross-Selling besonders gut: So wird das Angebot, ein weiteres Exemplar für 7,99 € zu bestellen, gerne angenommen, weil es die (bereits akzeptierten) hohen Versandkosten relativiert.

- Ähnliche Anwendungsszenarien sind Lockangebote. Beispielsweise wird ein sehr günstiger Werkzeugkasten beworben, der im Shop allerdings bereits vergriffen ist. Stattdessen wird ein höherpreisiges Alternativprodukt angezeigt, das dann von der Zuneigung zum ursprünglichen Produkt profitiert und trotz der negativen

Nebenbedingungen (höherer Preis als ursprüngliches Produkt) häufiger gekauft wird als bei direkter Vermarktung.

- Dass solche Ansätze nur sehr dezent eingesetzt und nie zur Systematik eines Online-Shops werden dürfen, liegt dabei auf der Hand. Das Pattern eignet sich also nicht besonders gut zum Aufbau von Kundenloyalität, sondern eher für Geschäftsmodelle mit geringer Kauffrequenz.

WIRKUNGSSTÄRKE

Quelle: Cialdini RB et al. (1978) Low-ball procedure for producing compliance: commitment then cost. Journal of Personality and Social Psychology, 36(5):463–476

Siehe auch: Foot-in-the-Door-Technik, Commitment and Consistency, Labor Love Effect

Meine Notizen

4.2.7 Abschluss

4.2.7.1 Action Bias

DECISION-MAKING Abschluss	Action Bias

Der Action Bias als Gegeneffekt zum Status quo Bias bezeichnet die Tendenz von Menschen, auch dann aktiv zu handeln, wenn die Handlung aller Voraussicht nach nichts bringt oder sogar schädlich ist. Dieser Aktionismus greift insbesondere in unklaren Situationen, in denen die beste Handlungsalternative nicht eindeutig festzustellen ist.

Identifiziert wurde der Effekt ursprünglich anhand von Torhütern, die bei einem Elfmeter nur in den wenigsten Fällen in der Mitte stehen bleiben, sondern in rund 95 % der Fälle in eine der beiden Ecken hechten. Sinnvoll ist das eigentlich nicht, denn die Schützen schießen Elfmeter relativ gleichverteilt über die Breite des Tores. Einfach stehen zu bleiben würde die Chancen, den Elfmeter zu halten, also keineswegs senken, sondern gegebenenfalls sogar erhöhen, wenn man die vergrößerte Fläche durch in beide Richtungen ausgebreitete Arme hinzuzieht. Torhüter erliegen aber der menschlichen Neigung, lieber aktiv ins Geschehen einzugreifen, als passiv abzuwarten.

Erklären lässt sich das zum einen mit dem Overconfidence Effect, der uns übermäßig glauben lässt, die Situation vorausahnen und bewältigen zu können. Daneben existiert ein evolutionsbiologischer Erklärungsansatz: Die frühen Menschen hatten meist nur die Optionen Flucht oder Kampf („Flight or Fight"). Beide Optionen implizieren jedoch eine aktive Handlung, sodass Nichtstun evolutionär eigentlich nicht vorgesehen ist. Ein dritter Erklärungsansatz liegt in der sozialen Bewertung einer Handlung bzw. Nichthandlung: Wer aktiv handelt, hat zumindest gut sichtbar seinen Willen demonstriert – wer gar nichts tut, gilt dagegen schnell als apathisch und unentschlossen. Bei jüngeren Menschen, bei denen die soziale Profilierung noch nicht abgeschlossen ist, ist dieser Zusammenhang folgerichtig stärker ausgeprägt als bei älteren.

Implementierung im E-Commerce

- Der Action Bias lässt sich entscheidungsfördernd im Rahmen der Bezeichnung von Buttons einsetzen. Diese sollten wörtlich als echte Call-to-Actions, also Aktionsaufrufe wie „jetzt wählen" oder „sofort bestellen" formuliert sein. Diese Erkenntnis gehört zwar zum 1×1 der Online-Konzeption, wird aber überraschend oft vernachlässigt.

- Im Content bieten sich Formulierungen wie „Warten Sie nicht länger!", „Nehmen Sie die Entscheidung in die Hand!" oder „Handeln Sie jetzt!" an, die den existierenden Drang zu handeln verstärken und entsprechendes Verhalten auslösen können.

WIRKUNGSSTÄRKE

Quelle: Bar-Eli M, Azar OH, Ritov I, Keidar-Levin Y, Schein G (2007) Action bias among elite soccer goalkeepers: The case of penalty kicks. Journal of economic psychology 28(5):606–621

Siehe auch: Status quo Bias, Overconfidence Effect

Meine Notizen

4.2.7.2 Commitment and Consistency

DECISION-MAKING Abschluss	Commitment and Consistency

Commitment and Consistency beschreibt das Streben nach Konsistenz zwischen den eigenen Handlungen auf der einen Seite und den Werten und dem Selbstbild auf der anderen Seite. Konsistenz wird als wünschenswertes soziales Merkmal betrachtet und dient als Indikator für Rationalität, Vertrauenswürdigkeit und Stabilität. Darüber hinaus ist das Prinzip eine mentale Abkürzung im Entscheidungsprozess. Frühere Entscheidungen werden als Grundlage aktueller Aufgaben genutzt und derselbe Standpunkt als Heuristik erneut angewendet.

Praktisch heißt das: Haben wir uns einmal mündlich oder schriftlich für eine Idee oder ein Ziel entschieden, neigen wir dazu, diese Entscheidung beizubehalten und zu verteidigen. Die tiefe Verankerung im Alltag lässt sich auch anhand der Ausdrücke erkennen „Wer A gesagt hat, muss auch B sagen" und „Wenn man etwas anfängt, bringt man es auch zu Ende".

Wichtig bei der Wirkung des Patterns ist, dass das Commitment zu einer Sache freiwillig, aktiv und öffentlich abgegeben wurde. Ist einer oder sind mehrere dieser Faktoren nicht gegeben, reduziert sich die Wirkung. Dagegen erhöht sich die Wirkung, wenn das Commitment zusätzlich schriftlich abgegeben wurde.

Implementierung im E-Commerce

- In späten Schritten in Antragsstrecken bzw. Bestellprozessen mit hoher Abbruchquote kann man verdeutlichen, dass die Entscheidung bereits gefallen ist und Nutzer konsistent bleiben sollten. Auch in der Bestellbestätigung kann dieses Pattern wirksam zur Reduzierung der Retourenquote eingesetzt werden.
- Von Nutzern ein kleines Commitment zum Shop oder zur Marke zu erhalten, kann der Türöffner für eine langfristige Kundenbeziehung sein, weil die beiläufig gefällte ursprüngliche Entscheidung (z. B. Download eines Hörbuchs, Newsletter-Abonnement, Kauf eines günstigen Sale-Artikels) für den Anbieter später nicht revidiert werden soll (siehe: Foot-in-the-Door-Technik).

- Eine Merkzettel-Funktion kann dieses Pattern ebenfalls nutzen. So wird eine kleine unverbindliche Entscheidung leicht gefällt, die die spätere Kaufentscheidung kognitiv vorbereitet.

WIRKUNGSSTÄRKE

Quelle: Cialdini RB (1984) Influence: the psychology of persuasion. Harper Collins: New York

Siehe auch: Foot-in-the-Door-Technik, Confirmation Bias, Endowed Progress Effect, Mere Agreement, Diderot Effect

Meine Notizen

4.2.7.3 Confirmation Bias

auch: Choice Supportive Bias, My Side Bias

DECISION-MAKING Abschluss	Confirmation Bias

Nachdem eine Meinung oder Entscheidung gefällt wurde, neigen Menschen stark dazu, sich nur auf die positiven Aspekte dieser Entscheidung zu fokussieren und alle Fakten im Sinne der bestehenden Entscheidung auszulegen. Alle entscheidungsrelevanten Faktoren werden implizit so gewichtet, dass es sich als die bestmögliche Entscheidung anfühlt. System 1 verteidigt die Entscheidung. In der Folge entstehen kein schlechtes Gewissen, keine kognitiven Dissonanzen, keine notwendige Aktivierung von System 2. Ohne System 2 wird die Notwendigkeit einer Rückabwicklung gar nicht erst geprüft. Daniel Kahneman (2011, S. 133) fasst den Bias wie folgt zusammen: Die „Suche nach Informationen und Argumenten beschränkt sich überwiegend auf Informationen, die mit bestehenden Überzeugungen in Einklang stehen, und verfolgt nicht die Absicht, diese zu überprüfen."

Das Risiko einer fehlerhaften Entscheidung ist dabei stets gegeben, da man Argumente, die die eigene Meinung widerlegen könnten, verdreht oder ignoriert. Als Strategie für den Umgang mit gegensätzlichen Argumenten kann auch die Gewichtung angepasst werden. Gewichtet man zur eigenen These passende Argumente stärker, spricht man auch vom „My Side Bias". Der Choice Supportive bzw. Confirmation Bias ist übrigens auch die Grundlage des breiten Erfolgs von Aberglaube, Populismus, Scharlatanerie, Verschwörungstheorien und allgemeiner Beratungsresistenz. Wer gerne schnell reich werden möchte, glaubt dem, der schnellen Reichtum verspricht, eher als einem realistischen Kritiker. In der Folge beteiligen sich solche Menschen z. B. eher an einem Schneeballsystem.

Kurz zusammengefasst: Menschen wollen glauben und bestätigen. Das ist auch die Erklärung für die „Clustering Illusion", die das Phänomen bezeichnet, dass wir in allem Belege für unsere Meinung zu erkennen glauben, statt den Zufall anzuerkennen.

Implementierung im E-Commerce

- Aussagen in Werbekampagnen oder Produktbeschreibungen können mit einem gewissen Deutungsspielraum formuliert werden. So finden sich Interessenten unabhängig von ihrer bestehenden Meinung in der Aussage wieder und fühlen sich angesprochen bzw. bestätigt.
- Für Warenkorb-Abbrecher sollte unterstrichen werden, dass die Entscheidung, das Produkt in den Warenkorb zu legen, schon gefallen ist. Das kann erreicht werden, indem nochmals alle emotionalen und funktionalen Vorteile der Bestellung bei der Abbrecher-Ansprache genannt werden.
- Es bietet sich an, nutzerzentrierte Methoden einzusetzen, um genau zu verstehen, welche tief sitzenden Überzeugungen die Kunden haben. Im nächsten Schritt können diese Zielgruppensegmente gezielt mit einer zu ihrer Überzeugung passenden Botschaft angesprochen werden. So ist keine eigenständige Überzeugung notwendig. Das funktioniert für sehr viele Zielgruppen – vom Klimawandelleugner bis zum Veganer.

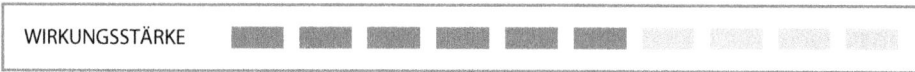

WIRKUNGSSTÄRKE

Quelle: Forer, BR: The fallacy of personal validation: A classroom demonstration of gullibility. In: Journal of Abnormal and Social Psychology. Band 44, 1949, S. 118–123

Siehe auch: False Consensus Effect, Verfügbarkeitsheuristik, Belief Bias, Cognitive Dissonance, Commitment and Consistency

Meine Notizen

4.2.7.4 Hindsight Bias

auch: Rückschaufehler, Knew-It-All-Along Effect

DECISION-MAKING Abschluss	Hindsight Bias

Der Hindsight Bias beschreibt das Phänomen, dass Menschen, die den Ausgang eines Ereignisses kennen, überzeugt sind, dass sie den Ausgang hätten vorhersagen können. Kurz gesagt: „Ich hab's schon immer gewusst!". Deswegen wird er auch als „Knew-It-All-Along-Effect" bezeichnet (Hertwig et al. 1997).

Er führt dazu, dass wir Erklärungen finden, wo keine zu finden sind. Nichts scheint mehr vom Zufall gesteuert oder willkürlich. Besonders brisant ist dies bei juristischen Fragestellungen, denkt man etwa an die Einschätzung vereidigter Gutachter, ob Unfälle vorherzusehen bzw. zu vermeiden gewesen wären. Gutachter, die den Ausgang des Ereignisses kennen, finden weitaus häufiger eine logische Erklärung dafür. Ein weiteres Beispiel sind große Börsen-Crashs, die im Nachhinein auch regelmäßig als vorhersehbar verklärt werden.

Implementierung im E-Commerce

- Der Hindsight Bias hat für die Interface-Gestaltung zwar nur eine begrenzte Anwendbarkeit. Dennoch sollten Sie ihn für die Conversion-Optimierung unbedingt kennen. Er trägt nämlich dazu bei, dass Sie das wichtigste Tool, das Sie für die Optimierung besitzen – das A/B-Testing – gegebenenfalls nicht optimal nutzen: Testergebnisse werden durch den Hindsight Bias nämlich häufig nicht eingehend genug analysiert, wenn sie plausibel und damit vorhersehbar erscheinen. Das betrifft insbesondere Ergebnisse, die die bereits umgesetzte Variante beweisen und daher als vermeintlich nicht wertvoll betrachtet werden. Legen Sie deswegen idealerweise einen Auswertungs- und Interpretationsprozess für A/B-Tests fest, den sowohl positive als auch negative Befunde durchlaufen. So kann sichergestellt werden, dass der Hindsight Bias minimiert und das A/B-Testing optimal genutzt wird.

WIRKUNGSSTÄRKE									

Quelle: Pohl RF (2004) Hindsight bias. In: Pohl RF (Hrsg) Cognitive illusions: A handbook on fallacies and biases in thinking, judgement and memory. Psychology Press, Hove, S 363–378

Siehe auch: Confirmation Bias, Illusion of Control

Meine Notizen

_____

_____

_____

_____

_____

_____

_____

_____

_____

_____

4.2.7.5 Illusion of Control
auch: Kontrollillusion

DECISION-MAKING Abschluss	Illusion of Control

Illusion of Control bezeichnet den Irrglauben von Menschen, den Ausgang von Zufalls-experimenten beeinflussen zu können. So lässt sich oft beobachten, dass Menschen beim Würfelspiel stärker würfeln, wenn sie eine hohe Zahl würfeln wollen. Auch einen voll-ständig zufälligen Münzwurf glauben viele Menschen beeinflussen zu können.

Entdeckt wurde der Effekt in einem mittlerweile berühmten Experiment: Probanden wurden zwei Karten verdeckt vorgelegt, eine Gewinnkarte und eine Verlustkarte. Die Wahrscheinlichkeit, einen Gewinn zu erhalten, wurde von den Teilnehmern deutlich höher eingeschätzt, wenn sie selbst eine Karte auswählen konnten, als wenn ihnen die Karte durch den Spielleiter gegeben wurde. Der Effekt lässt sich durch sogenannte „Skill Cues" noch verstärken, das sind Anzeichen für Fähigkeiten, die in vergleichbaren Situ-ationen üblicherweise benötigt werden (z. B. Auswählen, Recherchieren, Entscheiden).

Implementierung im E-Commerce

- Wenn Nutzer glauben, die Kontrolle über unkontrollierbare Prozesse zu haben, sollte man ihnen diesen Glauben im Sales-Funnel nicht nehmen. Kritisch sind daher Situ-ationen, in denen die Kontrolllosigkeit für Nutzer offenbar wird, z. B. bei techni-schen Fehlern und Abbrüchen. Neben der Tatsache, dass diese natürlich sowieso zu vermeiden sind (denn „PsyConversion" kann seine Kraft nur in handwerklich einwandfreien Shops voll entfalten), wirken sich kontrollbestätigende Elemente positiv auf den Verlauf der Customer Journey aus und reduzieren die Abbruchquote. Der Grund ist einfach: Wer glaubt, einen Prozess kontrollieren zu können, empfindet weniger subjektives Risiko und ist bereit, ein objektiv höheres Risiko einzugehen. Sätze wie „Sie entscheiden, wie Sie bezahlen" oder „Sie haben jederzeit die volle Kontrolle über den Bestellprozess" sind Balsam für System 1 und besitzen aktivie-rendes Potenzial.

- Im Bestellprozess können fiktive Entscheidungen abgefragt werden, die für den Prozess gar nicht nötig wären. Denn auch eine Auswahlmöglichkeit zwischen mehreren Optionen ist eine Form wahrgenommener Kontrolle. Dieser Ansatz kollidiert allerdings mit UX-Konventionen, nach denen Seiten möglichst schlank und entscheidungsarm zu sein haben, und sollte daher zurückhaltend eingesetzt werden.
- Wichtige Informationen und häufig benötigte Daten sollten omnipräsent erreichbar sein, z. B. der Warenkorb (etwa als Sticky Element am oberen Rand der Seite) oder die Kontaktmöglichkeiten (etwa als Fähnchen am rechten Bildrand).
- Bei langen Auflistungen (z. B. wenn hunderte Produkte in einer Kategorie angeboten werden) sind „Mehr"-Buttons oder Seitennummern sinnvoller als Infinite Scrolling (d. h. die Seite lädt automatisch Produkte nach, sobald man am Ende der Liste ankommt), um dem Nutzer die Kontrolle zu überlassen.
- Gesetzte Filter sind Anforderungen des Nutzers bzw. Handlungsanweisungen für den Shop. Sie sollten daher auf alle Produkte angewendet werden und beim Neuladen der Seite bestehen bleiben.

WIRKUNGSSTÄRKE	▰ ▰ ▰ ▰ ▱ ▱ ▱ ▱ ▱ ▱

Quelle: Langer EJ (1975) The illusion of control. Journal of personality and social psychology 32(2):311–328

Siehe auch: Overconfidence, Self-Efficacy, Hindsight Bias

Meine Notizen

4.2.7.6 Motivating Uncertainty Effect

DECISION-MAKING Abschluss	Motivating Uncertainty Effect

Die Erforschung des Verhaltens unter Risiko ist seit den 1970er Jahren intensiv vorangetrieben worden. Die meisten Untersuchungen kommen dabei zu dem Ergebnis, dass wir eine Aversion gegen Unsicherheit und Ambiguität haben: Entscheidungen mit unsicherer Konsequenz gehen wir eher aus dem Weg (siehe: Ambiguity Aversion). Aktuelle Befunde legen dagegen die Vermutung nahe, dass Unsicherheit auch ein starker Motivator sein kann. In mehreren Experimenten zeigten Probanden, die den Umfang einer Belohnung nicht kannten, eine höhere Motivation und Ausdauer bei der Bearbeitung einer Aufgabe als Teilnehmer, denen gleich zu Beginn des Experiments die Höhe der Belohnung genannt wurde. Die Grundlage dieses Motivating Uncertainty Effect legten die berühmten Experimente mit der Skinner-Box in den 1950er Jahren: Hier zeigte sich, dass Labormäuse besonders stark auf eine Zufallsbelohnung reagierten.

Erklären lässt sich das zum einen mit der Spannung, die wir bei der Bearbeitung der Aufgabe empfinden. Zum anderen attribuieren wir in das Vakuum unsere Wünsche und Vorstellungen hinein, hoffen also (ungeachtet der Wahrscheinlichkeit) auf eine besonders hohe Belohnung. Das lässt sich mit entsprechendem Framing der Situation zusätzlich verstärken.

AWARENESS	○ Bedarf	● Aufmerksamkeit	○ Relevanz	○ Erinnerung		
DECISION-MAKING	○ Vertrauen	○ Produkt-evaluation	○ Preisevaluation	● Überzeugung	○ Entscheidung ○ Cross-/Upselling	● Abschluss
RETENTION	○ Zufriedenheit	○ Loyalität				

Implementierung im E-Commerce

- Im Rahmen von Newslettern mit Sonderangeboten und rabattierten Produkten bietet es sich an, eine Spanne der Ersparnis darzustellen (z. B. 20–70 %). Die Unsicherheit bzw. Hoffnung auf den höchstmöglichen Rabatt motiviert Nutzer, die Produkte im Shop aufzurufen und erhöht entsprechend die Click-Through-Rate des Newsletters.
- Beim Aufruf der Seite kann außerdem eine Meldung ausgespielt werden, die einen Gutschein-Code in unbekannter Höhe im Bestellprozess ankündigt. Nutzer, die sich daraufhin von der Produktseite über den Warenkorb bis zum Bestellprozess durchgearbeitet haben, erliegen dann dem Endowed Progress Effect und dem

Loss Aversion Pattern und glorifizieren den Wert des Coupons, um die bisherige Anstrengung zu rechtfertigen.

WIRKUNGSSTÄRKE

Quelle: Shen L, Fishbach A, Hsee CK (2014) The motivating-uncertainty effect: Uncertainty increases resource investment in the process of reward pursuit. Journal of Consumer Research 41(5):1301–1315

Siehe auch: Ambiguity Aversion, Status quo Bias, Framing, Curiosity, Joy and Fun

Meine Notizen

4.2.7.7 Overjustification Effect

auch: Korrumpierungseffekt, Selbst-Korrumpierung

DECISION-MAKING Abschluss	Overjustification Effect

Der Effekt beschreibt, dass die übermäßige Rechtfertigung einer gewünschten Handlung dazu führt, dass die intrinsische Motivation dieser Handlung durch extrinsische Motivation verdrängt wird. Wenn aber eine Handlung nur noch extrinsisch motiviert ist, werden Menschen diese nicht mehr vollziehen, sobald der extrinsische Motivationsanreiz wegfällt. Anders ausgedrückt: Ein extrinsischer Anreiz (wie eine Belohnung) erhöht kurzfristig die Motivation. Sobald der Anreiz wegfällt, sinkt die Motivation aber deutlich unter das Ursprungsniveau. Äußere Reize sind jedoch ein sinnvolles und geeignetes Motivationsinstrument, wenn Menschen nicht intrinsisch motiviert sind.

Erklären lässt sich das wie folgt: Für eine Tätigkeit, die man gerne ausübt, erwartet man keine Belohnung. Wird dann wider Erwarten doch eine Belohnung gegeben, findet eine kognitive Neubewertung der Situation statt. Dabei wird die Tätigkeit mit Situationen gleichgesetzt, für die man in der Vergangenheit üblicherweise eine Belohnung erhalten hat. Meist sind dies Situationen, in denen man nicht intrinsisch motiviert war (z. B. schwere körperliche Arbeit nur gegen angemessene Bezahlung). Durch diese Gleichsetzung entzieht man der Tätigkeit die intrinsische Motivation, sie wird korrumpiert.

In mehreren Anwendungskontexten wurde erforscht, wie Belohnungen den maximalen Nutzen für die Motivation entfalten. Die Befunde sind sich weitgehend einig, dass überraschende (bzw. nicht erwartete) Belohnungen den größten Hebel besitzen – ob bei der Gestaltung von Anreiz-Systemen für Mitarbeiter im E-Commerce-Team oder für die Aktivierung von Nutzern auf der Website.

Implementierung im E-Commerce

- Wo Nutzer bereits intrinsisch motiviert sind, ein bestimmtes Verhalten zu zeigen, sollte zusätzlich keine extrinsische Motivation eingesetzt werden. Ein starker Treiber intrinsischer Motivation ist zum Beispiel Neugierde. Weitere sind Spaß, Involvement, Wissbegierde, Sympathie oder das eigene Selbstverständnis. Wenn es also bereits gelungen ist, Nutzer mit Neugier in den Sales-Funnel zu bringen, sollte dort auf extrinsische Verstärker (z. B. einen Gutschein-Code) verzichtet werden.

- Belohnungen sollten für Nutzer nicht vollständig antizipierbar sein, wenn intrinsische Motivation vorhanden ist. Bietet es sich aufgrund des zu schwachen Niveaus intrinsischer Motivation an, zusätzlich auf extrinsische Belohnungen zu setzen, sollten diese überraschend ausgespielt werden.
- Als Daumenregel lässt sich festhalten: Bei einfachen oder repetitiven Aufgaben ist die Wirkung eines extrinsischen Reizes meist positiver als bei komplexen Aufgaben (d. h. höhere Anforderungen an Aufmerksamkeit oder Kreativität). Bei Letzteren sollte eher die intrinsische Motivation unterstützt werden, z. B. indem die positive Wirkung der Handlung für den Nutzer betont wird (Autonomie, persönliche Verwirklichung, Sicherheit, etc.).

WIRKUNGSSTÄRKE

Quellen: Bem DJ (1967) Self-perception. An alternative interpretation of cognitive dissonance phenomena. Psychological Review 74:536–537; Deci EL, Koestner R, Ryan RM (1999) A meta-analytic review of experiments examining the effects of extrinsic rewards on intrinsic motivation. Psychological Bulletin 125(6):627–668

Siehe auch: Self-Efficacy, Joy and Fun, Curiosity, Cognitive Dissonance

Meine Notizen

4.2.7.8 Response Efficacy

DECISION-MAKING	Response Efficacy
Abschluss	

Wir sind eher bereit, eine Handlung zu vollziehen, wenn wir glauben, dass diese Handlung zu dem gewünschten Ergebnis führt. Was auf den ersten Blick verdächtig nach dem Self-Efficacy Pattern klingt, hat jedoch einen durchaus anderen Twist: Während Self-Efficacy fragt, wie kompetent wir uns fühlen, eine Handlung zu vollziehen („Schaffen wir es, das zu tun?"), geht es bei der Response Efficacy um die Konsequenzen der Handlung („Wenn wir es tun, bringt es uns an das gewünschte Ziel?"). Unsicherheit bezüglich der Handlungskonsequenzen untergräbt also unsere Handlungsbereitschaft.

Eine Handlungsabsicht ergibt sich immer aus emotionalen und kognitiven Komponenten. Response Efficacy gehört zu den wirkungsstärksten kognitiven Einflüssen. Zudem hat es eine Mediator-Funktion für emotionale Entscheidungsaspekte. Diese ist bei positiv konnotierten Emotionen (wie Stolz oder Freude) stärker als bei negativ belegten (wie Angst oder Zwang).

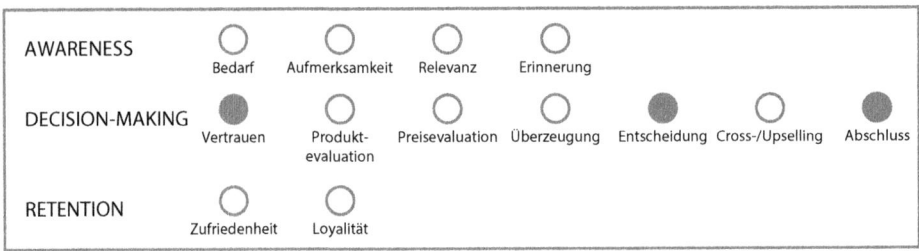

Implementierung im E-Commerce

- Eine Zielgruppenanalyse bringt hervor, welche konkreten Zielsetzungen Kunden mit dem Kauf eines Produkts verfolgen. Diese Zielsetzungen sollten dann kommunikativ adressiert werden. Am Beispiel eines Altersvorsorgevertrags: Schließen Kunden diesen Vertrag ab, um im Alter Sicherheit zu haben oder als gut verzinste Kapitalanlage?
- Anschließend sollte geprüft werden, ob ein positives oder negatives Framing das Verhalten stärker hebelt (z. B. „Berechnen Sie, wie viel Sie mit diesem Produkt sparen können" vs. „Berechnen Sie, wie viel Geld Ihnen ohne dieses Produkt entgeht").
- Die Botschaft, dass der Kauf eines Produkts zu dem gewünschten Ergebnis führt, kann mit Testimonials, Statistiken oder Auszeichnungen und Gütesiegeln verstärkt werden.

WIRKUNGSSTÄRKE	▬ ▬ ▬ ▬ ▬ ▬ ▬ ▬ ▬ ░ ░

Quelle: Lewis IM, Watson B, White KM (2010) Response efficacy: The key to minimizing rejection and maximizing acceptance of emotion-based anti-speeding messages. Accident Analysis & Prevention 42(2):459–467

Siehe auch: Self-Efficacy, Social Proof, Trust Bias

Meine Notizen

4.2.7.9 Self-Efficacy

DECISION-MAKING Abschluss	Self-Efficacy

Das Konzept der Selbstwirksamkeitserwartung von Albert Bandura bezeichnet die Erwartung einer Person, aufgrund eigener Kompetenzen eine Handlung erfolgreich selbst durchführen zu können. Dabei ist nicht die tatsächliche (objektive) Fähigkeit entscheidend, sondern die verzerrte Selbsteinschätzung der eigenen Kompetenzen.

Verhaltenswirksam wird dieses Pattern, wenn Erfolgserlebnisse den Glauben an die eigenen Fähigkeiten stärken. In diesem Fall steigt die Motivation, die Aufgabe abzuschließen. Die Motivation sinkt dagegen, wenn Misserfolge Zweifel an der eigenen Kompetenz wachsen lassen. In der Folge besteht eine erhöhte Abbruchabsicht, um dem „Schmerz" der Erkenntnis der eigenen Unfähigkeit zu entgehen. Self-Efficacy ist abzugrenzen von Response Efficacy, bei der es nicht um die Handlungskompetenz, sondern um die Handlungskonsequenz geht.

Implementierung im E-Commerce

- Die Website sollte dem Nutzer ständig bestätigendes Feedback geben, alles richtig zu machen (z. B. mit Inline-Validation bei der Eingabe von Adressen oder Bankdaten).
- Über die aktuelle Position des Nutzers im Bestellprozess sollte ebenfalls transparent informiert werden (z. B. mit Piktogrammen). Dabei können bereits abgeschlossene Schritte als Erfolge dargestellt werden, um die Self-Efficacy zu unterstützen.
- Auch im Rahmen der Onsite-Suche kann das Pattern eingesetzt werden: Intelligentes Auto-Suggest kann Suchvorschläge antizipieren und Eingabeproblemen (z. B. exotische Synonyme, Rechtschreibfehler, regionale Redewendungen) zuvorkommen, um die Selbstwirksamkeit des Nutzers nicht zu gefährden.
- Weitere gut geeignete Instrumente sind FAQs, How-to-Seiten mit Tutorials, Erklärvideos, Zwischenfazits, positiv formulierte Hinweis- und Fehlermeldungen oder Social Proof (zu sehen, dass andere eine Aufgabe bewältigt haben, erzeugt als „stellvertretende Erfahrung" ebenfalls Motivation).

WIRKUNGSSTÄRKE										

Quelle: Bandura A (1977) Self-efficacy: toward a unifying theory of behavioral change. Psychological Review 84(2):191–215

Siehe auch: Overconfidence, Social Proof, Bandwagon Effect, Response Efficacy

Meine Notizen

_____

_____

_____

_____

_____

_____

_____

_____

_____

_____

_____

4.2.7.10 Zeigarnik Effect

DECISION-MAKING Abschluss	Zeigarnik Effect

Der Zeigarnik Effect geht davon aus, dass es in der Natur des Menschen liegt, einmal angefangene Dinge zu Ende bringen zu wollen. Solange dieses Ziel nicht erreicht ist, empfinden wir eine unangenehme Dissonanz, die Spannung aufbaut und uns motiviert, die Aufgabe nicht abzubrechen. Das lässt sich auch an den Ressourcen erkennen, die wir für die Erinnerung an Aufgaben investieren: An bereits erledigte Aufgaben erinnert man sich weitaus schwieriger als an offene To-Dos, da für diese weniger Ressourcen bereitgestellt werden.

Als Beispiel kann der Kellner herangezogen werden, der in der Lage ist, komplexe Bestellungen im Gedächtnis zu behalten und an die Küche weiterzugeben. Nachdem die Gäste eines Tisches aber bezahlt haben und der Vorgang damit abgeschlossen ist, fällt ihm die Erinnerung an die konsumierten Speisen deutlich schwerer.

Implementierung im E-Commerce

- Denkbar ist der Einsatz von „Cliffhangern": Das funktioniert gut beim Leiten von Nutzern von einem Schritt des Sales-Funnels zum nächsten. Beispiel: „Auf der nächsten Seite finden Sie einen Gutschein-Code, mit dem Sie überraschend viel sparen können."
- Fortschrittsbalken („Progress Bars") visualisieren im Bestellprozess die Unvollkommenheit der Aufgabe und motivieren zum Abschluss.
- Ein Single-Page-Check-Out-Prozess kann aufgrund seiner erhöhten Übersichtlichkeit dazu führen, dass nicht die einzelnen Schritte, sondern der gesamte Bestellprozess als eine Aufgabe wahrgenommen wird, die es zu erledigen gilt. Das sollte aber dringend vor dem Roll-Out vertestet werden, da gegenüber einem Multi-Page-Check-Out meist die Übersichtlichkeit leidet.
- Auch die klare Kommunikation des Abschlusses des Bestellprozesses wird von dem Zeigarnik Effect gestützt: Nutzern muss vollkommen klar sein, wann sie die Aufgabe „Online-Shopping" als abgeschlossen klassifizieren und gedanklich ablegen können.

Ist das nicht der Fall, kann aufkommende Dissonanz zu einer erhöhten Retourenquote führen.

WIRKUNGSSTÄRKE

Quelle: Zeigarnik B (1938) On finished and unfinished tasks. A source book of Gestalt Psychology 1:300–314

Siehe auch: Endowed Progress Effect, Commitment and Consistency

Meine Notizen

4.3   Retention-Phase

Der Kaufprozess endet explizit nicht mit dem Klick auf den Buy-Button bzw. der Lie-
ferung der bestellten Ware. Angesichts der Tatsache, dass die Bestandskundenpflege
verglichen mit der Neukundenakquise den erheblich besseren „Return on Marketing
Investment" besitzt, sollte der erste Kauf als Startpunkt einer langfristigen Kunden-
beziehung verstanden werden. Die Nachkauf- bzw. Retention-Phase beinhaltet zwei
Abschnitte, in denen insgesamt acht primäre Behavior Patterns eingeordnet werden.
Zufriedenheit mit der Kauferfahrung und dem gekauften Produkt ist eine wichtige
Voraussetzung für Kundenbindung und kann mit passenden Patterns psychologisch
gestützt werden. Ist sie gegeben, besteht die Chance, Kunden langfristig zu binden und
Kundenloyalität aufzubauen (Abb. 4.4).

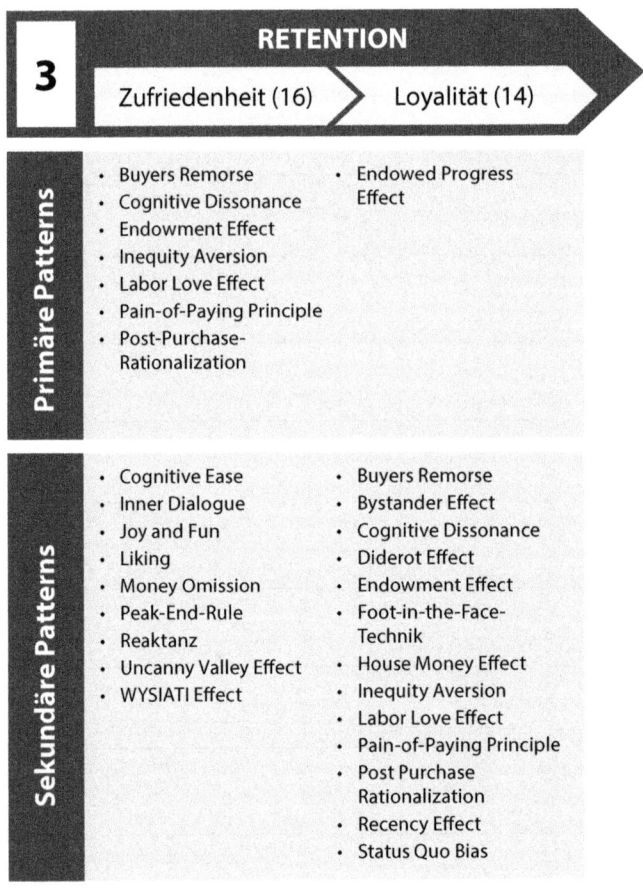

Abb. 4.4 Anwendungs-Framework für den Kontext Retention

4.3.1 Zufriedenheit

4.3.1.1 Buyer's Remorse
auch: Kaufreue, Nachkaufdissonanz, Choice Closure

RETENTION Zufriedenheit	Buyers Remorse

Buyer's Remorse ist der Gegeneffekt der Post-Purchase Rationalization: Während die Post-Purchase Rationalization eine Kaufentscheidung rückwirkend rechtfertigt, erzeugt Buyer's Remorse Zweifel an der Richtigkeit der Entscheidung. Diese Nachkaufdissonanz beschreibt eine Abweichung zwischen den Erwartungen der Kunden und der tatsächlichen Zufriedenheit.

Der Effekt tritt verstärkt auf, wenn Kunden zur Entscheidung gedrängt oder mit kurzfristigen Incentivierungen „bestochen" wurden. Die Konsequenz können hohe Retourenquoten sein. Das verdeutlicht erneut, dass der Einsatz von Behavior Patterns nicht am schnellen Sale, sondern am langfristigen Kundennutzen ausgerichtet sein muss.

Implementierung im E-Commerce

- Der Effekt kann mit Glückwünschen zu dem guten Deal bzw. zu der guten Entscheidung reduziert werden.
- Zum Instrumentarium der Post-Purchase Rationalization gehört auch, die ursprüngliche Motivation des Kunden und Argumente für die Überlegenheit des Shops noch einmal zusammenfassend zu nennen.
- Auch die Zusicherung, nach dem Kauf noch für die Kunden da zu sein, ist wirksam.
- Ein Beispiel aus der Versicherungsbranche: Die Ergo-Versicherung bietet eine Zahnzusatzversicherung mit der Positionierung „Versichern, wenn es eigentlich schon zu spät ist". So wird Nachkaufdissonanz sofort vermieden, da die sinnvolle Verwendung des Produkts bereits sichergestellt ist. In der Folge fällt der Nachteil deutlich höherer Prämien dann nicht mehr ins Gewicht.

- Dem Effekt kann man zuvorkommen, indem man auf der Danke-Seite (Bestätigungs-seite nach Abschluss des Bestellprozesses) Social Sharing Buttons anbietet. Sobald Nutzer diese Buttons verwenden, wird eine Entscheidung sozial sichtbar und damit erheblich schwerer umkehrbar, da das inkonsistente Verhalten mit dem Risiko einer sozialen Abwertung einherginge (siehe: Commitment and Consistency).
- Eine andere Möglichkeit ist, die Entscheidung mit einem physischen Akt abzuschlie-ßen. Damit helfen wir dem Gehirn, die Endgültigkeit des Entscheidungsprozesses anzunehmen. Erreicht werden kann das mit dem Schließen des Bestellfensters bzw. dem Hinweis auf der Danke-Seite „Sie können dieses Fenster jetzt schließen".

WIRKUNGSSTÄRKE										

Quelle: Festinger L (1962) A theory of cognitive dissonance (Vol. 2). Stanford university press, Palo Alto

Siehe auch: Commitment and Consistency, Post-Purchase Rationalization, Cognitive Dissonance

Meine Notizen

4.3.1.2 Cognitive Dissonance

RETENTION Zufriedenheit	Cognitive Dissonance

Konflikte zwischen unseren Einstellungen, unseren Überzeugungen und unserem Verhalten erzeugen Dissonanz – ein unangenehmes Gefühl. Dieses Spannungsgefühl versuchen wir aufzulösen und die Balance wiederherzustellen. Dafür besitzen wir drei Strategien: Anpassung unseres Verhaltens, Anpassung unserer Überzeugungen, Anpassung unserer Wahrnehmung. So können Raucher ihr Dissonanzgefühl auflösen, indem sie aufhören zu rauchen (Verhaltensänderung), das Rauchen verharmlosen (Überzeugungsänderung) oder die Freude des Rauchens zelebrieren (Wahrnehmungsänderung).

Ein anschauliches Beispiel liefert die Fabel „Der Fuchs und die Trauben" des griechischen Dichters Äsop: Nachdem der Fuchs es nach mehreren Versuchen nicht geschafft hat, die über ihm hängenden Trauben zu erreichen, sagt er sich, dass er sie eigentlich sowieso nicht haben möchte, weil sie ihm noch nicht reif genug seien.

Implementierung im E-Commerce

- Cognitive Dissonance entsteht im E-Commerce meist unmittelbar nach der Bestellung oder bei der ersten Verwendung eines Produkts. In diesem Zusammenhang ist die After-Sales-Kommunikation von großer Bedeutung. Wenn Dissonanz empfunden wird, sollten Anbieter eine Vorlage für die Änderung der Überzeugungen oder der Wahrnehmung liefern, um das Risiko einer Verhaltensänderung (= Retoure) zu reduzieren. Das kann z. B. über eine Zusammenfassung der Produkt-USPs und des Nutzwerts in der Bestellbestätigungsmail erreicht werden (siehe: Buyer's Remorse).
- Auch eine Nachkaufbefragung kann Dissonanz abbauen. Fragt man etwa „Warum haben Sie dieses Produkt gekauft?" und liefert als Antwortmöglichkeiten eine Reihe guter Gründe, bringt man die Nutzer dazu, sich noch einmal in ihrer Entscheidung zu bestärken. Fragebögen können also nicht nur Verhalten erheben, sondern auch beeinflussen.

WIRKUNGSSTÄRKE	■■■■■□□□□□

Quelle: Festinger L (1957) A theory of cognitive dissonance. Stanford University Press, Stanford

Siehe auch: Confirmation Bias, Buyer's Remorse, False Consensus, Post-Purchase Rationalization

Meine Notizen

4.3.1.3 Endowment Effect
auch: Besitztumseffekt

RETENTION Zufriedenheit	Endowment Effect

Menschen tendieren dazu, ein Gut als wertvoller einzuschätzen, wenn sie es besitzen. Die Wertschätzung für ein Objekt ist also keine objektive Größe, sondern von dem derzeitigen Besitzstatus abhängig. Dieser Effekt führt bei Geschäftsbeziehungen oft zu komplizierten Verhandlungen und kann das Transaktionsvolumen insgesamt reduzieren, weil die Verkäuferseite deutlich höhere Preise aufruft, als die Zahlungsbereitschaft der Käufer hergibt. Der Endowment Effect ist umso stärker, je seltener man ein Objekt kauft bzw. verkauft: Bei Gütern des täglichen Bedarfs fällt er daher recht schwach aus.

Die Wirkungsweise ist ähnlich wie beim Status quo Bias: Den aktuellen Zustand versucht man, möglichst aufrecht zu erhalten. Auch die Prospect Theory kommt mit der Loss Aversion als Erklärungsansatz infrage, wenn Menschen den Verlust eines Objekts durch den Verkauf höher gewichten, als den Gewinn in Form eines marktüblichen Preises.

Implementierung im E-Commerce

- Shop-Betreiber können lange Umtauschfristen anbieten, um Nutzer an den Besitz zu gewöhnen und den wahrgenommenen Wert des Produkts zu steigern. Längere Umtauschfristen und eine Senkung der Retourenquote sind also kein Paradoxon, wie die Beispiele von Zalando, About You und Ikea zeigen.
- Nach dem Kauf greift auch bei Neukunden der Endowment Effect. Es ist daher sinnvoll, am Ende des Bestellprozesses (z. B. auf der Danke-Seite) Social Sharing Buttons zu implementieren. Da Nutzer das gerade gekaufte Produkt als sehr wertvoll einschätzen, ist die Wahrscheinlichkeit der Nutzungsbereitschaft hier vergleichsweise hoch.
- Ähnlich verhält es sich bei Kundenbewertungen. Auch diese werden direkt nach dem Kauf aufgrund des Endowment Effects tendenziell eher abgegeben. Noch stärker wäre der Hebel zwar nach dem Erhalt des Produkts, hier mangelt es jedoch häufig an geeigneten Touchpoints zum Kunden, an denen die Bewertungen angefragt werden könnten.

- Außerdem sollte nach dem Kauf bei allen Interaktionen vom Produkt des Kunden gesprochen werden („dein Produkt"). Dies triggert erneut die belohnende Besitzvorstellung der Kunden.
- Der Effekt lässt sich auch innerhalb der E-Commerce-Organisation beobachten. Als professionelles E-Commerce-Unternehmen sollten Sie und Ihre Mitarbeiter dem Endowment Effect nur sehr begrenzt unterliegen. Produkt- oder Category-Manager können jedoch ebenfalls dazu neigen, „ihre" Produkte bzw. Produkte aus „ihrer" Kategorie emotional zu adoptieren. Diese Identifikation ist bis zu einem gewissen Grad absolut wünschenswert, darf aber nicht dazu führen, dass das Pricing sich von den Marktrealitäten entfernt und den Umsatz negativ beeinflusst.

WIRKUNGSSTÄRKE	▆ ▆ ▆ ▆ ▆ ▆ ▢ ▢ ▢ ▢

Quellen: Thaler RH (1980) Toward a Positive Theory of Consumer Choice. Journal of Economic Behavior and Organization 1(1):39–60; Kahneman D, Knetsch JL, Thaler RH (1990). Experimental tests of the endowment effect and the Coase theorem. Journal of political Economy 98(6):1325–1348

Siehe auch: Status quo Bias, Endowed Progress Effect, Loss Aversion

Meine Notizen

_____

_____

_____

_____

_____

_____

_____

_____

4.3.1.4 Inequity Aversion
auch: Ungleichheitsaversion, Unfairnessaversion

RETENTION Zufriedenheit	Inequity Aversion

Die Inequity Aversion ist die Präferenz für Fairness und Gleichheit innerhalb einer sozialen Struktur. Dabei wird Fairness meist kurioserweise als absoluter und nicht als relativer Wert interpretiert: Finden zwei Personen (von denen eine sehr reich und eine sehr arm ist) zum Beispiel einen 100 € -Schein auf der Straße, so entscheiden sie sich meist dazu, eine 50:50-Teilung als fair zu empfinden. Die Tatsache, dass der Schein der armen Person einen ungleich höheren Nutzen stiftet, wird dabei ausgeblendet. Interessant ist auch, dass Menschen sowohl auf für sie negative als auch für sie positive Ungleichheiten empfindlich reagieren.

Gezeigt wurde die Inequity Aversion einprägsam im Rahmen des Diktatorspiels. Hier entscheidet ein einzelner Teilnehmer (der Diktator), wie eine Belohnung zwischen ihm und anderen Teilnehmern aufgeteilt wird. Die Probanden in der Rolle des Diktators entscheiden sich zu mehr als 50 % dafür, zumindest einen Teil des Betrags abzugeben, was mit der Nutzenmaximierung des Homo Oeconomicus nicht vereinbar wäre. Eine Ausbaustufe ist das Ultimatum-Spiel. Es beinhaltet zusätzlich die Regel, dass der andere Teilnehmer ein Veto einlegen kann, das dazu führt, dass beide Spieler leer ausgehen. Dieses Veto wird meist bei einer niedrigen Beteiligung genutzt. Die Teilnehmer bevorzugen es also, gar nichts statt wenig zu erhalten, wenn die andere Seite dadurch auch einen Verlust erleidet. Sie sind also bereit, für den Erhalt der Fairness zu bezahlen. Das lässt sich auch neurologisch belegen: Besonders niedrige Angebote an den zweiten Spieler aktivieren bei dem Diktator Gehirnregionen, die für Gefühle wie Schmerz und Abscheu zuständig sind. Fairness ist also nicht nur strategisch motiviert, sondern auch emotional.

Der Effekt wurde später auch mit Kapuzineraffen nachgewiesen, was darauf hindeutet, dass es einen evolutionsbiologischen Sinn für Fairness gibt und sie nicht nur ein soziales Konstrukt ist.

Implementierung im E-Commerce

- Fairness und soziale Normen können beim Retourenverhalten genutzt werden: So hat
  sich gezeigt, dass ein Paketbeileger mit Anspielung auf soziale Normen das Retourenverhalten deutlich reduzieren kann (Pfrang et al. 2015). Konfrontiert man Kunden mit
  ihrem Egoismus und weist auf ökologische (Umweltbelastung durch Transport) und
  soziale Folgen (Retourenkosten müssen auf die Kundengemeinschaft umgelegt werden) hin, wird das oft bedenkenlose Retournieren hinterfragt. Neben der sinkenden
  Retourenquote wirkt sich dies auch bei Folgebestellungen positiv aus.
- Auch bei der Preisgestaltung lässt sich der Effekt einsetzen: Dokumentiert man z. B.
  die Fairness gegenüber allen Mitgliedern der Lieferkette, kann dies die Zahlungsbereitschaft und die Bewertung der Preiswürdigkeit deutlich verbessern. Erfolgreich
  eingesetzt wird dies etwa bei „Fair Trade"-Kaffee, bei dem aufgezeigt wird, dass der
  Endverkaufspreis erforderlich ist, um den Kaffeebauern ein Einkommen zu sichern.

WIRKUNGSSTÄRKE	▬ ▬ ▬ ▬ ░ ░ ░ ░ ░ ░

Quelle: Fehr E, Schmidt KM (1999) A theory of fairness, competition, and cooperation.
The Quarterly Journal of Economics 114(3):817–868

Siehe auch: Unity, Bystander Effect

Meine Notizen

_____

_____

_____

_____

_____

_____

4.3.1.5 Labor Love Effect

auch: Egg Theory, Ikea Effect

RETENTION Zufriedenheit	Labor Love Effect

Der Labor Love Effect beschreibt die kognitive Verzerrung, dass Menschen Dinge mehr mögen (love), zu denen sie selbst beigetragen haben bzw. Aufwand (labor) investiert haben. Entdeckt und benannt wurde der Effekt nach dem schwedischen Möbelhaus, das einen nicht unwesentlichen Teil der Wertschöpfung (v. a. den Aufbau der Möbel) an die Kunden auslagert und damit nicht nur in hohem Maße Kosten spart, sondern erstaunlicherweise auch die Wertschätzung für seine Produkte erhöht. Diese erreicht quantitativ fast dasselbe Niveau wie eine individuelle Tischlerarbeit. Das bedeutet im Umkehrschluss: Es Kunden einfacher zu machen, bedeutet nicht zwangsläufig, dass auch das Erlebnis besser wird. Damit ähnelt das Phänomen dem Endowment Effect, der beschreibt, dass Menschen den Wert von eigenen Produkten systematisch überschätzen.

Daneben gibt es einen zweiten Aspekt: Der investierte Aufwand macht uns blind für die Perspektive anderer, die das Produkt (ohne eigenen investierten Aufwand) ganz anders bzw. geringer bewerten. Das gilt allerdings nur, wenn das Ergebnis unserer Anstrengungen von Erfolg gekrönt ist. Um im Beispiel zu bleiben: Gelingt uns der Aufbau eines Regals nicht, entsteht keinerlei Zuneigung zum Möbelstück, sondern die Verantwortlichkeit für das Scheitern wird beim Hersteller gesucht.

Die alternative Bezeichnung als „Egg Effect" stammt aus den 1950er Jahren, als der Konsumgüter-Hersteller Pillsbury feststellte, dass eine Backmischung, bei der man Wasser und ein Ei hinzufügen musste, weitaus begehrter war als dasselbe Produkt, bei dem nur Wasser benötigt wurde. Offenbar symbolisiert ein Kuchen ein besonderes Ereignis, das man seinen Lieben bescheren möchte. Diesen Stellenwert verdient ein Kuchen aber nur, wenn daran handwerklich mitgewirkt wurde. Neben dem bekannten Ikea-Beispiel nennt einer der Entdecker des Effekts ein extremes Beispiel zur Veranschaulichung – vermutlich ist es nicht ganz ernst gemeint: So hält Dan Ariely Kinder vor allem deswegen für unverkäuflich, weil man schlicht extrem viel Arbeit in sie investiert habe.

Implementierung im E-Commerce

- Customer Co-Creation: Kunden können an der Entstehung des Produkts beteiligt werden, etwa im Rahmen von Personalisierungs- oder Mass-Customization-Ansätzen (z. B. eigene Schuhe designen). In diesem Beispiel zahlt der Effekt neben der Conversion-steigernden Wirkung auch auf die Senkung der Retourenquote ein.
- Daneben kann der Effekt bei schwer zu findenden oder nur lokal verfügbaren Produkten (hoher Such- bzw. Beschaffungsaufwand) sowie bei limitierten Produkten eingesetzt werden.
- Auch die Endmontage des Produkts durch den Kunden bietet sich, wie wir im Ikea-Beispiel gesehen haben, als Umsetzungsmöglichkeit an. Dies ermöglicht zudem ein geringeres Packmaß und geringere Logistikkosten.
- Kochboxen (Zutaten per Kurier, Kochen muss man selbst) sind ein gutes Beispiel für eine direkte Übertragung des Ikea-Prinzips und erfreuen sich folgerichtig steigender Beliebtheit.
- Letztlich können auch Kundenbefragungen als Mittel zur Überzeugung eingesetzt werden: Produkte von Kunden testen zu lassen und Feedback einzuholen, steigert die Beteiligungsbereitschaft und die Wertschätzung für das Produkt und den Anbieter.

WIRKUNGSSTÄRKE	▮ ▮ ▮ ▯ ▯ ▯ ▯ ▯ ▯ ▯

Quelle: Norton MI, Mochon D, Ariely D (2011) The 'IKEA Effect': When Labor Leads to Love. Harvard Business School Marketing Unit Working Paper No. 11-091. https://doi.org/10.2139/ssrn.1777100

Siehe auch: Endowment Effect, Not-Invented-Here Syndrome

Meine Notizen

_____

_____

_____

_____

_____

4.3.1.6 Pain-of-Paying Principle

RETENTION Zufriedenheit	Pain-of-Paying Principle

Zwischen dem Vergnügen am Konsum und der Bezahlung dafür existiert ein enger psychologischer Zusammenhang. Das Pain-of-Paying Principle beschreibt, dass wir uns nur ungern von unserem Geld trennen, weil es psychologisch weit mehr als nur die Funktion eines Tauschmittels besitzt (siehe: Dollar Eyes Effect). Jedes Geldausgeben triggert daher das Hinterfragen der Sinnhaftigkeit der jeweiligen Kaufentscheidung, was die Gefahr von Nachkaufdissonanz (siehe: Buyer's Remorse) oder Kaufabbrüchen birgt. Ein Beispiel: Das Ticken eines Taxameters senkt das Vergnügen an der Taxifahrt spürbar. Neurologisch aktiviert das Ausgeben von Geld die Regionen, die auch mit Schmerzen und Abscheu assoziiert werden. Dieser Zusammenhang ist bei Bargeld stärker ausgeprägt als bei der Zahlung per Rechnung oder Kreditkarte. Unabhängig davon hängt die Höhe der Ausgaben eng mit dem empfundenen Schmerz zusammen.

Prelec und Loewenstein, die diesen Effekt erstmalig beschrieben haben, entdeckten darüber hinaus, dass die Nutzung bereits bezahlter Produkte fast als „gratis" wahrgenommen wird. Sie bezeichnen das als „Prospective Accounting" (1998).

Implementierung im E-Commerce

- Der Zahlungsschmerz kann reduziert werden, wenn er zeitlich nicht mit der Kaufentscheidung zusammenfällt. Beim Kauf auf Rechnung erfolgt dieser erst weitaus später (oft nach dem Ende der regulären Rückgabefrist), zudem wird er hyperbolisch abgezinst und fällt vom heutigen Moment aus betrachtet daher schwächer aus (siehe: Hyperbolic Discounting).
- Wegen des Patterns tun sich Bezahlverfahren mit hoher Unmittelbarkeit und Transparenz (z. B. „barzahlen.de") im E-Commerce aktuell noch schwer und werden wohl auch perspektivisch ein Nischendasein führen.
- Deutlich gesenkt wird der „Pain of Paying", wenn Kunden ihre Zahlungsinformationen im Kundenkonto hinterlegt haben und den schmerzerzeugenden Schritt im Bestellprozess überspringen können. Gut umgesetzt ist das bei der 1-Click-Order von Amazon, aber auch bei einer tiefen Integration von Paypal. Die dadurch als

angenehmer wahrgenommene Transaktion erhöht die Kundenloyalität zum Anbieter und schafft Lock-in-ähnliche Situationen.

- Bundling: Wenn mehrere Produkte mit nur einem Klick in den Einkaufswagen gelegt werden können, fällt der Schmerz entsprechend geringer aus (z. B. bei „Shop the Look"). Zudem werden Produkte dann als elementarer Bestandteil einer übergeordneten Einheit betrachtet, die man nicht mehr auflösen möchte.
- Multi-Channel-Unternehmen mit eigenem Filialnetz können mit kostenloser Abholung vor Ort punkten (Click-and-Collect). Hier kommen mehrere positive Aspekte zusammen: Der absolute Zahlbetrag sinkt und damit in fast demselben Maße auch der Bezahlungsschmerz. Zudem triggert das Wort „kostenlos" die Wahrnehmung der Preiswürdigkeit. Letztlich bieten sich bei der Abholung vor Ort Cross-Selling-Möglichkeiten an, daher sollte der Abhol-Counter nie im Kassenbereich oder sogar außerhalb des Geschäfts platziert sein.
- Rückgabegarantien und Erstattungsversprechen sollten prominent kommuniziert werden, selbst wenn diese nur im Rahmen der rechtlichen Vorgaben ausfallen (z. B. Fernabsatzgesetz). Achtung: Die Einhaltung gesetzlicher Anforderungen darf nicht als besondere Kulanz dargestellt werden. In vielen Branchen wird eine Rücktrittsmöglichkeit aber aktuell kaum kommuniziert und so die Schwelle für den Kauf künstlich hoch gehängt.
- Die verbalisierte Form von Geld sind Währungssymbole. Es kann sinnvoll sein, auf die Einheiten am Preis zu verzichten („14,99" statt „14,99 EUR" oder „€ 14,99"), um die Bezahlung weniger explizit zu positionieren. In den USA findet sich dieser Ansatz derzeit immer häufiger, insbesondere in hochwertigen E-Commerce-Umfeldern.

WIRKUNGSSTÄRKE   ▮ ▮ ▮ ▮ ▮ ▯ ▯ ▯ ▯ ▯

Quelle: Prelec D, Loewenstein G (1998) The red and the black: Mental accounting of savings and debt. Marketing Science 17(1):4–28

Siehe auch: Dollar Eyes Effect, Hyperbolic Discounting, Cognitive Dissonance, Buyer's Remorse

Meine Notizen

_____

_____

_____

_____

4.3.1.7 Post-Purchase Rationalization
auch: Buyer's Stockholm Syndrome

RETENTION Zufriedenheit	Post-Purchase-Rationalization

Wir schreiben Produkten nach dem Kauf unbewusst eine unangemessen hohe Bedeutung oder Qualität zu. So wollen wir uns selbst nachhaltig von der Richtigkeit der Kaufentscheidung überzeugen und das Gefühl, ein überflüssiges oder überteuertes Produkt gekauft zu haben, abschwächen. Damit soll ein Bekenntnis zur ursprünglichen Entscheidung geliefert und Nachkaufdissonanz vermieden werden (siehe: Buyer's Remorse). Daher gilt das Pattern als eine besondere Ausprägung des Confirmation Bias.

Die Kaufentscheidung wird also oft emotional gefällt, danach muss postwendend eine rationale Begründung nachgeliefert werden. Das passiert, indem die Gewichte der Unterscheidungsmerkmale angepasst werden. Ein Beispiel: „Natürlich ist das iPhone teurer als das Windows Phone, es hat ja auch eine Kompass-App. Die kann in bestimmten Situationen lebenswichtig sein!"

Aufgrund dieses leicht schizophrenen Kaufverhaltens wird das Pattern auch als Buyer's Stockholm Syndrome bezeichnet – in Anlehnung an das Stockholm-Syndrom, das beschreibt, warum Opfer von Geiselnahmen manchmal eine innige Beziehung zu ihren Entführern aufbauen.

Implementierung im E-Commerce

- Kunden kann man nach dem Kauf dabei helfen und eine rationale Begründung geben, um diese Nachkaufdissonanz zu vermeiden oder zu reduzieren (statt schlicht: „Danke für Ihre Bestellung").
- Die Begründung muss nicht explizit formuliert sein. Vorteile des Produkts oder des Shops können sehr gut implizit als Values aus Kundensicht formuliert werden. So schrieb der Online-Blumenhändler Bloomy Days lange auf seiner Danke-Seite „Freuen Sie sich auf die schönsten und frischesten Blumen, die wir auf dem Markt finden können und noch heute an Sie verschicken"). Dies war vermutlich eine deutlich stärkere Post-Purchase Rationalization, als schlicht von „hoher Qualität" und „schnellem Versand" zu sprechen.

- Texte auf der Danke-Seite oder in Bestellbestätigungs-E-Mails sollten immer in Vergangenheitsform (Post-Purchase Language) geschrieben werden. So lässt man keinen Zweifel daran, dass die Entscheidung bereits endgültig gefallen und eine Retoure keine Option ist. Das kann auch erzielt werden, indem man beschreibt, welche Prozesse (z. B. in der Logistik) schon unmittelbar nach dem Abschicken der Bestellung angestoßen wurden und bereits laufen.

WIRKUNGSSTÄRKE

Quelle: Cohen JB, Goldberg ME (1970) The dissonance model in post-decision product evaluation. Journal of Marketing Research 7(3):315–321

Siehe auch: Confirmation Bias, Buyer's Remorse, Cognitive Dissonance

Meine Notizen

4.3.2 Loyalität

4.3.2.1 Endowed Progress Effect
auch: Completion

RETENTION Loyalität	Endowed Progress Effect

Das Gehirn vervollständigt Abläufe oder Aufgaben basierend auf kausalen Informationen, die tatsächlich nie stattgefunden haben. Genauer gesagt: Unvollständige Aufgaben erzeugen unangenehme kognitive Spannungen (siehe: Cognitive Dissonance). Menschen haben die Tendenz, diese Spannungen abzubauen. Der Endowed Progress Effect drückt aus, dass wir motivierter sind, ein Ziel zu erreichen, wenn uns ein künstlicher Fortschritt gezeigt wird.

Im Experiment gaben Nunes und Drèze Kundenkarten an Kunden einer Autowaschstraße heraus. Die Hälfte der Kunden benötigte acht Stempel, um eine Autowäsche gratis zu erhalten. Die anderen Kunden benötigten zehn Stempel, von denen ihnen zwei bereits bei der Ausstellung der Treuekarte geschenkt wurden. Die zwei ersten Stempel erzeugten ein Gefühl der Unvollständigkeit und das Bedürfnis, die Karte zu vervollständigen, was zu einer deutlich gesteigerten Loyalität dieser Kundengruppe führte.

Implementierung im E-Commerce

- Kundenbindungsprogramm: Ein einfaches Punkte-System bewährt sich statt einer komplizierten Rabatt-Staffel. Bereits vor dem ersten Kauf sollten Kunden erste Punkte „geschenkt" werden, z. B. für den ersten Besuch oder das Anlegen eines Kundenkontos. Nach diesem Prinzip funktionieren viele digitale Loyalty-Programme (z. B. bei Gearbest, Rakuten oder Bestsecret).
- Bestellprozess: Der erste Schritt wird „geschenkt", sodass der Fortschrittsbalken gleich beim zweiten Schritt beginnt. Bei Zalando steht der erste Schritt etwa für „anmelden", was dann bereits geschehen ist.
- Anlegen eines Kundenprofils: Erste für die Transaktion notwendige Daten (z. B. Name und E-Mail-Adresse) sind bereits hinterlegt, ein Fortschrittsbalken zeigt die

ersten „Erfolge" bei der Vervollständigung des Profils. Kunden sind bei dieser Darstellung deutlich wahrscheinlicher bereit, weitere für die spätere Ansprache wertvolle Angaben wie Geburtsdatum, Familienstand und Telefonnummer zu machen.

- Cross-Selling: Präsentiert man ein Produkt als Teil eines fest zusammengehörigen Bündels, entsteht das Bedürfnis, dieses Bündel nicht zu trennen bzw. den Einkauf nicht zu beenden, bevor es vollständig in den Warenkorb gelegt wurde.

WIRKUNGSSTÄRKE	■ ■ ■ ■ ■ ■ ▫ ▫ ▫ ▫

Quelle: Nunes JC, Drèze X (2006) The endowed progress effect: How artificial advancement increases effort. Journal of Consumer Research 32(4):504–512

Siehe auch: Endowment Effect, Zeigarnik Effect, Cognitive Dissonance

Meine Notizen

_____

_____

_____

_____

_____

_____

_____

Literatur

Ariely D (2016) Payoff: the hidden logic that shapes our motivations. Simon & Schuster, New York

Armstrong I (2015) What are some ways to make an eCommerce/online shop website addictive and fun for shoppers? https://www.quora.com/What-are-some-ways-to-make-an-eCommerce-online-shop-website-addictive-and-fun-for-shoppers. Zugegriffen: 22. Dez. 2017

Asch SE (1946) Forming impressions of personality. J Abnorm Soc Psychol 41(3):258–290

Atkinson RC, Shiffrin RM (1968) Human memory: a proposed system and its control processes. Psychol Learn Motiv 2:189–195

Bader L, Weinland JD (1932) Do odd prices earn money? J Retail 8:102–114

Bandura A (1977) Self-efficacy: toward a unifying theory of behavioral change. Psychol Rev 84(2):191–215

Bar-Eli M, Azar OH, Ritov I, Keidar-Levin Y, Schein G (2007) Action bias among elite soccer goalkeepers: the case of penalty kicks. J econ psychol 28(5):606–621

Beck H (2014) Behavioral Economics: Eine Einführung. Springer-Gabler, Wiesbaden

Bem DJ (1967) Self-perception. An alternative interpretation of cognitive dissonance phenomena. Psychol Rev 74:536–537

Blattberg RC, Neslin SA (1990) Sales promotion: concepts, methods and strategies. Prentice Hall, Englewood Cliffs, S 349–350

Brehm JW (1966) A theory of psychological reactance. Academic Press, Oxford

Brewer MB (1979) In-group bias in the minimal intergroup situation: a cognitive-motivational analysis. Psychol Bull 86(2):307–324

Burger JM (1986) Increasing compliance by improving the deal: the that's-not-all technique. J Person Soc Psychol 51(2):277–283

Carmon Z, Kahneman D (1995) The experienced utility of queuing: experience profiles and retrospective evaluations of simulated queues, Duke University working paper, Durham

Carpenter CJ, Boster FJ (2009) A meta-analysis of the effectiveness of the disrupt-then-reframe compliance gaining technique. Commun Rep 22(2):55–62

Chapman, GB, Johnson, EJ (2002) Incorporating the irrelevant: Anchors in judgments of belief and value. In: Gilovich T, Griffin D, Kahneman D (Hrsg) Heuristics and biases: The psychology of intuitive judgment. Cambridge University Press, New York, S 120–138

Cherubini P, Mazzocco K, Rumiati R (2003) Rethinking the focusing effect in decision-making. Acta Psychologica 113(1):67–81

Chitturi R (2015) Good aesthetics is great business: do we know why? In: Batra R, Seifert CM, Brei DE (Hrsg) The psychology of design: creating consumer appeal. Taylor & Francis Group, Routledge, S 252–262

Cialdini R (2016) Pre-suasion: a revolutionary way to influence and persuade. Simon & Schuster, New York

Cialdini RB (1984) Influence: the psychology of persuasion. Harper Collins, New York

Cialdini RB, Vincent JE, Lewis SK, Catalan J, Wheeler D, Darby BL (1975) Reciprocal concessions procedure for inducing compliance: the door-in-the-face technique. J Person Soc Psychol 31(2):206–215

Cialdini RB, Cacioppo JT, Bassett R, Miller JA (1978) Low-ball procedure for producing compliance: commitment then cost. J Person Soc Psychol 36(5):463–476

Cohen JB, Goldberg ME (1970) The dissonance model in post-decision product evaluation. J Market Res 7(3):315–321

Coulter KS, Choi P, Monroe KB (2012) Comma N'cents in pricing: the effects of auditory representation encoding on price magnitude perceptions. J Consum Psychol 22(3):395–407

Dahlén M, Rosengren S, Törn F, Öhman N (2008) Could placing ads wrong be right?: advertising effects of thematic incongruence. J Advert 37(3):57–67

Darley JM, Latane B (1968) Bystander intervention in emergencies: diffusion of responsibility. J Person Soc Psychol 8(4, Pt. 1):377–383

Deci EL, Koestner R, Ryan RM (1999) A meta-analytic review of experiments examining the effects of extrinsic rewards on intrinsic motivation. Psychol Bull 125(6):627–668

DeSteno D, Petty RE, Rucker DD, Wegener DT, Braverman J (2004) Discrete emotions and persuasion: the role of emotion-induced expectancies. J Person Soc Psychol 86(1):43–56

Dobelli R (2011) Die Kunst des klaren Denkens: 52 Denkfehler, die Sie besser anderen überlassen. Hanser, München

Dolinski D (2011) A rock or a hard place: the foot-in-the-face technique for inducing compliance without pressure. J Appl Soc Psychol 41(6):1514–1537

Dolinski D, Nawrat M, Rudak I (2001) Dialogue involvement as a social influence technique. Person Soc Psychol Bull 27(11):1395–1406

Ellsberg D (1961) Risk, ambiguity, and the Savage axioms. Q J Econ 75(4):643–669

Fehr E, Schmidt KM (1999) A theory of fairness, competition, and cooperation. Q J Econ 114(3):817–868

Festinger L (1957) A theory of cognitive dissonance. Stanford University Press, Stanford

Festinger L (1962) A theory of cognitive dissonance (Vol. 2). Stanford University Press, Palo Alto

Fico F, Richardson JD, Edwards SM (2004) Influence of story structure on perceived story bias and news organization credibility. Mass Commun Soc 7(3):301–318

Filkuková P, Klempe SH (2013) Rhyme as reason in commercial and social advertising. Scand J Psychol 54(5):423–431

Finucane ML, Alhakami A, Slovic P, Johnson SM (2000) The affect heuristic in judgments of risks and benefits. J Behav Decis Making 13(1):1–17

Fischhoff B, Slovic P, Lichtenstein S (1977) Knowing with certainty: the appropriateness of extreme confidence. J Exper Psychol Hum Percept Perform 3(4):552–564

Forer BR (1949) The fallacy of personal validation: a classroom demonstration of gullibility. J Abnorm Soc Psychol 44:118–123

Freedman JL, Fraser SC (1966) Compliance without pressure: the foot-in-the-door technique. J Person Soc Psychol 4(2):195–202

Friesen CK, Kingstone A (1998) The eyes have it! Reflexive orienting is triggered by nonpredictive gaze. Psychon Bull Rev 5(3):490–495

Frischen A, Bayliss AP, Tipper SP (2007) Gaze cueing of attention: visual attention, social cognition, and individual differences. Psychol Bull 133(4):694–724

Gamer R (2005) What's in a name? Persuasion perhaps. J Consum Psychol 15(2):108–116

GfK (2013) Was ist Preis-Wert? http://www.gfk-verein.org/compact/fokusthemen/was-ist-preis-wert. Zugegriffen: 22. Dez. 2017

Godden D, Baddeley A (1975) Context dependent memory in two natural environments. British J Psychol 66(3):325–331

Goodman JK, Irmak C (2013) Having versus consuming: failure to estimate usage frequency makes consumers prefer multifeature products. J Market Res 50(1):44–54

Goodwin DW, Powell B, Bremer D, Hoine H, Stern J (1969) Alcohol and recall: state-dependent effects in man. Science 163(3873):1358–1360

Gouldner AW (1960) The norm of reciprocity: a preliminary statement. Am Sociol Rev 25:161–178

Gueguen N, Pascual A (2000) Evocation of freedom and compliance: the 'but you are free of…' technique. Curr Res Soc Psychol 5(18):264–270

Guéguen N, Joule RV, Halimi-Falkowicz S, Pascual A, Fischer-Lokou J, Dufourcq-Brana M (2013) I'm free but I'll comply with your request: generalization and multidimensional effects of the "evoking freedom" technique. J Appl Soc Psychol 43(1):116–137

Helson H (1964) Adaptation-level theory: an experimental and systematic approach to behavior. Harper & Row, New York

Hertwig R, Gigerenzer G, Hoffrage U (1997) The reiteration effect in hindsight bias. Psychol Rev 104(1):194–202

Heyman J, Ariely D (2004) Effort for payment: a tale of two markets. Psychol Sci 15(11):787–793

Hick WE (1952) On the rate of gain of information. Q J Exp Psychol 4(1):11–26

Huber J, Payne JW, Puto C (1982) Adding asymmetrically dominated alternatives: violations of regularity and the similarity hypothesis. J Consum Res 9(1):90–98

Ishizu T, Zeki S (2011) Toward a brain-based theory of beauty. PloS one 6(7):e21852. https://doi.org/10.1371/journal.pone.0021852

Jenni K, Loewenstein G (1997) Explaining the identifiable victim effect. J Risk Uncertainty 14(3):235–257

Kahneman D (2011) Schnelles Denken, Langsames Denken. Siedler, München

Kahneman D, Tversky A (1979) Prospect theory: an analysis of decision under risk. Econometrica 47(2):263–291

Kahneman D, Knetsch JL, Thaler RH (1990) Experimental tests of the endowment effect and the Coase theorem. J political Econ 98(6):1325–1348

Kantar Media (2017) Super bowl in-game advertising generated $2.59 Billion in network ad sales over past 10 years. https://www.kantarmedia.com/us/newsroom/press-releases/super-bowl-in-game-advertising-generated-2-59-billion-in-network-ad-sales-over-past-10-years. Zugegriffen: 30. Nov. 2017

Katz R, Allen TJ (1982) Investigating the Not Invented Here (NIH) syndrome: a look at the performance, tenure, and communication patterns of 50 R & D project groups. R&D Manag 12(1):7–20

Kelley B (2009) Making the change to "Proudly Found Elsewhere". http://www.business-strategy-innovation.com/2009/08/making-change-to-proudly-found.html. Zugegriffen: 30. Nov. 2017

Kent M (1998) Wörterbuch der Sportwissenschaft und Sportmedizin. UTB & Limpert, Wiebelsheim

Key MS, Edlund JE, Sagarin BJ, Bizer GY (2009) Individual differences in susceptibility to mindlessness. Person Individ Differ 46(3):261–264

Klein R, Spreer P, Grünwald L, Hartmann M (2018) PsyConversion für Versicherungen – Besucher von Versicherungswebseiten mit verhaltenspsychologischen Insights verstehen und lenken. https://www.psyconversion.de/studie/. Zugegriffen: 07. Jun. 2018

Kouchaki M, Smith-Crowe K, Brief AP, Sousa C (2013) Seeing green: mere exposure to money triggers a business decision frame and unethical outcomes. Organ Behav Hum Decis Process 121(1):53–61

Krug S (2014) Don't make me think!: Web Usability: das intuitive Web. mitp Business, Frechen

Laibson D (1997) Golden eggs and hyperbolic discounting. Q J Econ 112(2):443–478

Langer EJ (1975) The illusion of control. J Person Soc Psychol 32(2):311–328

Langer EJ, Blank A, Chanowitz B (1978) The mindlessness of ostensibly thoughtful action: the role of "placebic" information in interpersonal interaction. J Person Soc Psychol 36(6):635–642

Langlois JH, Roggman LA (1990) Attractive faces are only average. Psychol Sci 1(2):115–121

Leibenstein H (1950) Bandwagon, snob, and veblen effects in the theory of consumers' demand. Q J Econ 64(2):183–207

Lewis IM, Watson B, White KM (2010) Response efficacy: the key to minimizing rejection and maximizing acceptance of emotion-based anti-speeding messages. Accid Anal Prev 42(2):459–467

Liu C, Arnett KP (2000) Exploring the factors associated with web site success in the context of electronic commerce. Inf Manag 38(1):23–33

Loewenstein G (1994) The psychology of curiosity: a review and reinterpretation. Psychol Bull 116(1):75–98

McCornack SA, Parks MR (1986) Deception detection and relationship development: the other side of trust. Ann Int Commun Ass 9(1):377–389

McCracken F (1988) Diderot unities and the Diderot effect. In: McCracken G (Hrsg) Culture and consumption: new approaches to the symbolic character of consumer goods and activities. Indiana University Press, Bloomington, S 118–129

McGlone MS, Tofighbakhsh J (2000) Birds of a feather flock conjointly (?): rhyme as reason in aphorisms. Psychol Sci 11(5):424–428

Meehl PE (1956) Wanted–a good cook-book. Am Psychol 11(6):263–272

Milgram S (1963) Behavioral study of obedience. J Abnorm Soc Psychol 67(4):371–378

Mischel W, Ebbesen EB, Zeiss AR (1972) Cognitive and attentional mechanisms in delay of gratification. J Person Soc Psychol 21(2):204–218

Mogilner C, Aaker J (2009) The time vs. money effect: shifting product attitudes and decisions through personal connection. J Consum Res 36(2):277–291

Moon JW, Kim YG (2001) Extending the TAM for a world-wide-web context. Inf Manag 38(4):217–230

Murdock BB Jr (1962) The serial position effect of free recall. J Exp Psychol 64(5):482–488

Norton MI, Mochon D, Ariely D (2011) The 'IKEA Effect': when labor leads to love. Harvard Business School Marketing Unit Working Paper No. 11-091. https://doi.org/10.2139/ssrn.1777100

Nunes JC, Drèze X (2006) The endowed progress effect: how artificial advancement increases effort. J Consum Res 32(4):504–512

Oppenheimer DM, LeBoeuf RA, Brewer NT (2008) Anchors aweigh: a demonstration of cross-modality anchoring and magnitude priming. Cognition 106(1):13–26

Oskamp S (1965) Overconfidence in case-study judgments. J Consult Psychol 29(3):261–265

Paivio A (1990) Mental representations: a dual coding approach. Oxford University Press, New York

Pandelaere M, Briers B, Dewitte S, Warlop L (2010) Better think before agreeing twice: mere agreement: a similarity-based persuasion mechanism. Int J Res Market 27(2):133–141

Pfrang T (2015) Das Potenzial von Eigennutzen und sozialen Normen nutzen. Market Rev St. Gallen 32(5):77–89

Plassmann H, O'Doherty J, Shiv B, Rangel A (2008) Marketing actions can modulate neural representations of experienced pleasantness. Proc Nat Acad Sci 105(3):1050–1054

Pohl RF (2004) Hindsight bias. In: Pohl RF (Hrsg) Cognitive illusions: a handbook on fallacies and biases in thinking, judgement and memory. Psychology Press, Hove, S 363–378

Prelec D, Loewenstein G (1998) The red and the black: mental accounting of savings and debt. Market Sci 17(1):4–28

Reiss S (2004) Multifaceted nature of intrinsic motivation: the theory of 16 basic desires. Rev Gen Psychol 8(3):179–193

Rosburg T, Mecklinger A, Frings C (2011) When the brain decides: a familiarity-based approach to the recognition heuristic as evidenced by event-related brain potentials. Psychol Sci 22(12):1527–1534

Ross L, Greene D, House P (1977) The "false consensus effect": an egocentric bias in social perception and attribution processes. J Exp Soc Psychol 13(3):279–301

Rothhaar M, Schulz M, Froschmeier J (2017) Shopsiegel monitor 2017/2018. Gütesiegel in deutschen Online-Shops. https://www.shopsiegel-studie.de/. Zugegriffen: 3. Dez. 2017

Samuelson W, Zeckhauser R (1988) Status quo bias in decision making. J Risk Uncertainty 1(1):7–59

Schkade DA, Kahneman D (1998) Does living in California make people happy? A focusing illusion in judgments of life satisfaction. Psychol Sci 9(5):340–346

Schulz von Thun F (1998) Miteinander reden 3 – Das 'innere Team' und situationsgerechte Kommunikation. Rowohlt, Reinbek

Schwartz B (2004a) The paradox of choice: why less is more. Ecco, New York

Schwartz B (2004b) The tyranny of choice. Sci Am 290(4):70–75

Seyama JI, Nagayama RS (2007) The uncanny valley: effect of realism on the impression of artificial human faces. Pres Teleoperat Virtual Environ 16(4):337–351

Shafir E, Diamond P, Tversky A (1997) Money illusion. Q J Econ 112(2):341–374

Shen L, Fishbach A, Hsee CK (2014) The motivating-uncertainty effect: uncertainty increases resource investment in the process of reward pursuit. J Consum Res 41(5):1301–1315

Sherif M (1935) The psychology of social norms. Harper & Row, New York

Simon HA (1986) Rationality in psychology and economics. J Bus 59(4):209–224

Simons DJ, Chabris CF (1999) Gorillas in our midst: sustained inattentional blindness for dynamic events. Perception 28(9):1059–1074

Simons DJ, Levin DT (1997) Change blindness. Trends Cogn Sci 1(7):261–267

Simonson I, Tversky A (1992) Choice in context: tradeoff contrast and extremeness aversion. J Market Res 29(3):281–295

Solove DJ (2011) Nothing to hide: the false tradeoff between privacy and security. Yale University Press, New Haven

Tajfel H, Turner JC (1979) An integrative theory of intergroup conflict. In: Austin WG, Worchel S (Hrsg) The social psychology of intergroup relations. Brooks & Cole, Monterrey, S 33–47

Taylor C (1992) The ethics of authenticity. Harvard University Press, Cambridge

Thaler RH (1980) Toward a positive theory of consumer choice. J Econ Behav Organ 1(1):39–60

Thaler RH (1981) Some empirical evidence on dynamic inconsistency. Econ Lett 8(3):201–207

Thaler RH (1985) Mental accounting and consumer choice. Market Sci 4(3):199–214

Thaler RH (1999) Mental accounting matters. J Behav Decis Making 12(3):183–206

Thaler RH, Johnson EJ (1990) Gambling with the house money and trying to break even: the effects of prior outcomes on risky choice. Manag Sci 36(6):643–660

Thomas M, Morwitz V (2005) Penny wise and pound foolish: the left-digit effect in price cognition. J Consum Res 32(1):54–64

Tversky A, Kahneman D (1973) Availability: a heuristic for judging frequency and probability. Cogn Psychol 5(2):207–232

Tversky A, Kahneman D (1974) Judgment under uncertainty: heuristics and biases. Science 185(4157):1124–1131

Tversky A, Kahneman D (1982) Evidential impact of base rates. In: Kahneman D, Slovic P, Tversky A (Hrsg) Judgment under uncertainty. Cambridge University Press, Cambridge, S 153–160

Tversky A, Kahneman D (1983) Extensional versus intuitive reasoning: the conjunction fallacy in probability judgment. Psychol Rev 90(4):293–315

Tversky A, Kahneman D (1986) Rational choice and the framing of decisions. J Bus 59(4):251–278

Ueberweg F (1868) System der Logik und Geschichte der logischen Lehren (3. Aufl.). Adolph Marcus, Bonn

Van der Heijden H (2004) User acceptance of hedonic information systems. MIS Q 28(4):695–704

Veix J (2016) Ling's cars has one of the best websites on the internet. http://www.newsweek.com/2016/12/23/lings-cars-website-532332.html. Zugegriffen: 23. Dez. 2014

Versteege D (2017) Die Psychologie der Customer Journey. http://www.ibusiness.de/members/aktuell/db/705855sh.html. Zugegriffen: 30. Nov. 2017

Vohs KD, Mead NL, Goode MR (2006) The psychological consequences of money. Science 314(5802):1154–1156

Volland R, Meyer P (2018) Robotics in retail. https://www.robotics-in-retail.de/. Zugegriffen: 4. Jan. 2018

Von Restorff H (1933) Über die Wirkung von Bereichsbildungen im Spurenfeld. Psychol Forsch 18:299–334

Wadhwa M, Zhang K (2015) This number just feels right: the impact of roundedness of price numbers on product evaluations. J Consum Res 41(5):1172–1185

Walker D, Vul E (2014) Hierarchical encoding makes individuals in a group seem more attractive. Psychol Sci 25(1):230–235

Wertenbroch K, Soman D, Chattopadhyay A (2007) On the perceived value of money: the reference dependence of currency numerosity effects. J Consum Res 34(1):1–10

Wilkins MC (1928) The effect of changed material on ability to do formal syllogistic reasoning. In: J. Winawer (Hrsg) Archives of psychology, Bd 16, Nr. 102. Columbia University, New York

Worchel S, Lee J, Adewole A (1975) Effects of supply and demand on ratings of object value. J Person Soc Psychol 32(5):906–914

Zajonc RB (1968) Attitudinal effects of mere exposure. J Person Soc Psychol 9(2, Pt.2):1–27

Zeigarnik B (1938) On finished and unfinished tasks. Source Book Gestalt Psychol 1:300–314

Operatives Arbeiten mit Behavior Patterns

5

Zusammenfassung

Eine mächtige Bibliothek von Behavior Patterns kann ohne die richtige operative Anwendung keine Kraft entfalten. Aus diesem Grund ist es essenziell, die Besonderheiten des Einsatzes im E-Commerce zu kennen. Mit diesem Wissen können im nächsten Schritt effektive Trigger entwickelt werden, die im Website-Interface die Auslöser der entsprechenden Verhaltensmuster darstellen. Damit ein Trigger funktioniert, sind auf Kundenseite die Fähigkeit („ability") und der Handlungswillen („motivation") wesentliche Voraussetzungen. Generell gilt beim Einsatz von Behavior Patterns nicht „viel hilft viel". Stattdessen sollte die Auswahl wohlüberlegt und auf Basis fundierter Hypothesen erfolgen. Um sicherzustellen, dass man die Conversion mit dem Einsatz nicht verschlechtert (auch das ist bei unsachgemäßer Anwendung möglich), muss ein Optimierungsprojekt immer von A/B-Testing-Methoden begleitet werden. Gerade im Kontext personalisierter Websites und nutzergruppenspezifischer dynamischer Auswahl von Behavior Patterns birgt dies eine nicht zu unterschätzende Komplexität. Bei allem Conversion-Fokus dürfen dabei die Kundenbedürfnisse nie vernachlässigt werden. Das gebietet einerseits die ethisch-moralische Verantwortung, die untrennbar mit dem Einsatz potenziell manipulierender Techniken verbunden ist, andererseits liegt dies im Interesse einer nachhaltigen und profitablen Kundenbeziehung.

5.1 Vor- und Nachteile des Einsatzes von Behavior Patterns im Digitalkontext

Der Einsatz von Behavior Patterns speziell im Digitalbereich hat diverse Vor- und Nachteile, die zu Beginn dieses Kapitels kurz erörtert werden sollen, um eine differenzierte Sicht auf die Implementierung zu ermöglichen.

© Springer Fachmedien Wiesbaden GmbH, ein Teil von Springer Nature 2018
P. Spreer, *PsyConversion*, https://doi.org/10.1007/978-3-658-21726-6_5

Vorteile

- **Unmittelbarkeit:** Die Wirkung von Behavior Patterns auf Conversion und Umsatz ist im Digitalkontext ungleich direkter als etwa im stationären Handel. Nutzer sind bei der Konfrontation mit den jeweiligen Triggern nur Klicks bzw. Sekunden vom Kauf entfernt, sodass der ausgelöste Impuls voll verhaltensrelevant werden kann. Im stationären Handel besteht eine (sowohl örtlich als auch zeitlich) deutlich längere Wirkungskette, die das Risiko der Relativierung bzw. Abschwächung der Verhaltensimpulse mit sich bringt.
- **Messbarkeit:** Das Wissen um die Wirkung von Behavior Patterns lässt sich in keinem nicht-experimentellen Setting so gut aufbauen wie im Digitalbereich. Nur hier hinterlässt ein Nutzer Massen von Hinweisen und Spuren, die es erlauben, seinen Entscheidungsprozess schrittweise zu rekonstruieren. Mithilfe von Session IDs, Cookies und Cluster-Ansätzen kann nahezu die gesamte Customer Journey nachvollzogen werden – häufig sogar über mehrere Besuche, Tage und Endgeräte hinweg.
- **Freiheit von sozialen Einflüssen:** Anders als im stationären Handel findet Online-Shopping in aller Regel ohne eine unmittelbare Beeinflussung durch andere Menschen statt. Weder Verkäufer noch Begleitpersonen „stören" somit das Aktivierungspotenzial der Behavior Patterns. Das macht sie in diesem Kontext umso effektiver.

Nachteile

- **Validität:** Viele der Behavior Patterns sind bisher nur im experimentellen Kontext eindeutig belegt worden. Die Datenbasis gerade der spitzen und oft besonders wirksamen Patterns ist in vielen Fällen nicht befriedigend. Ob es sich bei einer beobachteten Anomalie tatsächlich um ein universelles Verhaltensmuster handelt, oder um statistische Zufälle, lässt sich daher nicht immer eindeutig sagen. Da hilft nur: Trial-and-Error bzw. testen, testen, testen.
- **Übertragbarkeit:** Da viele Patterns ursprünglich in anderen Kontexten (z. B. soziale Interaktionen, stationärer Handel, Direct Selling, Fundraising) entdeckt und beschrieben wurden, stellt sich oft die Frage nach der Übertragbarkeit in den Online-Handel (siehe dazu auch den folgenden Punkt „Transparenz"). Da die Brancheneinflüsse jedoch häufig nicht stärker sind als andere Kontextfaktoren der Wirkung, kann die Übertragbarkeit im Rahmen sowieso notwendiger Tests sichergestellt werden.
- **Transparenz:** Patterns finden zwar vielfach auch im E-Commerce Anwendung, meist jedoch „hinter verschlossenen Türen". Conversion-Optimierung ist ein hartes Geschäft, bei dem niemand gern seine Bücher öffnet und die wertvollen Erkenntnisse freimütig teilt. Die auf den ersten Blick triviale Frage, ob ein gemessener Uplift also groß oder klein ist, lässt sich bei fehlenden Referenzwerten häufig nicht leicht beantworten.

5.2   Konzeption von Triggern zur Aktivierung von Verhaltensmustern

Die Gretchenfrage in der E-Commerce-Praxis ist für die meisten Professionals nicht, welche psychologischen oder neurologischen Erklärungsmuster dem Verhalten der Nutzer theoretisch zugrunde liegen. Sie lautet vielmehr: Wie kann ich erwünschtes Verhalten bei meinen Website-Besuchern gezielt auslösen? Um dies zu erreichen, werden zwei Dinge benötigt: Eine profunde Kenntnis der psychologischen Verhaltensmuster der Nutzer und die Fähigkeit, Trigger zu entwickeln, die die jeweiligen Muster aktivieren. Ersteres wurde in Kap. 4 vermittelt, Letzteres wird im folgenden Abschnitt adressiert.

Ein häufig verwendetes und gut zugängliches Modell für den Zusammenhang von Triggern und Verhalten ist das **Fogg Behavior Model** (Fogg 2009; www.behaviormodel. org). Es wird trotz oder gerade wegen seiner Einfachheit oft als zentraler Bezugspunkt des Persuasive Designs betrachtet und beinhaltet Bezugspunkte zu vielen großen Theorien wie der Social Cognitive Theory und Self-Efficacy von Bandura (1977, 1989), der Theory of Reasoned Action bzw. Planned Behavior von Fishbein und Ajzen (1975, 1991) oder dem Elaboration Likelihood Model von Petty und Cacioppo (1986). Das Verhaltensmodell beschreibt, dass drei Aspekte zur selben Zeit gegeben sein müssen, damit Menschen eine Handlung vollziehen:

1. Motivation (es muss einen Grund geben, etwas zu tun)
2. Ability (es muss die Fähigkeit vorhanden sein, dies zu tun)
3. Trigger (es muss ein Impuls bzw. Reiz vorhanden sein, der Menschen dazu bringt, etwas zu tun)

Daraus lässt sich ableiten, dass einer der drei Faktoren fehlt, wenn ein gewünschtes Verhalten ausbleibt. Die Aufzählung dient damit auch als Checkliste für die Aktivierung von Behavior Patterns, mit der User Experience Professionals und Conversion-Optimierer herausfinden können, an welcher Stelle sich das Nadelöhr befindet. Ausdrücken lässt sich der Zusammenhang in einer einfachen Formel:

Behavior/Action = Motivation * Ability * Trigger (B = MAT).

Im Modell existieren drei Kernmotivatoren ($\rightarrow$ Motivation), sechs vereinfachende Rahmenbedingungen ($\rightarrow$ Ability) und drei Typen von Reizen ($\rightarrow$ Trigger). „**Motivation**" beinhaltet die drei Motivatoren Gefühle (im Modell: „Sensation"), Erwartungen („Anticipation") und Zugehörigkeit („Belonging"), die als lineare Dimensionen mit Gegensatzpaaren an den Extrempositionen verstanden werden:

- Gefühle: Freude („Pleasure")/Schmerz („Pain")
- Erwartungen: Hoffnung („Hope")/Angst („Fear")
- Zugehörigkeit: soziale Anerkennung („Social Acceptance")/soziale Ablehnung („Social Rejection")

Dass Nutzer überhaupt in der Lage sein müssen (d. h. „**Ability**" ist ausreichend vorhanden), eine Handlung zu vollziehen, um genau das zu tun, erscheint auf den ersten Blick wie eine Trivialität. Tatsächlich wird von User Experience-Konzeptern und -Designern aber gerade in diesem Bereich oft zu viel „Ability" bei den Nutzern vorausgesetzt, was zum Scheitern digitaler Projekte führen kann. Um den Engpass der Fähigkeit der Nutzer zu beseitigen, gibt es zwei Strategien:

- Trainings, um deren Fähigkeiten auszubauen: Fogg (2009) bezeichnet diesen Weg als „the hard path" und rät, ihn aufgrund des erheblichen Aufwands wann immer möglich zu vermeiden.
- „Simplicity": Je einfacher Aufgaben zu bewältigen sind, umso höher ist die Fähigkeit der Durchschnittsnutzer. Simplicity ist dabei definiert als die „minimale zufriedenstellende Lösung zu den geringsten Kosten". Laut Fogg (2009) ist diese Einfachheit ein präzise zerlegbares Konstrukt, das aus sechs Elementen besteht, deren Gewichtung je nach Nutzer schwanken können:
  - Time: Die Bewältigung von Aufgaben muss unsere zeitlichen Ressourcen möglichst wenig in Anspruch nehmen.
  - Money: Die Bewältigung von Aufgaben muss möglichst wenig Geld kosten.
  - Physical Effort: Die Bewältigung von Aufgaben muss möglichst wenig körperlich anstrengend sein.
  - Brain Cycles: Die Bewältigung von Aufgaben muss möglichst wenig kognitiven Aufwand (Nachdenken) erzeugen.
  - Social Deviance: Die Bewältigung von Aufgaben muss mit den allgemein anerkannten sozialen Regeln unserer Gesellschaft konform sein.
  - Non-Routine: Die Bewältigung von Aufgaben muss möglichst gut mit bestehenden Routinen und Gewohnheiten vereinbar sein.

Jeder Nutzer besitzt ein eigenes Simplicity-Profil: Teenager haben etwa mehr Zeit und weniger Geld als ein Erwachsener in der Mitte seines Berufslebens. Die tatsächliche Ability richtet sich zudem nach der beschränktesten Ressource – und das ist vielleicht die wichtigste Erkenntnis für die Entwicklung einfacher digitaler Dienste. Besteht also bei einem dieser sechs Faktoren ein Engpass, spielt es keine Rolle mehr, wie umfangreich die übrigen fünf Faktoren ausgeprägt sein mögen. Das gilt es bei der Modellierung der Simplicity für die eigene Kernzielgruppe unbedingt zu beachten.

Zwischen der Ability und der Motivation besteht eine Austauschbeziehung: Wenn die Ability gering ist, muss die Motivation entsprechend höher sein, um ein Verhalten auslösen zu können. Oder anders ausgedrückt: Mit einer hohen Motivation sind Menschen bereit, harte bzw. anstrengende Dinge zu tun.

Der dritte und letzte Faktor im Motivationsmodell sind **Trigger.** Sie werden in anderen Modellen auch als „Cue", „Prompt", „Call-to-Action" oder „Request" bezeichnet. Es gibt drei verschiedene Typen von Triggern, die sich je nach Anwendungsfall unterschiedlich gut zur Aktivierung des Nutzers eignen:

- „Facilitator" (hohe Motivation/geringe Ability): Motivierte Nutzer, die eine Aufgabe jedoch als komplex empfinden, können mit einem Trigger aktiviert werden, der auf die tatsächliche Einfachheit der Aufgabe ausgerichtet ist (siehe: Self-Efficacy). Besonders häufig findet man diese Art von Triggern in sozialen Netzwerken oder z. B. bei Software-Updates.
- „Signal" (hohe Motivation/hohe Ability): Der Idealfall für Shop-Betreiber. Um motivierte Nutzer zu einer einfachen Handlung zu bringen, reicht ein einfaches Signal, dass nun eine Handlung angebracht ist. Der Trigger sollte dementsprechend nicht auf die Einfachheit der Aktion oder die Motivation des Nutzers abzielen, um aufgrund der bereits hohen Ausprägung dieser Faktoren nicht wirkungslos zu verpuffen.
- „Spark" (geringe Motivation/hohe Ability): Bei einer hohen Ability kann als Trigger ein Funke (engl. „spark") eingesetzt werden, der die Kernmotivation von Nutzern steigert.

Alle drei Typen von Triggern haben eines gemeinsam: Ihre Wirkung wird maßgeblich vom **Timing** der Platzierung beeinflusst. Für E-Commerce-Unternehmen leitet sich daraus die Empfehlung ab, ein genaues Verständnis dafür zu entwickeln, wie Nutzer ihr Produkt verwenden und wann Motivation und Ability ausreichend vorhanden sind. Ist einer dieser Faktoren nicht gegeben (z. B. mangelnde zeitliche Fähigkeit, weil Nutzer tagsüber beruflich stark eingespannt sind), wird der Trigger wirkungslos verpuffen. Dasselbe gilt auch für das Endgerät bzw. den Kanal, über den der Trigger ausgespielt wird (z. B. Push-Notification in der App, Newsletter-Mailing). Dabei gilt: Je direkter der Zugriff, desto höher die Kontrolle über den Zeitpunkt der Wahrnehmung des Triggers. So wird eine Push-Nachricht auf dem Smartphone meist innerhalb von Sekunden bemerkt, während ein E-Mail-Newsletter tagelang unbeachtet bleiben kann.

5.3   Umfang des Einsatzes von Behavior Patterns

In Kap. 3 wurde dargelegt, dass der Einsatz einiger Patterns durchaus auch mit Risiken verbunden sein kann. Die Door-in-the-Face-Technik kann das zarte Pflänzchen einer Kundenbeziehung im Keim ersticken, Threat ist in der Lage, Kunden nachhaltig zu verschrecken, und negatives Framing mag dazu führen, dass Kunden dauerhaft schlechte Assoziationen an ein Produkt knüpfen – um nur einige Beispiele zu nennen. Bereits daraus kann man die Prämisse ableiten, Behavior Patterns nur sehr **bewusst, durchdacht und vertestet** einzusetzen. Hinzu kommt noch das Risiko einer negativen Beeinflussung der User Experience, da jeder Trigger im Interface als zusätzliches Element stören und Flow verhindern kann. Es kann hilfreich sein, das Fogg Behavior Model (Abschn. 5.2) im Kopf zu behalten und sich zu vergegenwärtigen, was schlechte Trigger bei Nutzern auslösen können: Wenn etwa die Motivation fehlt, nervt ein Ability-orientierter Impuls. Wenn die grundlegende Fähigkeit zu handeln fehlt und stark aktivierende Trigger gesendet werden, erzeugt man Frust-Momente bei den Nutzern.

Zwischen den Patterns bestehen gegenseitige **Verstärkungs- oder Kannibalisierungsprozesse.** Dass diese Wechselwirkungen existieren, ist bekannt. Unklar ist aber, wie und in welchem Maße sie die Wirkung beeinflussen. Dies lässt sich nur mit einem sauberen Test-Aufbau ermitteln und macht gleichzeitig deutlich, dass jedes zusätzliche Pattern eine lange Folge von Konsequenzen nach sich ziehen kann und daher mit Bedacht implementiert werden sollte.

Beim Einsatz von Behavior Patterns muss immer das **ultimative Conversion-Ziel** im Auge behalten und nicht lediglich auf den nächsten Schritt der Customer Journey geachtet werden. Die hartnäckige, aber blödsinnige Behauptung „Sex sells!" im Online-Marketing führt z. B. allenfalls zu einer Steigerung der Aufmerksamkeit, jedoch in aller Regel nicht zu einem messbaren Sales-Uplift. Der Abbruchpunkt der Nutzer wird durch die Akquise solchen unqualifizierten Traffics lediglich weiter nach hinten geschoben (mit der negativen Konsequenz, dass die gemessene Conversion-Rate im Sales-Funnel einbricht). Zudem haben wir am Beispiel der Behavior Patterns „Authenticity" und der „Aesthetics Heuristic" gelernt, dass solche Darstellungen per se nur einen limitierten Nutzerkreis ansprechen können.

E-Commerce-Organisationen mit hohem Professionalitätsgrad bei quantitativem Testing können als Leitbild zur Ermittlung solcher Quereffekte und zur Visualisierung möglicher Konsequenzen als ständigen Appell, Behavior Patterns sparsam einzusetzen, eine mehrdimensionale Testmatrix mit Pattern/Zielgruppe/Customer Journey aufsetzen.

5.4   Personalisierung für maximierte Wirksamkeit

Um das volle Potenzial von Behavior Patterns freizulegen, muss sichergestellt werden, dass bei Nutzern diejenigen Patterns aktiviert werden, die bei ihnen die gewünschte Handlungsbereitschaft erzeugen. Genau hier liegt aber die vielleicht komplexeste Herausforderung für Unternehmen. Die schiere Größe und Vielfalt der Zielgruppe mit ihren verschiedenen Bedürfnissen, Zielen, Möglichkeiten und Präferenzen verdeutlicht: Mit einer „one fits all"-Strategie setzt man nicht das volle Wirkungspotenzial der Patterns frei.

Die nach heutigem Kenntnisstand beste Antwort auf diese herausfordernde Situation ist die Echtzeit-Personalisierung der ausgespielten Inhalte. Sie steht für die Abkehr vom Gießkannenprinzip und verfolgt das Ziel, die richtigen Informationen und Trigger im richtigen Moment und richtigen Kanal an eine bestimmte Zielgruppe auszusteuern. Für die personalisierte Ansprache ist im ersten Schritt die **Bildung von Segmenten** nötig, z. B. auf Basis sozio-demografischer Merkmale wie Geschlecht (Konsequenz: z. B. zeige nur Damenbekleidung), Alter (Konsequenz: z. B. präsentiere Handys mit seniorenfreundlichen Eigenschaften auf der Startseite) oder Wohnregion (Konsequenz: z. B. biete Same-Day-Delivery in Großstädten an). Ebenso ist aber auch eine psychografische und bedürfnisorientierte Typologisierung von Kunden möglich, z. B. mit den Limbic® Types der Gruppe Nymphenburg. Diese Form der Segmentierung ist meist vielversprechender als die zuvor genannte sozio-demografische Segmentierung, weil sie verrät, wie Nutzer denken und fühlen. Besonders häufig findet man in der Praxis eine dritte Form der Segmentierung: Sie basiert auf einfach zu erfassenden **primären Bewegungsdaten und historischen Verhaltensmerkmalen.** Sie wird den anderen beiden Segmentierungsansätzen gegenüber oft als überlegen wahrgenommen, weil sie Empfehlungen auf Basis tatsächlicher Verhaltensdaten in Echtzeit aussprechen kann. Ihre Prognosequalität verhält sich jedoch proportional zur Menge der vorliegenden Daten: Über einen anonymen Erstbesucher mit aktiviertem Werbeblocker lässt sich datenbasiert kaum eine valide Aussage treffen, während ein treuer Stammkunde, der selten seine Cookies löscht, hervorragend klassifiziert werden kann. Da sich von dem messbaren Verhalten auf einer Website aber zudem nur vage auf die tatsächlichen emotionalen Bedürfnisse schließen lässt, stellt eine Kombination der verschiedenen Segmentierungsansätze den Königsweg dar. So bewährt sich die datenbasierte Segmentierung vor allem in späteren Phasen der Customer Journey, wenn Nutzer bereits hinreichend Datenspuren hinterlassen haben. Zu Beginn der Customer Journey erzeugen psychografische Ansätze dagegen oft die passgenaueren Profile.

Die Tücken sozio-demografischer Segmentierungen
Wie unpräzise sozio-demografische Segmentierungen sein können (ganz gleich, wie viele Kriterien sie beinhalten) zeigt das folgende bekannte Beispiel: Ein Segment besteht aus Männern, Ende 60, geboren und aufgewachsen in England, vermögend und beruflich erfolgreich, mit einem Faible für Urlaub in den Alpen. Klingt auf den ersten Blick wie eine aussagekräftige Basis, um Nutzer mit diesen Merkmalen einheitlich und bedürfnisgerecht anzusprechen. Allerdings: Die Beschreibung trifft sowohl auf Prinz Charles zu als auch auf Ozzy Osbourne. Die beiden sind sozio-demografische Zwillinge, jedoch vollkommen verschiedene Charaktere. Dass ein Online-Shop mit dieser Segmentierung beiden Personen erfolgreich seine Produkte verkaufen könnte, darf stark bezweifelt werden. Daran wird deutlich, dass für eine sinnvolle Segmentierung als Basis einer personalisierten Ansprache meist nicht das Alter oder das Geschlecht, sondern vielmehr die Verhaltensweisen, Werte und Vorlieben entscheidend sind.

Speziell für sozio-demografische und psychografische Segmentierungen stellt sich stets die Frage: Wie gelingt es, herauszufinden, welcher **Nutzer hinter der IP-Adresse** steckt, die gerade einen Online-Shop betritt? Nun, leider stellt sich dieser Nutzer nicht mit einem aussagekräftigen Profil beim Shop-Betreiber vor. Dennoch kann man eine ganze Menge Erkenntnisse über ihn gewinnen. Der **digitale Fußabdruck** („Digital Footprint"), den jeder Internetnutzer beim Surfen hinterlässt, offenbart zum Beispiel, mit welchem Gerät und von welchem Standort aus er die Seite besucht, ob seine Software auf dem neuesten Stand ist, auf welcher Seite er vorher war und ob dies sein erster Besuch ist.
    Eine Segmentierung auf Basis dieser Daten macht allerdings in der Regel noch keinen Sinn, da sie nichts über die Bedürfnisse der Nutzer aussagt. Vielversprechender ist es, statistische Korrelationen von psychografischen Nutzermerkmalen mit eben diesen Merkmalen aus dem Digital Footprint zu identifizieren. Dafür muss einmalig ein Modell

aufgesetzt werden, das **annahmen- und datenbasiert Korrelationsbeziehungen** zwischen Merkmalen aus dem Digital Footprint und Merkmalen aus der Nutzersegmentierung herstellt. Letztere lässt sich mit **nutzerzentrierten Methoden** hervorragend entwickeln und definieren. Auch im Rahmen quantitativer Ansätze gibt es gute Möglichkeiten (z. B. den populären Myers-Briggs-Typenindikator oder die „Big Five" der Persönlichkeitsmerkmale).

Wer den Big Five-Persönlichkeitstest für sich selbst machen und erfahren möchte, wie die fünf Schwerpunkte Offenheit, Gewissenhaftigkeit, Extraversion, Verträglichkeit und Neurotizismus ausgeprägt sind, kann dies unter de.outofservice.com/bigfive kostenlos tun.

Die Annahmen im Korrelationsmodell werden anschließend so lange überprüft und angepasst, bis eine im Vorfeld als akzeptabel definierte Fehlerwahrscheinlichkeit erreicht ist. Von diesem Moment an lässt sich mit entsprechend hoher Wahrscheinlichkeit beispielhaft behaupten: Wer mit einem aktuellen iPhone von einem Vergleichsportal aus um 23 Uhr die Seite besucht, ist vermutlich ein Nutzer aus dem Segment „Performer" (siehe Limbic® Types), der besonders stark durch eine Kombination der Behavior Patters „Curiosity" und „Illusion of Control" aktiviert werden kann. Solche Persönlichkeitsmodellierungen sind heute bereits erstaunlich valide und können die Persönlichkeit eines Nutzers mitunter genauer beschreiben als dessen eigene Freunde und Familie (Youyou et al. 2015).

Sobald diese Zuordnung geschehen ist, spielt das Personalisierungssystem **automatisch die individuell optimierte Variante der Seite** mit der passenden Ausrichtung der Trigger zur Aktivierung der jeweils Conversion-relevanten Behavior Patterns aus. Bei dem oben genannten Performer-Typus mit starker Dominanz-Orientierung (wichtige Werte sind etwa Leistung, Status, Effizienz, Durchsetzung) könnten dies zum Beispiel die Patterns Overconfidence, Self-Efficacy und der Action Bias sein (siehe Abschn. 3.6).

Das zugrunde liegende Modell sollte **als selbstlernendes System konzipiert** sein: Mit jeder Interaktion eines Nutzers wird die Conversion der ausgesteuerten Variante gemessen. So entstehen in kurzer Zeit sehr viele Messpunkte, die es erlauben, das System kontinuierlich-iterativ zu verbessern. Das ist auch deshalb erforderlich, weil Nutzergruppen keineswegs statische Konstrukte sind. Sie unterliegen einem ständigen Wandel und besitzen meist eine kurze Halbwertszeit. Das verdeutlicht noch einmal, dass Conversion-Optimierung vielleicht einen Startpunkt hat, aber sicher keinen Endpunkt.

Was bei allen Personalisierungsansätzen beachtet werden muss: Sie bergen die **Gefahr von Reaktanz.** Wenn Nutzer die individualisierte Aussteuerung der Inhalte bewusst bemerken, können sie sich in ihrer Freiheit und Autonomie beschränkt fühlen. Ähnliche negative Resonanz bekommen heute bereits manche Unternehmen, die in hohem Maße auf Retargeting setzen. Bei dieser Online-Werbeform wird einem interessierten Besucher in einem Online-Shop unbemerkt ein Cookie mitgegeben („Hat Shop XYZ besucht, Interesse an Produkt 123"), er wird fortan im Internet von Anzeigen zu diesem Produkt auf Schritt und Tritt verfolgt. Die sonst verdeckten Tracking- und Targeting-Möglichkeiten der Websitebetreiber werden dadurch schlagartig sichtbar, was nicht selten als gruseliger Moment und ein Eindringen in die Privatsphäre des Nutzers empfunden wird.

Das Wichtige ist: Personalisierung muss weder aufdringlich noch gruselig sein. Im Gegenteil, angelegt ist sie eher als eine Serviceleistung, die Nutzern schneller passende Produkte bereitstellt, die Komplexität reduziert und das unübersichtliche Angebot von irrelevanten Informationen bereinigt.

5.5   Wirkungsmessung mit A/B-Testing

Die Conversion-Optimierung ist mit dem Pattern-basierten Relaunch einer Seite selbstredend nicht abgeschlossen. Die Wirkung der Überarbeitung muss in jedem Projekt von A/B-Testing begleitet und evaluiert werden. Bei einem A/B-Test wird ein Teil der Besucher einer Website (=A) auf eine andere Variante (=B) derselben Seite geleitet, die beispielsweise mit einem bestimmten Behavior Pattern angereichert sein kann. Zielsetzung des Tests ist es stets, die „bessere" Variante (basierend auf einer großen Anzahl möglicher Kennzahlen) zu finden. Da ein A/B-Test das echte Verhalten von echten Nutzern in einer echten Bedürfnissituation messen kann, ist er für die Analyse der Wirkung von Behavior Patterns sehr oft das Mittel der Wahl. Bei einem geringen Besucheraufkommen, sollte man sich auf einfache **Split-Tests** beschränken. Das bedeutet, dass der Default-Zustand einer Seite gegen eine in einem Merkmal veränderte Variante derselben Seite getestet wird. Bei entsprechend höherem Traffic kommen auch **multivariate Tests** infrage, die es erlauben, die Wirkungsbeziehungen zwischen mehreren veränderten Merkmalen zu untersuchen.

Kurzum: Effektive Conversion-Optimierung funktioniert nur mit Tests. Darüber hinaus hat A/B-Testing auch massive **interne Prozessvorteile.** Es erzeugt (fast) immer eindeutige Erkenntnisse: Variante A verkauft mehr, Variante B verkauft weniger. Dadurch können geschmäcklerische Diskussionen über das ideale Wording oder das ideale Design im Keim erstickt werden. Deutet sich so eine langwierige Debatte an, die zu keinem allgemein anerkannten Ergebnis führen kann, bietet es sich also an, zügig einen A/B-Test ins Spiel zu bringen und die Entscheidung datenbasiert auszulagern.

Beim A/B-Testing sollte es sich um einen **iterativen Analyse-, Auswertungs- und Optimierungsprozess** handeln. Dieser sollte unbedingt als Cross-Device-Prozess (d. h. über mehrere Endgeräte hinweg) aufgesetzt werden, weil sich die Wahrnehmung einer Website auf einem Smartphone stark von der Wahrnehmung derselben Seite auf einem Desktop-Computer oder Laptop unterscheiden wird. Das liegt nicht nur an dem responsiven oder adaptiven Transfer der Inhalte und der daraus folgenden gänzlich unterschiedlichen Anmutung (siehe: Aesthetics Heuristic), sondern auch an dem verschiedenen Umgebungskontext und der verschiedenen Bedürfnissituation. Ein Besuch über ein Smartphone mit mobiler Datenverbindung deutet etwa darauf hin, dass sich der Nutzer nicht zu Hause befindet und demzufolge ein eher lokales Suchinteresse haben kann. Diese Tatsache ist für E-Commerce- und Multi-Channel-Unternehmen extrem relevant, denn die Conversion-Rate einer Customer Journey mit Ortsbezug ist ungleich höher. Google (2016) beziffert den Anteil der lokalen Suchen, die zu einem Kauf führen, mit rund 28 %.

Doch auch das A/B-Testing als wichtigstes Tool zum Aufbau von echter Nutzer-kenntnis hat seine **Grenzen.** Nicht alle Wirkungen lassen sich im Rahmen eines einfa-chen A/B-Tests isolieren und bewerten. Ein Pattern wie die Aesthetics Heuristic betrifft das gesamte Website-Design und alle Touchpoints entlang der Customer Journey. Wenn sich aus solchen methodischen Gründen kein empirischer Beleg für die Wirksamkeit einer Maßnahme finden lässt, sollte man (gewissermaßen als Heuristik) auf anerkannte Guidelines, UX-Konventionen und gegebenenfalls kontextfremde Forschungsergebnisse vertrauen.

5.6   Limitationen der Arbeit mit Behavior Patterns

In Abschn. 4.1 wurden bereits einige Nachteile des Einsatzes von Behavior Patterns im E-Commerce-Kontext genannt. Darüber hinaus existiert eine Reihe von Limitationen, die man bei der Arbeit mit Patterns kennen sollte.

Besonders wichtig erscheint eine **Entmystifizierung** des Themas. Behavior Patterns sind ein vielversprechendes Instrument, um bisher ungenutzte Conversion-Potenziale zu erschließen, eine Wunderwaffe sind sie nicht. Ist ein Produkt nicht konkurrenzfähig oder überteuert, ist der Webshop technisch nicht fehlerfrei umgesetzt, gibt es Lieferengpässe oder Probleme beim Fulfillment – all diese (und viele weitere) Punkte werden dazu füh-ren, dass die Wirkung des Einsatzes von Behavior Patterns drastisch sinkt oder im Ext-remfall nicht mehr messbar wird. Damit behandeln wir hier ein Instrument, das sicherlich von hohem Interesse für die überwiegende Mehrheit von E-Commerce-Professionals sein dürfte, jedoch nur in Shops mit „erledigten Hausaufgaben" die volle Wirkung entfalten kann.

Da sich der E-Commerce zunehmend globalisiert, werden Zielgruppen und deren Bedürfnisse immer schwieriger einheitlich erfassbar. Für die Arbeit mit Behavior Pat-terns bedeutet das: Es existiert ein starker **kultureller Einfluss** auf deren Wirksamkeit. Ein Trigger für deutsche Internetnutzer wird mit hoher Wahrscheinlichkeit nicht in dem-selben Umfang auch bei einem arabischen oder chinesischen User verfangen. Ein griffi-ges Beispiel ist die verschiedene Kraft, die Patterns wie Authority oder Social Proof in individualistischen und kollektivistischen Gesellschaften entfalten.

Bei der Beschreibung des Entscheidungsfindungsprozesses und der Erklärung der Behavior Patterns sind vielfach **Erkenntnisse aus der Neuroökonomik** eingeflossen, die versucht, mit Messmethoden und Modellen aus den Neurowissenschaften die öko-nomische Lehre zu erweitern. Dieser Ansatz ist jedoch nicht frei von Kritik. Um die Darstellungen richtig einordnen und die Relevanz der Forschungsergebnisse für sich bewerten zu können, muss diese Kritik benannt werden. Einige der häufigsten Einwände werden daher im Folgenden vorgestellt.

- **Unerheblichkeit:** Häufig wird argumentiert, dass es für die ökonomische Analyse völlig unerheblich sei, welche Prozesse im Gehirn bei Entscheidungen ablaufen – wichtig sei nur das gemessene oder beobachtete Ergebnis, also das tatsächliche Verhalten. Ob dafür die Amygdala, der Neokortex oder der Hippocampus aktiv wurde, spiele keine Rolle (Beck 2014). Zudem sei fraglich, ob ein Blick in die Blackbox Gehirn wirklich profunde neue Erkenntnisse für die E-Commerce-Praxis mit sich bringe. Als Beispiel wird von Bernheim (2008) in einer sehr differenzierten Betrachtung genannt, dass man keine tiefen Kenntnisse der String-Theorie brauche, um ein forschungsstarker Physiker zu sein.
- **Ungenauigkeit:** Das wichtigste Instrument der Neuroökonomie ist die funktionelle Magnetresonanztomografie. Diese Methode misst allerdings lediglich die Durchblutung verschiedener Hirnareale. Die aktuell kleinste messbare Einheit (1 Voxel) deckt zudem in der Regel mehrere Millionen Nervenzellen ab. So lässt sich ein Effekt im Gehirn nur grob verorten, zumal Messungen zusätzlich oft zeitverzögert sind (Rosenfeld 2005). Damit ist die Magnetresonanztomografie in ihrer Aussagekraft nach wie vor recht unpräzise.
- **Irreliabilität:** In einer Metaanalyse von 48 publizierten neurowissenschaftlichen Aufsätzen fanden Button et al. (2013) heraus, dass die Studien nur mit einer Wahrscheinlichkeit von 20 % tatsächlich auch die behaupteten Effekte nachweisen konnten, meist wegen zu geringer Fallzahlen oder schwacher Wirkungseffekte. Die Reliabilität (Zuverlässigkeit wissenschaftlicher Messungen bzw. nicht-zufälliger Anteil beobachteter Effekte) sei damit nicht hinreichend gegeben.

Daraus lassen sich zwei Erkenntnisse ableiten: Zum einen wird klar, dass die Neurowissenschaften kaum die ökonomische Theorie widerlegen können – denn diese macht über die Prozesse im Gehirn überhaupt keine Aussagen. Darüber hinaus dürfen ökonomische Modelle nicht 1:1 als Modelle des Gehirns missverstanden werden. Es gibt also **keinen Kampf der Wissenschaften,** keinen Clash der Glaubensrichtungen, keine bessere und keine schlechtere Theorie. Jede Disziplin kann die andere bereichern, keine von ihnen kann eigenständig vollständig sein. Zum anderen unterstreichen diese Limitationen die Notwendigkeit einer strukturierten Begleitung durch A/B-Testing (siehe Abschn. 5.5). Limitationen der Aussagekraft über die Wirksamkeit von Behavior Patterns sind nichts anderes als Unsicherheiten über den Conversion-Hebel einer Optimierungsmaßnahme. Diese Unsicherheit kann nur durch Erhebung eigener Primärdaten auf Basis echten Nutzerverhaltens beseitigt werden.

Abschließend soll noch als Limitation genannt werden, dass viele der Patterns zwar erklären, wie Entscheidungen zustande kommen. Die gefällten Entscheidungen werden jedoch nicht immer auch in **tatsächliches Verhalten** münden. Dies relativiert die Verbindlichkeit der Wirkung von Patterns und betont abermals die Notwendigkeit, ausgiebig zu testen.

5.7   Ethisch-Moralische Diskussion

> To be persuasive we must be believable; to be believable we must be credible; to be credible
> we must be truthful (Edward Murrow, Journalisten-Legende und Medien-Aktivist).

Ein besonders wichtiger Abschnitt soll dieses Buch abschließen (warum man sich
das Wichtigste für den Schluss aufbewahren sollte, hat der Recency Effect in Kap. 4
gezeigt): Die ethisch-moralische Diskussion des Einsatzes von Behavior Patterns,
gewissermaßen der **„Disclaimer"** zum Buch. An verschiedenen Stellen des Buches ist
es bereits angeklungen: Man muss sich stets bewusst sein, dass das Wissen um Behavior
Patterns ein mächtiges Instrument ist. Behavior Patterns sind unterbewusste Prozesse, bei
denen (ohne explizites Training) kaum eine Möglichkeit besteht, sie als solche wahrzunehmen oder zu korrigieren. So trifft man Kunden dort, wo sie besonders empfänglich
für externe Einflüsse sind. Dass damit die **Möglichkeit von Manipulation** einhergeht,
ist offensichtlich – gerade angesichts der mitunter erstaunlichen Wirkungsstärke.

Seit Beginn der Abkehr vom Glauben an den „Homo Oeconomicus" wird eine leiden-
schaftliche **Diskussion über die Freiheit des Willens** in Entscheidungssituationen
geführt. Nachdem diese rund drei Jahrzehnte überwiegend von philosophischen und
psychologischen Argumenten getragen wurde, kommen seit einigen Jahren vermehrt
neurowissenschaftliche Argumente hinzu. Diese deuten tatsächlich darauf hin, dass ein
Großteil der Entscheidungen auf Basis impliziter Prozesse gefällt wird und zu keinem
Zeitpunkt einen bewussten rationalen Filter passiert (siehe Abschn. 2.2). Können wir
also am Ende überhaupt nicht frei entscheiden? Und sind wir dann nicht mehr für unsere
Entscheidungen verantwortlich? Sicherlich ein Gedanke mit extremen Implikationen,
denkt man nur an unser Rechtssystem, das bis heute fast jeden Straftäter uneingeschränkt
für seine Taten zur Verantwortung zieht – unabhängig davon, ob er seine Taten bewusst
oder intuitiv begangen hat. Ganz so dramatisch ist es glücklicherweise nicht. Denn
gerade wichtige Entscheidungen werden im **Zusammenspiel beider Entscheidungs-**
systeme gefällt. Die Prozesse im intuitiven System 1 (Amygdala-abhängig) können von
Prozessen im reflektierenden System 2 (präfrontal-abhängig) innerhalb eines gewissen
Korridors kontrolliert werden. Spontane Entscheidungsimpulse von System 1 werden
so von überlegten Entscheidungsansätzen von System 2 überschrieben. Ein gutes Beispiel ist das Aushalten von Schmerz bei einer ärztlichen Behandlung in Erwartung einer
späteren Heilung. Maßgeblich für die tatsächliche Entscheidung sind das Kräfteverhält-
nis der beiden Entscheidungssysteme und vor allem die **eigene Willenskraft** – definiert
als Kombination aus Entschlossenheit und Selbstdisziplin (Burns und Bechara 2007).
Kurz zusammengefasst: Ein Teil unseres Gehirns möchte tatsächlich Entscheidungen
treffen, die wir nie bewusst durchdacht haben. Ob dieser Teil aber zum Zug kommt und
wir dem Impuls folgen, können wir in weiten Teilen selbst beeinflussen. Dies erfordert
jedoch Anstrengung und kognitive Ressourcen, die knapp und begrenzt sind.

Mittlerweile weiß man, dass dies auch neurologisch abbildbar ist: Der **Glukosegehalt**
im Blut spielt eine wichtige Rolle bei der Durchsetzung der Willenskraft. Die Willensres-
source wird dabei von Selbstkontrolle, komplexen Entscheidungen und der Regulierung

von Emotionen und Stress tatsächlich physiologisch verbraucht (Gailliot und Baumeister 2007). Glukose ist also nicht nur der Energieträger für unsere Muskeln, sondern auch für unsere Denk- und Entscheidungsprozesse. Ein niedriger Glukosegehalt im Blut führt dazu, dass Entscheidungen stärker in System 1 und auf Basis von Heuristiken bzw. Behavior Patterns gefällt werden, während ein erhöhter Glukosegehalt eher System 2 die Kontrolle übergibt. Masicampo und Baumeister (2008) weisen das eindrucksvoll am Beispiel des Decoy Effect mit einem Glas glukosehaltiger Limonade nach.

Experten aus User Experience- und Conversion-Optimierung tragen die Verantwortung, Menschen mit minimalem Aufwand zu ihrem Wunschziel zu leiten, dabei aber nicht zu manipulieren. Dass Überzeugungskraft nichts Unehrenwertes, Unmoralisches oder Unseriöses sein kann und darf, sondern von den Bedürfnissen der Menschen ausgehen muss, ist keineswegs eine neue Erkenntnis. Aristoteles formulierte sie schon vor weit über 2000 Jahren. Seine drei **Überzeugungsprinzipien** bilden die Klammer des hier verwendeten Conversion-Begriffs:

1. Logos: Überzeugung mit Logik – Einsatz von Fakten, Statistiken, Zitaten, Expertenmeinungen, Kundenbewertungen.
2. Pathos: Überzeugung mit Emotionen – Einsatz emotionaler Geschichten, Ausbrüche, Ereignisbeschreibungen, Sprache und Bilder.
3. Ethos: Überzeugung mit Charakter – Einsatz von Kompetenzbeweisen, Überparteilichkeit, Objektivität, Moral und guten Absichten.

Der Einsatz von Behavior Patterns sollte also immer auch einen Nutzen für Kunden mit sich bringen. Den Entscheidungsaufwand reduziert zum Beispiel ein gut konzipierter Endowed Progress Effect, der eine große Entscheidung in mehrere kleine Entscheidungen zerlegen kann und obendrein die Motivation beim Nutzer aufrechterhält, den begonnenen Prozess zu beenden. Dieses **„Steuern ohne Manipulieren"** klingt trivial, die Abgrenzung und Umsetzung ist in der Praxis aber oft genau das Gegenteil. Wenn Umsatzvorgaben definiert werden, geraten E-Commerce-Verantwortliche fast zwangsläufig in einen Zielkonflikt zwischen einer meist quantitativen Zielvereinbarung und dem eigenen Berufsethos. Wo zielorientiertes Steuern endet und systematische Manipulation anfängt, ist dabei nicht leicht zu identifizieren. Als Grundgesetz der Arbeit mit Behavior Patterns gilt, dass der Einsatz dem beiderseitigen Interesse dienen muss.

Beispiel

Um den Abschluss von Newsletter-Abonnements mit relevanten Inhalten für Nutzer zu fördern, kann man auf die Loss Aversion und den Status quo Bias von Nutzern setzen. Zur Erinnerung: Die Prospect Theory hat uns erklärt, dass mögliche Verluste schwerer wiegen als mögliche Gewinne (siehe Abschn. 2.5). Ändert man bei dem Bestellformular zum Beispiel die Headline von einer gewinnorientierten (z. B. „Hier anmelden und immer wichtige Nachrichten erhalten") in eine verlustorientierte Ausdrucksweise (z. B. „Hier anmelden, um keine wichtigen Nachrichten mehr zu verpassen"), wird man tendenziell höhere Abonnenten-Zahlen feststellen. Ökonomisch betrachtet sind diese beiden Optionen identisch: Nutzer haben nach wie vor die Möglichkeit, frei zu entscheiden, ob sie den Newsletter erhalten möchten oder nicht – es besteht keinerlei Zwang. So wäre der Einsatz der Loss Aversion sinnvoll und redlich. Anders sieht es aus, wenn die Default-Option von „standardmäßig deselektiert" (= kein Erhalt des Newsletters) auf „standardmäßig selektiert" (= Erhalt des Newsletters) gesetzt wird, ohne darauf angemessen hinzuweisen. In diesem Fall würden Nutzer unter Umständen gegen ihren Willen zu Newsletter-Abonnenten werden. Der Einsatz des Patterns wäre nicht nur moralisch verwerflich, sondern auch rechtlich illegitim. Dennoch sind solche Ansätze in einem globalisierten Internet, in dem die deutsche bzw. europäische Rechtsprechung an ihre Grenzen stößt, immer wieder zu finden. Und auch ökonomisch macht es mit Blick auf Kundenzufriedenheit, Loyalität und Weiterempfehlungsbereitschaft sicher keinen Sinn, den Nutzern ungewünschte Werbung aufzuzwingen. Wer sich überrumpelt, betrogen oder nicht ernst genommen fühlt, entwickelt nicht nur keine Kaufmotivation, er ist sogar nachhaltig demotiviert, entwickelt also eine explizit negative Einstellung gegenüber der Website. Manipulatorisch eingesetzte Behavior Patterns sind also einer der größten Demotivationsfaktoren.

Eine Orientierungshilfe für den schmalen Grat zwischen vertretbaren und unredlichen Beeinflussungen können dabei Beispiele von Unternehmen sein, die diese **rote Linie überschritten** haben. Das Portal „darkpatterns.org" und der dazugehörige Twitter-Account „@darkpatterns" haben davon eine ständig wachsende (überwiegend amerikanisch geprägte) Sammlung angelegt. Auf ihrer „Hall of Shame" befinden sich unter anderem klagvolle Namen wie Amazon, LinkedIn, Citibank oder Google, die allesamt Behavior Patterns eingesetzt haben sollen, die Nutzer nicht zu ihrem eigentlichen Ziel führen, sondern unredliche Manipulationsmechanismen daraus entwickeln.

Fazit
Behavior Patterns sind ein **mächtiges Werkzeug** mit extrem vielseitigen Einsatzmöglichkeiten. Sie können Patterns nutzen, um Ihre Kunden besser zu verstehen und ihnen flüssigere Einkaufserlebnisse zu bescheren. Sie können sie damit jedoch auch (zumindest bis zu einem gewissen Grad) manipulieren. Dieselbe Diskussion lässt sich vortrefflich auch über ein Küchenmesser führen, das gleichzeitig gefährliche Waffe und unerlässliches Utensil für ein zauberhaftes 5-Gänge-Menü sein kann. Entscheidend ist, wozu diese Werkzeuge von ihren Benutzern verwendet werden. Mit anderen Worten: Sie haben es in der Hand, Behavior Patterns richtig und redlich einzusetzen. Die amerikanische Bezeichnung für die Arbeit mit Behavior Patterns ist dabei aufschlussreich. Sie wird oft als **„Art of Persuasion"** bezeichnet. Überzeugung ist also eine Kunst, keine Waffe. Überzeugung geht nicht davon aus, dass man einen Kunden wie ein fremdsteuerbares Opfer „erlegen" kann, sondern man versteht und respektiert dessen Bedürfnisse.
Einigkeit sollte daher über das übergeordnete Zielbild bestehen: eine **nachhaltige Win-Win-Situation** für Online-Shopper und E-Commerce-Unternehmen zu schaffen.

Die Ziele des Unternehmens müssen dafür mit den Zielen der Kunden korrespondieren. Für Kunden bedeutet die Zielerreichung, dass sie das beste Produkt am Markt zu erhalten. Wenn Ihr Shop dieses Produkt anbietet, gebietet es die Kundenorientierung regelrecht, Ihre Besucher mit allen anständigen Mitteln vom Kauf zu überzeugen. Tun Sie es nicht, tun es andere – und Ihre designierten Kunden finden nur die zweitbeste Lösung für ihr Problem. Diese Nachhaltigkeit ist alles andere als altruistische Kundenorientierung: Sie ist die Grundlage erfolgreichen Customer-Lifecycle-Managements. Nur nachhaltig zufriedene Kunden kehren zurück, tägigen Folgekäufe und empfehlen Sie weiter.

Literatur

Ajzen I (1991) The theory of planned behavior. Organ Behav and Hum Decis Process 50(2): 179–211

Bandura A (1977) Self-efficacy: toward a unifying theory of behavioral change. Psychol Rev 84(2):191–215

Bandura A (1989) Human agency in social cognitive theory. Am Psychol 44(9):1175–1184

Beck H (2014) Behavioral Economics: eine Einführung. Springer-Gabler, Wiesbaden

Bernheim BD (2008) Neuroeconomics: a sober but hopeful appraisal. NBER Working Paper Series (13954). http://www.nber.org/papers/w13954.pdf. Zugegriffen: 10. Dez. 2017

Burns K, Bechara A (2007) Decision making and free will: a neuroscience perspective. Behav Sci Law 25(2):263–280

Button KS, Ioannidis JP, Mokrysz C, Nosek BA, Flint J, Robinson ES, Munafò MR (2013) Power failure: why small sample size undermines the reliability of neuroscience. Nat Rev Neurosci 14(5):365–376

Fishbein M, Ajzen I (1975) Belief, attitude, intention and behavior: an introduction to theory and research. Longman Higher Education, London

Fogg BJ (2009) A behavior model for persuasive design. In: Proceedings of the 4th international Conference on Persuasive Technology. ACM, Claremont, S 40–47

Gailliot MT, Baumeister RF (2007) The physiology of willpower: linking blood glucose to self-control. Pers Soc Psychol Rev 11(4):303–327

Google (2016) How mobile search connects consumers to stores. https://www.thinkwithgoogle.com/consumer-insights/mobile-search-trends-consumers-to-stores/. Zugegriffen: 3. Jan. 2017

Masicampo EJ, Baumeister RF (2008) Toward a physiology of dual-process reasoning and judgment: lemonade, willpower, and expensive rule-based analysis. Psychol Sci 19(3):255–260

Petty RE, Cacioppo JT (1986) The elaboration likelihood model of persuasion. Adv Exp Soc Psychol 19:123–205

Rosenfeld JP (2005) Brain fingerprinting: a critical analysis. Sci Rev Ment Health Pract 4(1):20–37

Youyou W, Kosinski M, Stillwell D (2015) Computer-based personality judgments are more accurate than those made by humans. Proc Nat Acad Sci 112(4):1036–1040

Anhang

Alternatives Framework zur Identifikation geeigneter Patterns

Siehe Abb. A1.

Anbieterorientiert (44)

- Aesthetics Heuristic
- Ambiguity Aversion
- Authenticity
- Authority Principle
- Barnum Effect
- Bystander Effect
- Cheerleader Effect
- Cognitive Dissonance
- Cognitive Ease
- **Confirmation Bias**
- Context Dependent Memory
- Disrupt-then-Reframe
- Door-in-the-Face-Technik
- Endowed Progress Effect
- Equality Attraction
- Evoking Freedom
- Facial Distraction
- Foot-in-the-Door-Technik
- Foot-in-the-Face-Technik
- Halo Effect
- Hick's Law
- Hindsight Bias
- Inattentional Blindness Effect
- Inequity Aversion
- In-Group Bias
- Joy and Fun
- Liking
- Mere Agreement
- Mere Exposure Effect
- Mirroring
- Motivating Uncertainty Effect
- Not-Invented-Here Syndrome
- **Overjustification Effect**
- Peak-End-Rule
- Picture Superiority Effect
- Reaktanz
- Reziprozität
- Rhyme-as-Reason Effect
- Serial Position Effect
- Smalltalk-Technik
- Social Proof
- Trust Bias
- Uncanny Valley Effect
- Von Restorff Effect

Produktorientiert (64)

- Action Bias
- Aesthetics Heuristic
- Affektheuristik
- Availability Heuristic
- Bandwagon Effect
- Base Rate Fallacy
- Belief Bias
- Black-and-White Fallacy
- Buyers Remorse
- Cheerleader Effect
- Commitment and Consistency
- **Confirmation Bias**
- Curiosity
- Decoy Effect
- Diderot Effect
- Disrupt-then-Reframe
- Endowment Effect
- Evoking Freedom
- Extremeness Aversion
- False Consensus
- Focusing Effect
- Framing
- Gaze Cueing Effect
- Halo Effect
- Having vs. Using Effect
- Hick's Law
- Hobson's +1 Choice Effect
- Hyperbolic Discounting Effect
- **Identifiable Victim Effect**
- Illusion of Control
- Inattentional Blindness Effect
- Inner Dialogue
- Joy and Fun
- Labor Love Effect
- Loss Aversion
- Low Ball Effect
- Mental Accounting
- Mere Agreement
- Mere Exposure Effect
- Mirroring
- Motivating Uncertainty Effect
- **Overconfidence**
- **Overjustification Effect**
- Pain-of-Paying Principle
- Paradox of Choice
- Picture Superiority Effect
- Post Purchase Rationalization
- Price-Quality-Illusion
- Primacy Effect
- **Pseudo Justification**
- Recency Effect
- Response Efficacy
- Scarcity
- Self-Efficacy
- Social Proof
- Status Quo Bias
- Story Bias
- That's-Not-All-Technik
- Threat
- Time vs. Money Effect
- Unity
- WYSIATI Effect
- Zeigarnik Effect
- Zeitinkonsistenz

Abb. A1 Cluster-basiertes Framework von Behavior Patterns

P. Spreer, *PsyConversion,* https://doi.org/10.1007/978-3-658-21726-6

Weiterführende Literaturempfehlungen zum Thema

Ariely D (2010) Predictably irrational: the hidden forces that shape our decisions. Harper Collins, London

Beck H (2014) Behavioral economics. Springer Gabler, Wiesbaden

Cialdini RB (1984) Influence: the psychology of persuasion. Harper Collins, New York

Cialdini RB (2016) Pre-Suasion. A revolutionary way to influence and persuade. Random House, London

Iyengar S (2010) The art of choosing: the decisions we make everyday of our lives, what they say about us and how we can improve them. Little, Brown Book Group, London

Kahneman D (2011) Schnelles Denken, langsames Denken. Random House, München

Krug S (2014) Don't make me think. mitp Verlag, Frechen

Nahai N (2017) Webs of influence. Pearson, Harlow

Poundstone W (2011) Priceless: the hidden psychology of value. ONEWorld Publications, London

Taleb NN (2015) Der Schwarze Schwan: Die Macht höchst unwahrscheinlicher Ereignisse. Knaus, München

Thaler RM, Sunstein CR (2009) Nudge: Wie man kluge Entscheidungen anstößt. Econ, Berlin

© Springer Fachmedien Wiesbaden GmbH, ein Teil von Springer Nature 2018   275
P. Spreer, *PsyConversion,* https://doi.org/10.1007/978-3-658-21726-6

Sachverzeichnis

© Springer Fachmedien Wiesbaden GmbH, ein Teil von Springer Nature 2018
P. Spreer, *PsyConversion*, https://doi.org/10.1007/978-3-658-21726-6

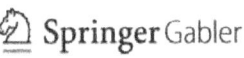

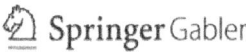

Ihr Bonus als Käufer dieses Buches

Als Käufer dieses Buches können Sie kostenlos das eBook zum Buch nutzen.
Sie können es dauerhaft in Ihrem persönlichen, digitalen Bücherregal
auf **springer.com** speichern oder auf Ihren PC/Tablet/eReader downloaden.

Gehen Sie bitte wie folgt vor:

1. Gehen Sie zu **springer.com/shop** und suchen Sie das vorliegende Buch
   (am schnellsten über die Eingabe der eISBN).
2. Legen Sie es in den Warenkorb und klicken Sie dann auf:
   zum Einkaufswagen / zur Kasse.
3. Geben Sie den untenstehenden Coupon ein. In der Bestellübersicht wird
   damit das eBook mit 0 Euro ausgewiesen, ist also kostenlos für Sie.
4. Gehen Sie weiter **zur Kasse** und schließen den Vorgang ab.
5. Sie können das eBook nun downloaden und auf einem Gerät Ihrer Wahl lesen.
   Das eBook bleibt dauerhaft in Ihrem digitalen Bücherregal gespeichert.

EBOOK INSIDE

eISBN	978-3-658-21726-6
Ihr persönlicher Coupon	XhC5B8fbpfkrEEx

Sollte der Coupon fehlen oder nicht funktionieren, senden Sie uns bitte
eine E-Mail mit dem Betreff: **eBook inside** an **customerservice@springer.com**.